上海交通大学
人文社会科学成果文库

刘春荣 等 著

产品创新
设计策略开发

（修订版）

Design Strategy Development

for Product Innovation

(Revised Edition)

上海交通大学出版社
SHANGHAI JIAO TONG UNIVERSITY PRESS

内容提要

    本书结合十五年来的研究成果与丰富的研究案例,从产品创新设计与开发的视角进行系统而深入的探讨,展现了工业设计创新活动中从消费者/用户研究到设计策略形成的研究方法和开发过程,涉及消费者定性和定量研究,消费者产品造型认知与审美特性的捕捉,消费者产品造型偏好的发现以及设计参考模型与设计策略的开发等系统性内容。全书研究视野开阔、案例丰富多样、方法过程翔实,强调设计研究与设计实践的融合与贯通。

    本书是设计管理者与企业管理者、设计研究者与职业设计师的专业读物,也可用作设计学研究生的专业教材,可供工业设计(产品设计)专业的师生阅读参考。

图书在版编目(CIP)数据

产品创新设计策略开发/刘春荣等著.—修订本.—上海:上海交通大学
出版社,2019
ISBN 978-7-313-22522-1

Ⅰ.①产… Ⅱ.①刘… Ⅲ.①产品设计②产品开发 Ⅳ.①TB472
②F273.2

中国版本图书馆 CIP 数据核字(2019)第 273555 号

产品创新设计策略开发(修订版)
CHANPIN CHUANGXIN SHEJI CELÜE KAIFA (XIUDING BAN)

著 者:	刘春荣 等		
出版发行:	上海交通大学出版社	地 址:	上海市番禺路 951 号
邮政编码:	200030	电 话:	021-64071208
印 制:	上海万卷印刷股份有限公司	经 销:	全国新华书店
开 本:	710mm×1000mm 1/16	印 张:	19.25
字 数:	299 千字		
版 次:	2019 年 12 月第 1 版	印 次:	2019 年 12 月第 1 次印刷
书 号:	ISBN 978-7-313-22522-1		
定 价:	78.00 元		

前言

产品设计是制造业的灵魂,创新驱动是企业发展的根本。产品设计包含在产品开发的过程之中,不可或缺的一项技术活动就是工业设计过程及产品造型设计内容。为了在市场上取得成功,产品造型设计更需要创新。产品造型创新作为产品创新的重要组成部分,既是以工程技术方面的优势和创新为重要基础的,也是以满足目标消费者的审美需求为特有目标的。在越来越多的技术日趋同质化的产品领域,产品造型的创新更加凸显其重要性。同时,在不断变化的社会和文化背景下,要在设计创新的过程中满足消费者的心理需求,并不是一件轻而易举的事情。

如何通过充分的消费者研究,有效而可信地探索、分析和把握并在后续的设计方案中体现目标消费者的心理认知和审美偏好,从而真正提升产品的吸引力、领先性和市场占有率,这不仅是一个关系到企业产品未来成败的关键课题,而且也是一个巨大的挑战。面对多维的消费者心理诉求和激烈的市场竞争,要迎接好这一挑战,仅仅凭借设计经验和直觉已经是远远不够的,更需要开展综合的设计策略研究与开发工作,以寻求可靠的设计创新方向。唯有如此,企业才可能准确地理解消费者、造型趋势、市场态势,更好地把握消费者的需要及对产品造型的审美偏好,做到回应诉求、引领潮流、知己知彼,以避免设计风险,从而确保产品在未来市场上能成功地抓住消费者的审美目光、触发他(她)们的购买行为、提升他(她)们的用户体验。

这正是设计策略研究与开发工作的重要价值之所在。有鉴于此,作者在基于消费者/用户研究的设计策略/战略与产品创新这一领域,长期以来开展了大量的探索研究与相关实践工作。本书正是 15 年来这些独特研究工作案例与成果的展现,其中包括近年来与研究生们切磋琢磨的部分成果。本书结合这些研究案例从产品创新设计与开发的视角进行系统探讨,展现工业设计创新活动中从消费者/用户研究到设计策略形成的研究方法和开发过程,其中涉及消费者定性和定量研究、消费者产品造型认知与审美特性的捕捉、消费者产品造型偏好的发现以及设计参考模型与设计策略的开发等系统性内容。

全书共有九章。第一章概述产品创新与设计策略的关系、消费者研究方法、设计策略开发的分析工具与应用领域。第二章以轿车消费者为例,展现进行消费者认知和行为研究的一种定量分析方法与过程。第三章至第九章以家用电器、消费电子、乘用车、商用车、商用飞机等类型产品为对象,以细致的定性和定量分析为工具与基础,深入地探讨产品创新设计中设计参考模型与设计策略的研发。全书研究视野开阔、案例丰富多样、方法过程翔实,强调设计研究与设计实践的融合与贯通。

本书第一版入选"2015年上海市重点图书"。本书得到上海交通大学2019年度"人文社会科学成果文库资助计划"立项资助出版。本书中的研究涉及大量的、多种形式的消费者/用户调研实验活动,很多人热情地以至无偿地参与其中——没有他(她)们的认真付出,要完成相关研究是不可能的;一些单位和个人对书中有关调研工作也给予了大力支持与协助。在此,谨一并致以衷心的感谢!

本书是设计管理者与企业管理者、设计研究者与职业设计师的专业读物,可用作设计学研究生的专业教材,也可供工业设计(产品设计)专业的师生阅读参考。

参加本书撰写的人员(排名不分先后)有吴昊、李德耀、俞琳佳、蒋翀、刘岗、解洋、金祎。限于时间和作者水平,书中难免存在不足以至错误之处,敬请广大读者批评、指正。

刘春荣

于上海交通大学设计学院

目录

第一章

消费者/用户研究与产品创新设计策略

产品设计是制造业的灵魂[1]。产品设计是一个完整的活动体系,不仅包括工程方面的因素,其中更充满了风险和机遇[2];产品设计包含在产品开发的过程之中,由各项符合市场开发与商业运作的技术活动组成[3]。在现代产品设计与开发过程中,这些技术活动中的一个不可或缺的组成部分就是工业设计过程及产品造型设计内容。产品的造型是一种三维的视觉形象,是产品外观形态的形体部分,而产品形态是与产品的功能、结构、构造、材料、工艺等因素密不可分的[4]。因此,产品造型也是上述多个工程方面因素共同作用而成的,包括产品外在的视觉性形象表现以及形体所蕴含的情感性态势传达。

产品设计可以是改良性的,但为了在市场上胜人一筹,它更需要是原创性的,即创新性的。产品造型设计也是如此。要确保产品未来上市后能够制胜于市场,在产品规划和设计阶段,产品造型创新作为产品创新过程中重要的组成部分,它既是以技术与工程方面的创新和优势为基础的,又是必须满足目标消费者/用户的需求的,其中也包含消费者/用户对产品造型美感诉求等精神上的需要。

当今时代背景下,如果说满足特定消费者/用户对产品功能的物质层面需求已经没有什么困难的话,那么要使得产品能切实满足他们的审美等方面需求,却并不是一件那么轻而易举、确定无疑的事情。这是因为消费者/用户无一例外地处在特定的社会和文化结构之下,而且即使是文化因素也是动态的:许多因素——如新技术、人口流动、资源短缺、战争、价值观的改变、从其他文化中学到的价值观和风俗等,都可能使文化发生改变[5]。

因此,一方面,不同的社会背景、不同的消费文化、不同的审美取向,使得不同的消费者群体对同一产品的造型时常具有迥异的审美观念和形态偏好。另一方面,随着消费文化和观念变得逐渐成熟和理性,产品消费者的消费行为变得越来越复杂而多样化,影响消费者产品购买决策的关键因素也越来越多,在这些因素中,消费者审美及其对产品造型的偏好扮演着非常重要的角色。

在越来越多的技术日趋同质化的产品领域,例如家用电器领域、消费电子产品领域、家用轿车领域,甚至于商用车等产品领域,企业要保持和提升产品的吸引力以及消费者的购买欲,在产品创新过程中就需要设计出符合目标消费者的心理诉求和审美偏好的产品造型。因此,在产品造型创新设计活动展开之前,如何客观而有效地分析、捕捉、把握以及在方案设计过程中体现这些特性,是一个关系产品在未来市场上成败的关键问题,也是一个巨大的挑战。

迎接这一挑战,仅仅凭借设计师和管理者的经验和直觉是远远不够的,还需要预先借助系统而深入的产品造型创新的设计策略探讨,为后续的产品开发寻求可信的产品造型创新的设计方向。产品造型创新的设计策略研究,能帮助管理者和设计师更好地把握消费者/用户需求以及对产品造型的偏好认知,帮助企业更深入理解消费者/用户、造型趋势、竞争对手,以做到引领潮流、知己知彼,并避免可能的设计风险,从而确保所开发的产品造型在未来市场上能取得最大可能的成功。简言之,企业借助设计策略,运筹于前期研发、制胜于未来竞争。

产品造型创新的设计策略是如此具有价值,国内外越来越多的制造企业重视并借助设计策略,谋求和确保其产品在上市后受到消费者欢迎,即在本能的、行为的或(和)反思的水平上满足消费者的需要(Needs)和想要(Wants)[6],而在预先展开的设计策略研究与开发的过程中,进行相应的消费者/用户研究是帮助理解消费者/用户的必要环节。

一般可以采用定性研究和定量研究两种方法来展开消费者/用户研究。定性研究的方法有深度访谈、焦点小组、隐喻分析、抽象调查和投射技术等；定量研究是一种实证研究的方法，主要借助自然科学并由实验方法、测量技术和观察方法组成。研究所发现的东西是描述性的、经验式的，如果对使用概率样本而随机收集起来的定量数据进行统计分析，则可以被推广到更大的人群[7]。

由于定性研究得出的结论非常有限，也可以将定性研究和定量研究结合起来。有时从定性研究中产生的观点又被经验验证，成为设计定量研究的基础[8]。一个基本的消费者/用户研究过程如图1-1所示，其中包含明确研究目的、收集次级数据、定性和定量研究设计、数据收集、数据的主客观分析、研究报告撰写等主要阶段和工作内容。

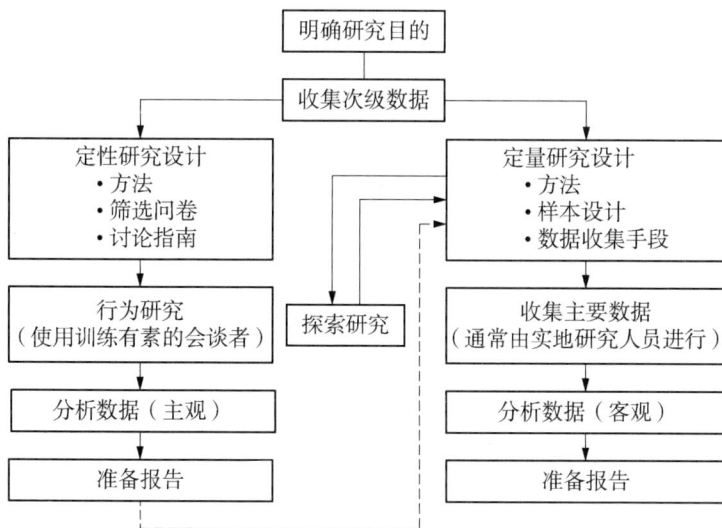

图1-1　消费者/用户研究过程的一个模型[9]

正如建筑造型及其风格是可以测量的[10]一样，产品造型也是如此。针对产品造型创新的定量研究过程，在定量研究方案设计、消费者/用户调研以及对调研所得的数据进行分析时，通常需要借助一定的工具和统计分析方法。在消费者/用户对造型进行语义评价的调研过程中，一般以奥斯古德（Osgood）等人[11]建立的语义差分法进行实验。对产品造型进行形态分析工作时，可以采用形态分析法进行定性分析，再采用定量方法综合展开分析和研究。

对产品造型创新的设计策略研究与开发过程中常用的一些工具和分析方法简要介绍如下。

（1）语义差分法：语义差分法（Semantic Differential Method，又称为 SD 法），是由美国心理学家奥斯古德等人于 1957 年提出的一种心理学研究方法。奥斯古德等人认为，人类对概念或词汇具有颇为广泛的、共同的感情意义认识。

语义差分法以多组意思相反的描述词（通常为形容词）词对为基础，结合联想和评估来研究事物和概念的意义。它由被评测的概念（Concept）、量表（Scale）、被试（Subject）3 个主要要素组成。"概念"既可以是词、句、段和文章那样的语言符号，也可以是像图形、色彩、声音等有感情意义的知觉符号。"量表"则是用两个意义相反的描述词（通常为形容词）作为两极而构成的比较级度量梯度。一般采用 5 阶或 7 阶李克特量表（Likert Scale）。

语义差分法对了解概念、消费者/用户心理认知的倾向有较大帮助，通常用来评估非计量性的资料。使用 SD 法，可帮助理解消费者/用户对产品造型的认知与评价。

（2）聚类分析法：聚类分析（Cluster Analysis）是研究分类的一种多元统计分析方法。基于所研究的样品或变量之间存在不同程度的相似性，对样品或变量进行分类。其分类的原则是同一类中个体具有较大的相似性，不同类的个体具有较大的差异性，这样使得类别内的数据差异尽可能小，而类别间的数据差异尽可能大。

聚类分析可以用于选取代表性的产品样品、代表性的意象词词对的过程中，也可用于对消费者/用户群体或产品市场进行细分等方面。

（3）主成分分析法和因子分析法：一个实际问题通常受众多因素的影响，在多元统计分析中，一个因素就是一个变量，每个变量都在不同程度上反映了所研究问题的某些信息，并且彼此之间有一定的相关性。

主成分分析（Principal Component Analysis，PCA）是一种降维的数据处理技术。它将一个实际问题中的一组相关变量通过线性变换转换成另一组不相关的新变量（称为主成分）。在数学变换中保持变量的总方差不变，使第一变量具有最大的方差，称为第一主成分；第二变量的方差次大，并且与第一变量不相关，称为第二主成分；其余主成分依次类推。这样可用较少的新变量去解释原始资料中的大部分变量，将原始资料中许多相关性很高的变量转化成彼此相互独立或不相关的新变量，从而将问题分析的复杂性降低。

因子分析(Factor Analysis)是由查尔斯·斯皮尔曼(Charles Spearman)在1904年首次提出的。在一定程度上可以把它看作是主成分分析法的扩展，它能更加深入地研究问题，是一种把多个变量化为少数几个综合变量（称为公因子）的多元统计分析方法。通过降维处理，可用有限个不可观测的隐变量（即公因子）来解释原始变量之间的相关关系。在统计分析软件中进行因子分析时，常采用主成分分析方式选项。

在设计策略研究中，使用因子分析法有助于更清晰地认识意象词之间、形体的设计特征之间的关系。

(4) 相关分析和回归分析法：世上万物之间存在着大量的相互联系、相互依赖和制约的数量关系。不同于描述这种关系中确定的、严格的依存关系的函数关系，相关关系描述这些关系中不确定的、不严格的依存关系，相关关系反映了两个变量之间的关联趋势。

不同的相关分析过程中，测量相关程度的相关系数有很多种。在最常见的对两个连续变量的相关关系进行相关分析时，一般使用皮尔逊(Pearson)相关系数来表示这两个变量间相关性的大小，其相关关系可能为正相关、不相关或负相关，相关系数则介于1与-1之间。相关系数的绝对值越大，相关性越强；相关系数越接近于1或-1，相关度越强；相关系数越接近于0，相关度越弱。

回归分析(Regression Analysis)则反映两个或多个变量之间确定的、严格的依存关系，是在掌握大量观察数据的基础上，建立这两个变量（因变量与自变量）或一个变量（因变量）与其他多个变量（自变量）之间的函数表达式（称为回归方程式）。前者称为一元回归分析，后者称为多元回归分析。在回归分析中，因变量与自变量之间因果关系的函数表达式如果是线性的，则称为线性回归分析，如果是非线性的，则称为非线性回归分析。

在研究中借助回归分析法，预测一个或一组自变量（如多个意象评价）发生变动时，与其有相关关系的某随机变量（如产品造型评价）的未来变动情况。

（5）多维尺度分析法：多维尺度分析（Multidimensional Scaling，MDS）是基于对研究对象之间相似性的判断，将研究对象在一个低维度（一般为二维或三维）空间中形象地表示出来的一种图示法。事实上，多维尺度分析是一类统计分析方法的统称，它最早产生于心理度量分析，并在许多领域中得到广泛的应用。通过多维尺度分析产生一张能够看出这些对象分布的匹配图（称为知觉图），后者反映了消费者/用户对研究对象的心理认知特点。

在进行产品（造型）定位、品牌定位、企业形象定位等研究时，产品（造型）、品牌形象、企业形象等就是研究对象。知觉图将消费者/用户从多维角度做出的对相似性和差异性的感受，在低维空间上加以直观定位。此时借助知觉图，可以分析和了解产品造型、品牌形象、企业形象等方面在消费者/用户认知与诉求中的差异性，更直观地描述当前产品、品牌或企业竞争的态势以及现有产品、品牌、企业形象等在整个市场或行业中所处的地位，并发现最接近的直接竞争者。这些都有助于为新产品、新品牌进行明确定位，有助于分析现有产品、品牌的市场形象提升的途径。

以多维尺度分析法为基础，还扩展出多维偏好分析法（MDPREF Analysis）和偏好映射分析法（PREFMAP Analysis）。前者基于消费者/用户对一组研究对象（如产品造型、品牌）的一组意象评价，可以在这组意象作为矢量所形成的多维空间中直观地表达研究对象（如产品造型、品牌）的定位。后者则可进一步将消费者/用户与其对研究对象的偏好结合起来，从而直观地在多维空间中将研究对象及相应的偏好者的定位表达出来：最靠近某个对象的偏好者（可以是个体，也可以是细分的消费者/用户群体），就是最偏好该对象的消费者/用户。

（6）联合分析法：联合分析法（Conjoint Analysis）是一种多元统计分析方法。它是基于消费者/用户对具有某些特征（称为因子）与特征状态（称为因子水平）的产品组合方案的评价，将每一特征以及特征状态的重要程度做出量化分析的方法。它在提出不久就被引入市场营销领域，用来分析产品的多个特性如何影响消费者购买决策问题。

联合分析法已成为一种用于开发有效产品设计的有力工具。在设计策略研究中使用联合分析法，有助于回答如下的一些问题：哪些产品属性对消费者重要及哪些产品属性对消费者不重要？消费者心中最喜欢及最不喜欢的产品属性级别有哪些？领先竞争对手的产品与我们现有或提出的产品的偏好市场份额是多少？使用联合分析可以帮助确定每个属性的相对重要性以及最喜欢每个属性的什么级别。

（7）数量化理论Ⅰ类：数量化理论（Quantification Theory）是多元统计学的一个分支，主要用于分类、评价、预报和系统优化。它可分为数量化理论Ⅰ类、数量化理论Ⅱ类、数量化理论Ⅲ类、数量化理论Ⅳ类，其中数量化理论Ⅰ类是一种多元回归分析方法[12]。

数量化理论Ⅰ类研究的主要目的是寻找自变量分别对因变量的影响程度并进行预测，要求因变量是定量变量，自变量可以全部是定量的，也可以都是定性的，或两者兼而有之。从而可充分利用可能收集到的定性、定量信息，使那些难以做详细定量研究的问题得以定量化，更全面地研究并发现事物间的联系和规律。

（8）形态分析法：形态分析（Morphological Analysis）是指将整体的产品造型分解为主要的形态要素及组成构件，通过这些形态要素的排列组合，可以进一步产生新的产品造型。也就是说，各种设计方案可以通过重组既有的形态要素及组件来获得。

它是一种对产品加以"解构"的手法，一种对解构后的形态要素进行重新排列组合的造型设计方法[13]。形态分析法的主要目标在于扩展产品造型设计问题的解决方案的搜寻范围，寻找理论上可行的解决方案。

（9）感性工学：感性工学一词由日本马自达汽车集团前会长山本健一于1986年在美国密西根大学发表题为"汽车文化论"的演讲中首次提出。它是一种运用工程技术手段探讨"人"的感性与"物"的设计特性间关系的理论和方法。日本广岛大学的长町三生[14]认为，感性工学主要是"一种以顾客定位为导向的产品开发技术，一种将顾客的感受和意向转化为设计要素的翻译技术"。感性工学包括三方面的内容：一是根据产品的感性层面进行分类，建立产品的感性结构来获取设计细节；二是计算机支持的感性工学系统；三是感性工学的模型。

在产品设计与设计研究领域，借助感性工学可以将人们对"物"（已有产品、数字或虚拟产品）的感性意象定量地或半定量地表达出来，并与产品造型特性相关联，从而在产品创新中体现"人"（这里包括消费者/用户、设计者等）的感性感受，设计出符合"人"的感觉期望的产品。

（10）决策实验室法：决策实验室法（Decision-making Trial and Evaluation Laborary—DEMATEL）基于对一个问题的元素间两两影响关系方向及其程度的判断，利用一定的矩阵运算方法计算出元素间的因果关系，并以数字表示因果影响的强度，从而帮助认识一个问题的结构关系。

借助上述消费者/用户研究过程和主要的定性、定量分析工具，最终可形成设计参考模型和综合的设计策略，用以指引后续的设计方案开发方向。针对企业特定产品的设计策略可以帮助企业认清产品竞争态势、消费者/用户造型喜好，对产品形象进行精准的定位，确保产品与目标消费者/用户的对接。更进一步，针对一个企业的系列产品进行全面的设计策略研究，则能帮助企业认清市场竞争态势和造型设计趋势，进而形成企业特有的、相对稳定的设计战略，用以统筹今后的产品创新工作、指引工业设计创新活动。此外，设计策略的研发方法及其过程中的一些分析工具，也可运用于对品牌形象的分析、定位研究以及品牌战略的规划与制订活动中。

具体地讲，设计策略的研究与开发可服务和应用于产品的造型、色彩与材质等方面的设计创新，产品形象定位与产品形象识别（PI）的形成以及企业综合的设计战略的建立。同时，这一研究工作及其方法还可以延伸到品牌形象提升与品牌战略的建立等方面。以较为复杂的乘用车产品（其造型包含外形和内饰两部分）对象为例，企业可在如下一些具体的领域和课题上展开研究与开发工作：①中国消费者/用户轿车造型、色彩与材质等的认知与偏好。②国际轿车造型风格的整体趋势。③世界主流轿车品牌产品的造型基因分析与对比。④企业轿车产品造型与竞争者的意象差异分析以及自身轿车产品造型风格的定位。⑤企业内不同级别轿车车型的协同定位以及产品形象识别的形成。⑥企业轿车产品造型特征系列化分析与造型基因的形成。⑦根据需要从车型细分、年龄细分、性别细分、地域细分、国别细分等多种细分的角度，细分消费者/用户群体对轿车造型偏好的差异化分析及设计对策。⑧品牌形象现状与认知差异分析。⑨品牌定位与品牌战略的建立。⑩品牌形象的提升路径与对策。

本章注释：

［1］ 国家自然科学基金委员会.先进制造技术基础［M］.北京：高等教育出版社；德国：施普林格出版社,1998.

［2］ (美)奥托,等.产品设计［M］.齐春萍,等,译.北京：电子工业出版社,2005.

［3］ 同［2］.

［4］ 刘国余,沈洁.产品基础形态设计［M］.北京：中国轻工业出版社,2001.

［5］ (美)希夫曼,(美)卡纽克.消费者行为学(第七版)［M］.俞文钊,译.上海：华东师范大学出版社,2002.

［6］ (美)诺曼.情感化设计［M］.付秋芳,程进三,译.北京：电子工业出版社,2005.

［7］ 同［5］.

［8］ 同［5］.

［9］ 同［5］.

［10］ Chiu-Shui Chan. Can style be measured? ［J］. Design Studies,2000,21(3)：277-291.

［11］ Osgood C E, Tannenbaum P H, Suci G J. The measurement of meaning ［M］. Urbana：University of Illinois Press,1957.

［12］ 董文泉,周光亚.数量化理论及其应用［M］.长春：吉林人民出版社,1979.

［13］ Zwicky F. The morphological approach to discovery, invention, research and construction ［J］. New Method of Thought and Procedure：symposium on Methodologies. Psadena,1967(5)：316-317.

［14］ Nagamachi M. Kansei Engineering：a new ergonomic consumer-oriented technology for product development ［J］. International Journal of Industrial Ergonomics,1995,15：3-11.

第 二 章

消费者/用户研究: 以 DEMATEL 为工具

第一节 DEMATEL 方法

一、DEMATEL 方法的起源

DEMATEL 方法(决策实验室法)于 1973 年源自日内瓦研究中心 Battelle 协会。当时该方法用于研究复杂、困难的世界性问题(如种族、饥饿、环保、能源问题等),以增加对世界问题关联的理解,并借由此方法获得全球各区域间更好的知识交流。DEMATEL 方法通过察看一个问题或结构的元素间两两影响关系及其程度,利用矩阵及相关数学理论计算出全体元素间的因果关系,并以数字表示因果影响的强度。借助该方法可有效地了解复杂的因果关系结构。因此,该方法相关的应用领域非常广泛,在国内外得到大量应用。

二、DEMATEL 方法构架及运算步骤

(一) DEMATEL 方法理论说明[1][2]

假设一个系统或问题由若干主要元素(如元素 a、元素 b……元素 i)构成,元素

的影响阶层如图 2-1 所示。由图 2-1 可
知元素 a 直接影响元素 b 及元素 c，同时间
接影响元素 d、元素 e、元素 f，再间接影响
至元素 g、元素 h、元素 i，将此图的直接影
响由二元矩阵 $\boldsymbol{A}$（见表 2-1）表示，直接影响
（包括 $a-b$，$a-c$，$b-d$，$b-e$，$c-f$，

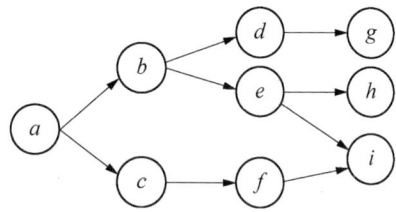

图 2-1　元素影响阶层

$d-g$，$e-h$，$e-i$，$f-i$）标示"1"，无直接影响则为空白。将矩阵平方得 $\boldsymbol{A}^2$（见
表 2-2），$\boldsymbol{A}^2$ 矩阵中"1"表示第二层的影响，即第一阶的间接影响（包括 $a-d$，$a-$
e，$a-f$，$b-g$，$b-h$，$b-i$，$c-i$）。同理，将矩阵三次方得 $\boldsymbol{A}^3$（表 2-3），$\boldsymbol{A}^3$ 矩
阵中"1"表示第三层的影响，即第二阶的间接影响（包括 $a-g$，$a-h$，$a-i$）。由此
可知，利用二元矩阵的表示及运算可以得到图形各阶层的影响关系，但是，在合理
的状况下，当影响程度传递至下一层时，必须小于上一层的影响程度即影响程度递
减，例如图中 a 影响 h 的程度必须小于 a 影响 e 的程度，同样 a 影响 e 的程度必须
小于 a 影响 b 的程度，所以若用二元矩阵表示将会失去影响程度大小的信息，因
此，为了不改变评估者的思考模式，不使用 0、1 来表示连接关系，而改用数字表示
元素的连接关系及影响程度，利用数学矩阵的理论以满足影响程度递减的情形。

表 2-1　直接影响关系矩阵

$\boldsymbol{A}=$

	a	b	c	d	e	f	g	h	i
a		1	1						
b				1	1				
c						1			
d							1		
e								1	1
f									1

表 2-2　第一阶的间接影响矩阵

$\boldsymbol{A}^2=$

	a	b	c	d	e	f	g	h	i
a				1	1	1			
b							1	1	1
c									1

表 2-3　第二阶的间接影响矩阵

$\boldsymbol{A}^3=$	a	b	c	d	e	f	g	h	i
a							1	1	1

（二）DEMATEL 方法的运算步骤

DEMATEL 方法的主要运算步骤如下[1][2]。

步骤 1：定义元素。列出系统中的元素并加以定义，可通过探讨、头脑风暴法等方式获得。

步骤 2：判断关系。根据专家或评估者的主观认识来判断元素两两间的关系。元素间两两比较的尺度可分为 4 种程度，分别为：0—没有影响、1—稍微影响、2—较有影响、3—很大影响。

步骤 3：产生直接关系矩阵（Direct-relation Matrix）。若元素个数为 n，将元素依其影响关系与程度两两比较，得到 $n \times n$ 矩阵，称为直接关系矩阵，以 $\boldsymbol{Z}$ 表示，矩阵中 z_{ij} 代表元素 C_i 影响元素 C_j 的程度，并且将其对角元素 z_{ii} 设为 0，$\boldsymbol{Z}$ 的形式为

$$\boldsymbol{Z}=\begin{array}{c} \\ C_1 \\ C_2 \\ \vdots \\ C_n \end{array}\begin{array}{cccc} C_1 & C_2 & \cdots & C_n \\ \left[\begin{array}{cccc} 0 & z_{12} & \cdots & z_{1n} \\ z_{21} & 0 & \cdots & z_{2n} \\ \vdots & \vdots & \ddots & \vdots \\ z_{n1} & z_{n2} & \cdots & 0 \end{array}\right] \end{array}$$

步骤 4：计算标准化直接关系矩阵。令 $\lambda=\dfrac{1}{\max\limits_{1 \leqslant i \leqslant n}\left(\sum\limits_{j=1}^{n} z_{ij}\right)}$，再将整个矩阵的元素乘以 λ，即 $\boldsymbol{X}=\lambda \cdot \boldsymbol{Z}$，得到标准化直接关系矩阵 $\boldsymbol{X}$。

步骤 5：计算直接、间接矩阵（Direct/Indirect Matrix）。直接/间接矩阵 $\boldsymbol{T}$ 可从下式得到：

$$\boldsymbol{T}=\lim_{k \to \infty}(\boldsymbol{X}+\boldsymbol{X}^2+\cdots+\boldsymbol{X}^k)=\boldsymbol{X}(\boldsymbol{I}-\boldsymbol{X})^{-1}$$

其中，$\boldsymbol{I}$ 为单位矩阵。

步骤 6：计算中心度及关系度。令 $t_{ij}(i, j = 1, 2, \cdots, n)$ 为 T 中元素，列的总和及行的总和分别以 D_i 及 R_j 表示，由下式可得到：

$$D_i = \sum_{j=1}^{n} t_{ij}(i = 1, 2, \cdots, n)$$

$$R_j = \sum_{i=1}^{n} t_{ij}(j = 1, 2, \cdots, n)$$

D_i 表示以元素 i 为原因而影响其他元素的总和，包含了直接及间接影响；R_j 表示以元素 j 为结果而被其他元素影响的总和。$(D + R)$ 称为中心度（Prominence），由 D_k 相加 R_k 而来，表示通过此元素影响及被影响的总程度，可显现出此元素在系统中的中心度；$(D - R)$ 称为原因度（Relation），由 D_k 相减 R_k 而来，$(D_k - R_k)$ 值若为正，此元素偏向为导致类，$(D_k - R_k)$ 值若为负，此元素偏向为影响类。

步骤 7：绘制因果图（Causal Diagram）。绘制因果图时，横轴为 $(D + R)$，纵轴为 $(D - R)$，分别以 $(D_k + R_k, D_k - R_k)$ 为一组坐标值。这样，因果图可以将复杂的因果关系简化为易懂的结构，能帮助决策者深入了解系统或问题的结构、元素间相互关系，从而找寻解决方向。借助因果图，决策者可以根据元素中导致类或影响类做出适合的决策。

第二节　消费者轿车购买决策的影响因素分析

今天，人们对产品的需求已不满足于"好用就行"，对产品不但有物质需求，而且还有精神文化的需求。能否满足消费者的感性诉求，也是影响消费者轿车购买决策的新指标。产品的情感化设计已经成为设计师设计产品时不可缺少的新理念，而消费者的感性消费倾向日渐凸显，以自己的喜好为转移选择商家及产品是一种新的消费现象。

基于设计心理学家诺曼所论及的概念，可以把消费者感性诉求划分为 3 个层次[3]，即本能层（Visceral Level）、行为层（Behavioral Level）和反思层（Reflective Level）。

本能层，就是能给消费者带来感官刺激的活色生香。如一辆汽车外形时尚且颜色漂亮，消费者一眼看上去就感觉赏心悦目。这是汽车外形使消费者的本能层次诉求在起作用。

行为层，是指消费者使用所掌握的技能去解决问题，并从这个动态过程中获得成就感和愉快感。还用汽车做例子，消费者在拥有这辆汽车后，要逐渐地去了解它的主要功能并熟悉它的基本操作。如果这辆汽车的人机交互设计合理，操作舒适方便，那么消费者就能从驾驶过程中获得满足感和快乐感。这就是消费者的行为层诉求在起作用。

作为最高层次的反思层，实际上指的是由于前两个层次的作用，而在消费者心中产生更深度的，由情感、意识、理解、个人经历、文化背景等交织在一起的影响。反思层对消费者购买决策及产品设计有非常重要的意义，它有助于建立起产品和用户之间的长期纽带，有利于提高品牌忠诚度。

一、问卷调查

依据研究目的设计问卷，对消费者进行随机抽样调查，寻找消费者购买轿车的决策影响因素，作为本研究中 DEMATEL 方法的输入数据。

二、影响因素分析

根据调查问卷结果及相关文献探讨，从本能层、行为层以及反思层 3 个层面整理、归纳出影响消费者轿车购买决策行为的因素。其中本能层包含外观、车价、燃油经济性、内部空间及舒适性、内饰等 5 项因素；行为层包含操控性、动力性、售后维修保养、售前服务等 4 项因素；反思层包含品牌、安全性、环保性等 3 项因素。

(一) 本能层相关因素

1. 外观

在日常的人际交往过程中都很注重第一印象，买车也一样。一款造型优美的车,往往使人在第一次过目后就留下不错的印象,接着使人有购买它的欲望。

在汽车交易市场调查时发现,很多消费者/用户往往被一些外观新颖的汽车所吸引。他(她)们对于汽车专业知识一般都知之甚少,在挑选汽车时,外观是否贴合心意成为选择要素之一。

2. 价格

有网络调查显示,在影响我国居民购车的因素中,虽然汽车的品牌、性能、经销商的服务、购车方式、售后服务等成为消费者买车的考虑因素,但占据第一位的考虑因素仍然是价格。

在现阶段的中国汽车市场,由于轿车本身的价格弹性较大,轿车消费者在决定购买时对于价格非常看重是很自然的事。究其原因,这与大多数中国消费者目前还处在购买第一辆车的阶段有关。

降价是符合消费者心声的。虽然降价被认为是"最无能"的汽车营销方式,但往往是最有效的。降价直接降低了企业利润,但消费者能从降价中得到实惠,自然乐意。

因此,在购车过程中,价格仍是大部分消费者考虑的主要因素之一。

3. 燃油经济性

在全球汽车市场上,油价一直是影响汽车需求的一个重要因素。

汽车燃油经济性是汽车的一个重要性能,也是购买汽车的人最关心的指标之一。它关系到每个人的切身利益,在汽车说明书中大概最引人注意的技术规格也是燃油消耗。降低汽车燃油消耗似乎成了汽车制造者和使用者的一个永恒的课题。

4. 内部空间及舒适性

汽车内部空间及所带来的舒适性也得到越来越多消费者的关注。单纯的车体尺寸已不能作为选择汽车空间的标准,因为车体尺寸大未必空间就大。消费者选择汽车空间时更重视舒适性和利用率。相对于年轻人多注重个人感受,家庭购车的考虑因素侧重点更多放在后排空间的舒适性以及行李箱是否能合理利用上。

5. 内饰

相对于外形而言,内饰设计所涉及的组成部分相对繁多。内饰形体包括仪表台、方向盘、座椅、操纵按键、空调出口、拨挡头、车门内饰、门把手等。同时，内饰设计还要与外形设计相匹配。内饰多为近距离接触，触觉、手感、舒适性和可视性等更多细节在消费者选择上有着举足轻重的地位。

对作为具体使用者的消费者来说，他们接触汽车内饰的时间要远远多于汽车外形。内饰设计的好坏（包括造型设计、材料舒适度、布局、是否符合使用习惯等）将直接影响他们的使用及心情，从这个意义上来讲，汽车内饰尤为重要。

此外，汽车使用者在汽车上度过上、下班交通高峰的时间越来越多，汽车内饰的重要性上升到与外在环境同样的高度。消费者愿意花在汽车内饰上的金钱也正在逐渐上升。

（二）行为层相关因素

1. 操控性

汽车优良的操控性不仅可以带来驾驭和掌控的乐趣，而且关系行车安全，能够在紧急情况中避免事故发生，在行驶中为车主带来信心。

通常所说的汽车的操控性，其实是一种综合表现，主要指汽车在行驶过程中所表现的稳定性、灵活性、准确性和可控性。汽车的操控性主要由 6 个方面的因素决定：汽车底盘、转向、发动机、变速器、自重和主动安全技术。

2. 动力性

汽车的动力性可用 3 个指标来评定，即汽车的最高车速、加速能力和爬坡能力。汽车的最高车速是指汽车在平坦良好的路面所能达到的最高行驶速度。汽车的加速能力是指汽车在行驶中迅速增加行驶速度的能力。汽车的爬坡能力是指汽车满载时，在良好的路面上以最低前进挡所能爬行的最大坡度。

动力性是汽车的重要使用性能之一，它代表了汽车行驶可发挥的极限能力。

3. 售后维修保养

汽车作为一种消费品，在购买后的使用过程中，还需要消费者不断地进行维护和保养，继续支出和花费，这是汽车与一般消费品显著不同的地方。

如果以汽车厂商自己的服务系统来看，做好规范化的服务，形成完备而统一的服务体系仅是基础，这些是目前大多数汽车厂商都在做的事情，只能让用户感到没有不满意的地方,而要让他们真正满意,并形成对某个品牌的忠诚度,则必须要有清晰的服务品牌和文化来支撑,这是消费者形成对某个汽车品牌服务认知和建立忠诚度的基本路径。

事实上,汽车厂商所提供的服务还是一个很宽泛的概念,其内涵不仅仅是传统意义上的汽车销售和售后服务两个方面。探究其根本,汽车制造厂商应当致力于实现用户满意程度的最大化,这还应当包括用户对产品性能、产品质量的满意度、车辆在运行中的问题以及涉及产品在消费者使用过程中暴露的问题,还有消费者对其服务体系和服务内容的评价等方面。

4. 售前服务

提起汽车销售服务很多人马上会联想到售后服务,而对汽车售前服务或许还会感到陌生。据了解,在国外售前服务已经很普遍,一些厂商开办了类似汽车学校的驾驶课堂,使消费者在购买前对所选车辆就有了系统的认识。在国内售前服务方面,虽说一些厂商已经开展了这方面的工作,但还缺乏一贯性,大多数厂商的售前服务还只停留在对汽车基本情况的介绍,好一点就是试乘试驾了。对初次购车的消费者来说只有微笑服务还远远不够,专业的售前服务对于购车者会起到拨云见日的作用,他们很需要这方面的帮助。

(三) 反思层相关因素

1. 品牌

事实上乘用车的购买需求已经逐渐开始摆脱功能性层次,上升到心理和精神层面。虽然较少听到消费者说某个汽车品牌更适合自己,但这并不是消费者对品牌情感缺乏需求,而是目前市场上大多数的汽车品牌还不能提供充分的品牌内涵以引起消费者情感层面的共鸣。

据一些权威机构调查显示,在购车过程中,60%的消费者购车时会考虑品牌因素。

品牌形象是对某种品牌的图解式记忆。它包含目标消费者对产品属性、功用、使用情境、使用者、制造商与经销商之特点的理解。

2.安全性

我国迈入汽车社会的步伐在急剧地加快,消费者对汽车的认识已经从单一、片面的价格配置考量逐步向汽车的本质因素转移,越来越多的消费者已经把注意力放在了汽车安全因素上面。

例如,中国汽车技术研究中心参照欧洲 NCAP 碰撞测试的经验,并结合我国交通事故中车体以及车内人员所受到的实际损害统计参数,推出了符合我国国情的新车"安全"评估体系 C—NCAP。在首次评测结果公布以后,有许多购车者都表示,客观的评测对于消费者来说是十分有参考价值的。

3.环保性

能源和环境正在成为影响世界汽车产业发展的两大决定性因素。

进入 21 世纪以来,以混合动力、燃料电池、先进柴油、纯电动、生物燃料等为代表的新能源汽车技术呈现突飞猛进的发展态势,各国政府和各主要汽车厂商均不约而同地将新清洁环保汽车技术视为未来全球汽车产业竞争的制高点。普通消费者也越来越关心汽车尾气污染和地球变暖等问题,购车时也开始考虑环保性因素。

第三节　消费者轿车购买心理的解析

一、直接影响与间接影响程度

基于分析、归纳所得到的影响消费者决策行为因素,再次通过问卷调查的方式判断因素之间的相互影响。

本次问卷调研资料的收集地点为一线城市汽车 4S 店;访问对象为有购买汽车意愿的消费者;受访者共计 50 位;问卷调查过程历时 3 个月。

将得到的数据计算平均值后得到决策因素直接影响关系矩阵 Z,如表 2 - 4 所示。

表 2-4 直接影响关系矩阵

		1	2	3	4	5	6	7	8	9	10	11	12
		环保性	品牌	燃油经济性	外观	售前服务	操控性	内部空间及舒适性	价格	内饰	动力性	售后维修保养	安全性
1	环保性	0	0.862	1.966	0.345	0.517	0.724	0.552	1.759	1.103	1.379	1.241	0.690
2	品牌	0.621	0	0.862	2.138	1.793	1.31	1.551	2.482	1.655	1.69	2.172	1.966
3	燃油经济性	2.379	1.000	0	0.276	0.310	0.931	0.345	1.724	0.310	1.655	0.828	0.414
4	外观	0.345	1.655	0.379	0	0.379	0.655	0.931	1.793	0.655	0.517	0.414	0.793
5	售前服务	0.276	1.862	0.207	0.172	0	0.172	0.207	1.034	0.172	0.172	0.759	0.345
6	操控性	0.517	1.310	1.138	0.276	0.138	0	0.586	1.551	0.345	1.655	0.655	1.690
7	内部空间及舒适性	0.517	1.414	0.379	0.897	0.241	0.586	0	1.793	2.034	0.345	0.586	0.897
8	价格	0.862	1.897	1.207	1.621	1.414	1.517	1.897	0	1.759	1.724	1.551	1.379
9	内饰	0.966	1.345	0.172	0.759	0.310	0.517	1.931	1.897	0	0.207	0.483	0.690
10	动力性	1.241	1.517	1.483	0.414	0.310	1.690	0.483	2.103	0.310	0	0.690	1.483
11	售后维修保养	0.655	1.621	0.655	0.448	0.690	0.690	0.448	1.517	0.517	0.724	0	1.241
12	安全性	0.379	1.828	0.552	0.621	0.552	1.379	0.586	1.931	0.517	0.966	0.690	0

通过本研究团队所开发的 DEMATEL 分析程序工具，计算出 λ、标准化直接关系矩阵 X、直接/间接关系矩阵 T，并进一步得到各因素的 D 值与 R 值，求得 $D+R$（中心度）、$D-R$（原因度），如图 2-2 所示。

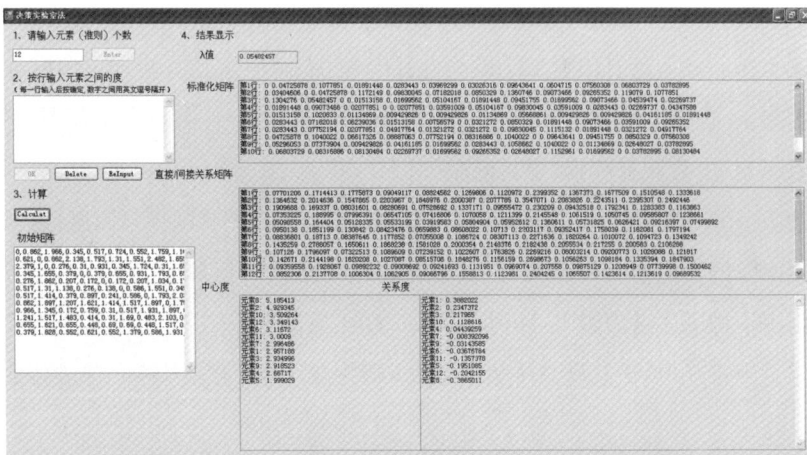

图 2-2 DEMATEL 分析程序工具界面与运算结果

二、中心度与原因度

运用程序工具进行计算,所得各因素的中心度($D+R$)与原因度($D-R$)结果如表 2-5 所示。

表 2-5　各个因素的中心度($D+R$)与原因度($D-R$)结果

	$D+R$		$D-R$
因素 8	5.185 413 000	因素 1	0.388 202 200
因素 2	4.929 345 000	因素 2	0.234 737 200
因素 10	3.509 264 000	因素 3	0.217 965 000
因素 12	3.349 143 000	因素 10	0.112 861 600
因素 6	3.116 720 000	因素 4	0.044 392 590
因素 11	3.000 900 000	因素 7	−0.008 392 096
因素 7	2.996 486 000	因素 9	−0.031 435 850
因素 1	2.957 188 000	因素 6	−0.036 767 840
因素 3	2.934 996 000	因素 11	−0.135 737 800
因素 9	2.918 523 000	因素 5	−0.195 108 500
因素 4	2.667 170 000	因素 12	−0.204 215 500
因素 5	1.999 029 000	因素 8	−0.386 501 100

当 $D+R$(中心度)值越大时,表示此因素占整体评估因素的重要性越大。因此,消费者轿车购买决策的影响因素的重要性依次为:【因素 8:价格】【因素 2:品牌】【因素 10:动力性】【因素 12:安全性】【因素 6:操控性】【因素 11:售后维修保养】【因素 7:内部空间及舒适性】【因素 1:环保性】【因素 3:燃油经济性】【因素 9:内饰】【因素 4:外观】【因素 5:售前服务】。

当 $D-R$(原因度)正值越大时,表示此因素直接影响其他评估因素;而当 $D-R$(原因度)的负值越大时,表示此因素被其他评估因素所影响。因此,根据 $D-R$(原因度)的顺序,【因素 1:环保性】($D-R$ 正值最大)为主要影响其他因素的重要因素,【因素 8:价格】($D-R$ 负值最大)则为被其他因素所影响的重要因素。

三、DEMATEL 因果图

由消费者总影响关系矩阵，依据各因素的关系位置，绘出消费者轿车购买决策的影响因素（即图中"题项"）之间的因果关系，如图 2-3 所示。

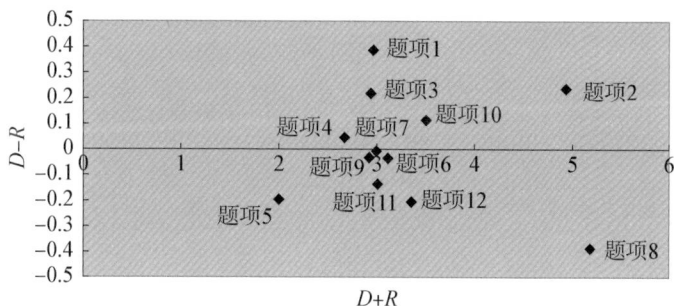

图 2-3　因素之间的因果关系（未表示出因素间的影响方向及其强度）

四、购买决策的关键影响因素

在上述影响消费者轿车购买行为的评估因素结构中，如表 2-6 所示，因素 8、因素 2、因素 10 的 $D+R$（中心度）排序为前 3 名，因此，【因素 8：价格】【因素 2：品牌】及【因素 10：动力性】为最关键的决策影响因素。此外，【因素 9：内饰】【因素 4：外观】及【因素 5：售前服务】，由于其 $D+R$（中心度）排序为最后 3 名，显示此 3 项评估因素对其他因素的相对影响较小。

表 2-6　中心度（$D+R$）值排序分别为前 3 名、最后 3 名的因素

（$D+R$）前 3 项	（$D+R$）后 3 项
【因素 8：价格】	【因素 5：售前服务】
【因素 2：品牌】	【因素 4：外观】
【因素 10：动力性】	【因素 9：内饰】

五、直接影响关系与被影响关系

直接影响关系与被影响关系的分析结果如表2-7所示,从中可看到消费者所看重的前3名因素,即【因素1：环保性】【因素2：品牌】及【因素3：燃油经济性】为前3项重要直接影响因素。【因素8：价格】【因素12：安全性】及【因素5：售前服务】为最主要被影响因素。

表2-7 原因度($D-R$)值排序分别为前3名、最后3名的因素

($D-R$)前3项	($D-R$)后3项
【因素1：环保性】	【因素8：价格】
【因素2：品牌】	【因素12：安全性】
【因素3：燃油经济性】	【因素5：售前服务】

六、小结

本研究经过相关文献探讨与问卷调查结果整理,以 DEMATEL 为方法借助所开发的程序工具进行运算后,分析、筛选出12项消费者轿车购买决策的影响因素,并进一步完成消费者轿车购买决策影响因素的因果关系分析,剖析消费者轿车购买决策活动的心理结构。

关于消费者轿车购买决策的关键影响因素。因果关系图分析显示,在本研究完成之时,价格因素仍然是中国消费者选购轿车时的最重要决策影响因素。即对消费者而言,此项是很重要的先决评估因素,此因素会直接影响对其他因素的考量。可见消费者对轿车的购买欲望受到汽车价格的影响是明显的。

关于轿车购买决策的潜在影响因素。从本研究结果中也发现,如今的消费者对于价格之外的一些潜在需求已经悄然上升到新的层面,动力性、安全性、操控性、内部空间及舒适性、环保性以及外观、品牌,这些给消费者带来感性体验和价值的需求,使他们更懂得要选择有真正需要、合适自己的那款汽车。消费者对于这些性

能和附加价值的关注度日益提高,也预示着今后整车供应商必须对技术革新、造型设计和品牌价值越来越重视。

实际上,值得关注的是,近年来我国家用轿车消费市场急速扩大,汽车产销量连续多年居于世界第一,家用轿车市场的竞争变得异常激烈,轿车外观、内饰的美观性已在消费心理中变为重要因素,外观视觉形象与品牌形象之间的交互影响作用也越来越明显。

第四节　消费者/用户轿车外形认知的心理解析

一、概述

本研究团队数年前以 DEMATEL 方法为工具,对消费者轿车购买决策的心理结构、因素间相互关系进行了系统分析,已经发现轿车消费者重视造型、品牌等有附加价值因素的端倪。如今中国的汽车市场已经出现了新的格局:在主要的性能/价格比范围内,随着消费者选择余地越来越大,对于汽车造型的要求越来越高。汽车造型已成为企业进行差异化竞争的重要手段。如何找准着力表现的主要造型角度和特征,使其既符合目标人群的审美倾向,又作为产品差异化竞争的手段,成为一个值得加以探讨的课题。

在现实经验中,消费者在观察一辆家用轿车实车时,从空间、尺度上的正常关系来看,主要有前面、前侧面、侧面、后侧面、后面等 5 个常规观看角度(见图 2-4)。那么在消费者/用户心理中,他们潜意识里更加看重一辆轿车哪个角度的造型呢?

就此问题,本节中再次引入 DEMATEL 方法进行研究。

二、DEMATEL 分析及其结论

在前期调研中,邀请 16 名年轻消费者作为被试进行问卷调研,得到轿车外形观看 5 个角度因素的直接影响关系矩阵,如表 2-8 所示。

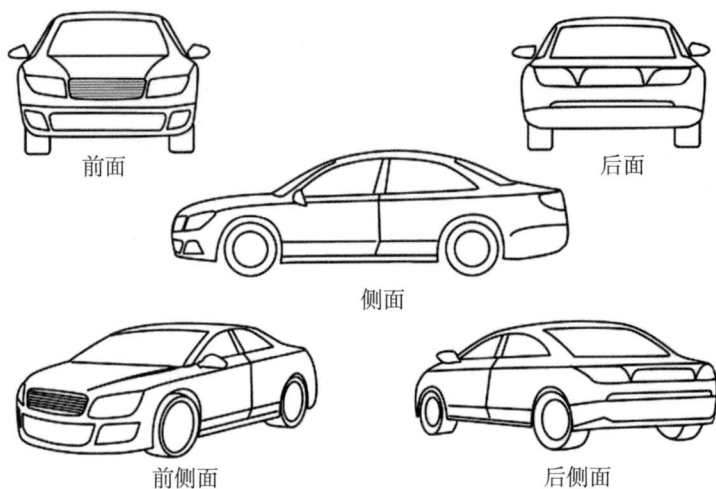

图 2-4　观察家用轿车时的 5 个常规角度

表 2-8　直接影响关系矩阵

		1	2	3	4	5
		前面	后面	侧面	前侧面	后侧面
1	前面	0	2.187 5	2.937 5	3.812 5	2.562 5
2	后面	3.875 0	0	3.562 5	4.375 0	3.500 0
3	侧面	2.937 5	2.250 0	0	3.500 0	2.875 0
4	前侧面	2.875 0	2.312 5	3.125 0	0	2.312 5
5	后侧面	3.500 0	2.375 0	3.375 0	3.625 0	0

借助本研究团队开发的 DEMATEL 方法程序工具,进行数据运算。运算界面与结果输出如图 2-5 所示。

从运算结果中,分别列出 5 个观看角度因素的中心度 $(D+R)$、原因度 $(D-R)$ 的值,如表 2-9、表 2-10 所示。

表 2-9　5 个角度因素的中心度 $(D+R)$ 值

【因素 4:前侧面】	【因素 3:侧面】	【因素 1:前面】	【因素 2:后面】	【因素 5:后侧面】
8.149 018	7.801 983	7.795 451	7.756 964	7.645 144

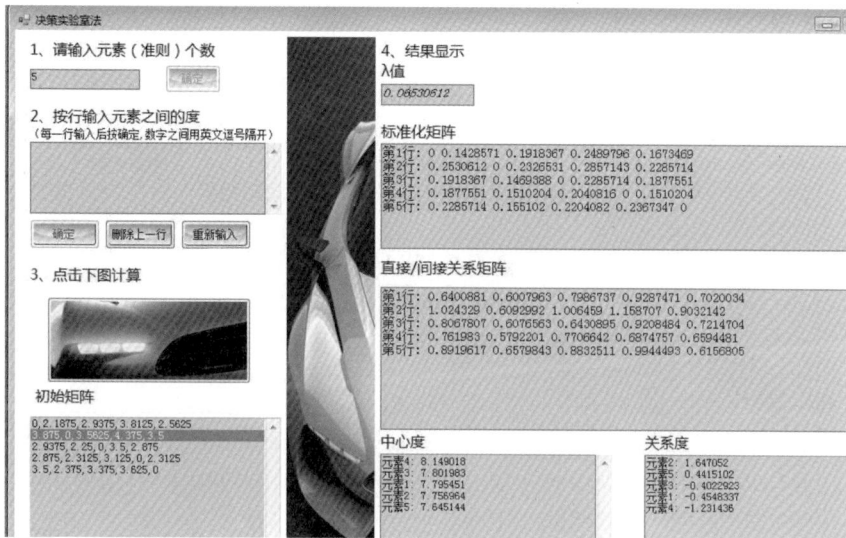

图 2-5　程序工具界面及运算过程和结果[4]

表 2-10　5 个角度因素的原因度($D-R$)值

【因素 2：后面】	【因素 5：后侧面】	【因素 3：侧面】	【因素 1：前面】	【因素 4：前侧面】
1.647 052 0	0.441 510 2	−0.402 292 3	−0.454 833 7	−1.231 436 0

　　从表 2-9 中可以看到，【因素 4：前侧面】是消费者/用户心理中最为关注、重视的轿车造型角度。在这个角度下，外观造型的前面、侧面和部分俯视面（如轿车的发动机罩），都在正常视野中。其次是【因素 3：侧面】这一角度。由此可见，上述问题具有重要的研究价值，那消费者是如何认知、评价从前侧视、侧视角度展现的汽车外观造型的呢？

　　汽车造型设计大师乔治亚罗（Giugiaro）曾经说过："造型设计决定了一款车的命运，这并不是危言耸听。"汽车市场的长期激烈竞争也表明了造型设计对于一辆轿车取得成功的重要性。因此，本研究团队持续展开轿车造型[5][6]及其相关的消费者/用户研究，从而准确理解和把握汽车消费者/用户的心理诉求[7]、造型认知[8][9][10][11][12]和审美偏好[13]。部分研究还将在后面专门章节加以展现。

本章注释：

［1］林宗明.管理问题因果复杂度分析模式建立之研究——以 DEMATEL 为方法论［D］.桃园：中原大学,2005.

［2］胡雪琴.企业问题复杂度之探讨及量化研究——以 DEMATEL 为分析工具［D］.桃园：中原大学,2003.

［3］(美)诺曼.情感化设计［M］.付秋芳,程进三,译.北京：电子工业出版社,2005.

［4］刘岗,黄定,刘春荣.基于决策实验室法的汽车造型特征偏好研究［J］.中国包装工业,2014(24)：34—36.

［5］Liu C, Xu Q. Extracting contour shape of passenger car form in front view based on form similarity judgement by young Chinese consumers ［C］//Marcus A, Wang W. Design, user experience, and usability. Cham：Springer, 2019：74－84.

［6］Liu C, Zhang M. Extracting contour shape of passenger car form in rear view based on form similarity judgement by young Chinese consumers ［C］//Shin C. Advances in interdisciplinary practice in industrial design. Cham：Springer, 2019：137－145.

［7］Liu C, Xie Y, Jin Y. What sensory desires make young Chinese users prefer one instrumental panel form of passenger car to another? ［C］//Marcus A, Wang W. Design, user experience, and usability. Cham：Springer, 2018：314－328.

［8］刘春荣,丁效国,解洋,等.年轻消费者对轿车前视造型相似性的认知研究［J］.包装工程,2018,39(24)：158－162.

［9］刘春荣,解洋.消费者对轿车内饰仪表板造型的认知特性研究［J］.包装工程,2019,40(2)：138－142.

［10］Liu C, Jin Y, Ding X, et al. Young Chinese consumers' perception of passenger car form in rear view ［C］//Marcus A, Wang W. Design, user experience, and usability. Cham：Springer, 2018：329－341.

［11］Liu C, Xie Y, Jin Y, et al. Understanding young Chinese consumers' perception of passenger car form in rear quarter view by integrating quantitative and qualitative analyses ［C］//Fukuda S. Advances in affective and pleasurable design. Cham：Springer, 2018：334－343.

［12］Liu C, Gao K. Young Chinese users' perception of passenger car form in front quarter view analyzed with quantitative and qualitative methods ［C］//Ahram T, Falcão C. Advances in usability and user experience. Cham：Springer, 2019：649－661.

［13］刘春荣,朱旭.年轻消费者对轿车造型风格的认知研究［J］.包装工程,2016,37(24)：6－10.

第三章

吸油烟机产品创新与设计策略

第一节　概　　述

随着人们家居生活水平和对生活用品品质要求的日益提高,人们对家用电器产品美感的要求也越来越高。本研究针对城市年轻居民对家用吸油烟机产品造型的感性意象判断,研究消费者/用户对家用吸油烟机产品造型的审美特点和偏好,为产品创新和开发提供设计策略与指导方向。吸油烟机是城镇居民厨房必备的家用电器之一,另外,越来越多的城市年轻居民装修厨房的时候,乐于亲自去购买自己喜欢的厨房电器。因此本研究以城市年轻居民消费者为对象展开相关研究,所选被试主要集中在上海和新疆两地。

为了初步了解现阶段城市年轻居民对待吸油烟机产品的态度以及在购买时有可能会看重的因素,本研究设计了一份简短的网络问卷,调查消费者/用户在购买吸油烟机过程中是否看重吸油烟机产品的外观、在购买吸油烟机过程中所看重的因素、愿意花更多钱去购买一款吸油烟机的可能原因。问卷发送给 50 位被试填写,最后收回 30 份有效问卷,其中男、女性各 15 人;年龄以 18～35 岁的居多,居住地区为新疆部分城市和上海,学历以中高学历(大专以上)为主;吸油烟机使用频率以经常使用和偶尔使用占多数(共占 63.33%)。结果显示：86.67%的被试在价格相同的情况下更愿意购买外观精美的吸油烟机产品,13.33%的被试非常看重吸油烟机外观,并愿意花更高的价格购买外观精美的吸油烟机(见图 3-1);在被试购买吸油烟机时所看重的因素中,吸油烟效果占据第一位,86.67%的被试都选择了"看重吸油烟效果"(见图 3-2),70%的被试选择了"看重性价比",60%的被试选择了"看重清洗难易度",选择品牌和噪声选项的人数比例相同,均占 50%,看重外观的被试占 43.33%,而选择操作难易度的被试只占 23.33%;在愿意花更多钱购买吸油烟机的原因当中,产品的外观与品牌占据头筹,占 53.33%(见图 3-3)。

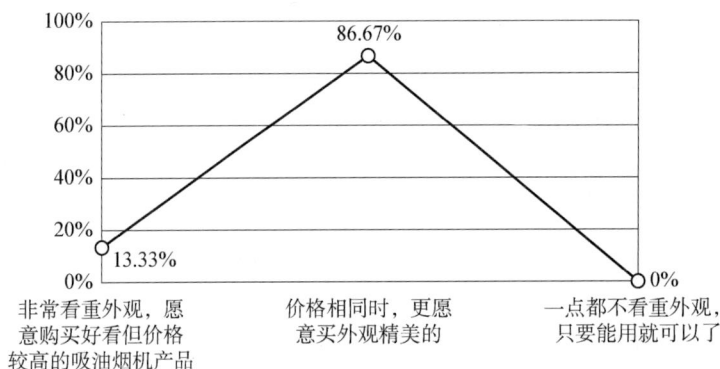

图 3-1　是否看重吸油烟机外观

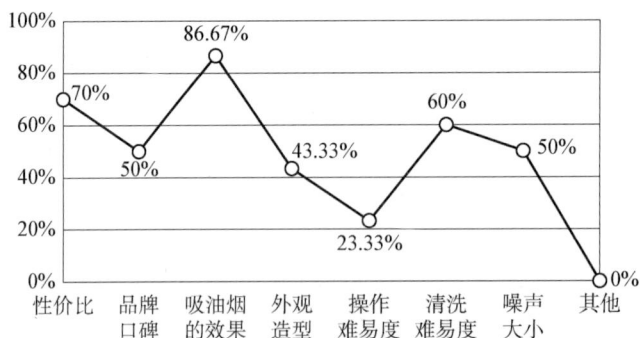

图 3-2　购买吸油烟机时看重的因素

由此可以推论出,绝大部分消费者在产品价格相同时,更愿意购买外观精美的吸油烟机产品。在购买时所看重的因素当中,消费者依然很看重吸油烟效果、噪

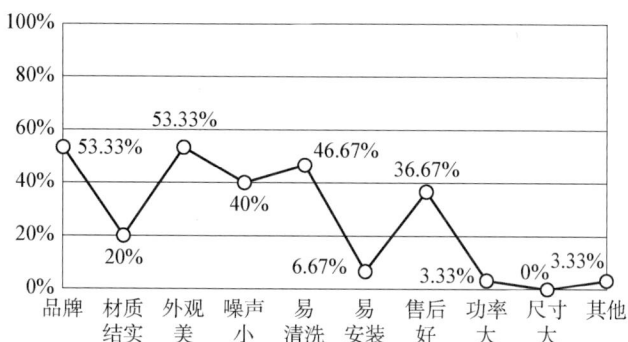

图 3-3　愿意多花钱购买吸油烟机的原因

声、性价比等因素,但也有接近一半的消费者已经开始看重外观;在愿意花更多钱购买的原因当中,外观则与品牌同等重要,占据最重要因素的位置,这一结果符合前面的分析预测,现阶段城市年轻居民在购买吸油烟机时,产品的外观已经成为不容忽视的主要因素之一。

第二节　代表性产品和意象词的选取

一、产品样品收集及筛选

家用吸油烟机大致可以分为欧式、中式、侧吸式三大类,各类产品的优、缺点如表 3-1 所示。

表 3-1　3 类家用吸油烟机产品优缺点汇总

	欧式吸油烟机	侧吸式吸油烟机	中式吸油烟机
优点	(1) 油烟分离 (2) 噪声小 (3) 节能环保 (4) 外表美观时尚 (5) 可以有多重面料选择,增加了厨房的亮点 (6) 样式比较新颖 (7) 尺寸较大	(1) 吸油烟面积大 (2) 不污染环境 (3) 抽油烟效果好 (4) 电机不粘油,使用寿命长 (5) 清洗方便	(1) 价格低廉 (2) 电机功率较大 (3) 抽油烟效果较好 (4) 节能
缺点	(1) 生产工艺复杂 (2) 材料成本较高,售价高	(1) 噪声比较大 (2) 售价高于欧式吸油烟机和中式吸油烟机	(1) 噪声大 (2) 油烟不分离 (3) 对周围环境有一定的污染

结合年轻消费者/用户相对更看重产品外观的特点,本研究最后决定选取欧式吸油烟机为研究对象。

通过网络平台搜集了中国市场上较受欢迎的 11 个品牌(见表 3 - 2)98 款欧式吸油烟机的正视图,去除造型明显相似、图片质量低劣及拍摄角度偏差较大的图片,得到 92 款(详见附录 3 - 1)。同时为了减少产品造型以外的因素对消费者的影响,对所有产品图片进行以下统一处理:统一图片的尺寸并编号、处理为黑白图片、去除产品 Logo、去除图片的背景并统一为白底色。将处理好的图片打印出来供后续实验使用。

表 3 - 2 吸油烟机品牌及每个品牌产品数量

品牌	方太	海尔	华帝	康纳	老板	美的	万和	西门子	樱花	德意	帅康
数量	15	11	8	5	12	4	2	3	5	11	16
共计	92										

二、样品分组任务

(一) 实验工具开发

1. 数据录入程序

本研究专门编写了数据录入程序,它的主要功能是将分组实验记录的结果(即组号和图片编号)通过设定的算法,转换为样品之间的"相似性"(或"不相似性")。相似性体现样品造型之间的差异,相似性值越大,造型相似程度越高。将结果输出为 txt 文件,供后续实验使用。

2. 程序主界面

该程序使用 Visual Basic 语言编写,最终生成可执行文件,可在 Windows 操作系统下运行。程序主界面由个人信息部分、数据输入框部分(输入框编号即为分组实验记录的组号,数据输入框内输入的数据即为记录的图片编号)和按键部分组成,如图 3 - 4 所示。具体操作步骤及程序反馈如图 3 - 5 所示。

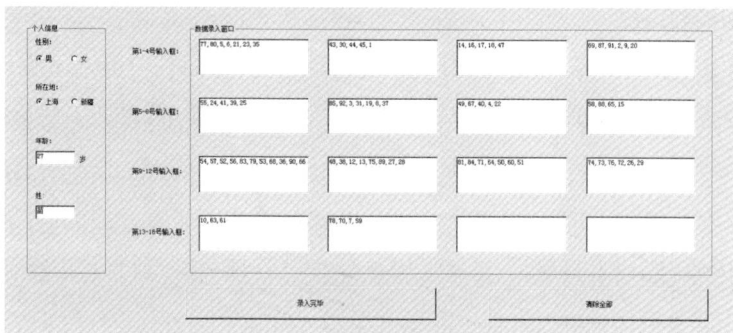

图 3-4　数据录入程序界面

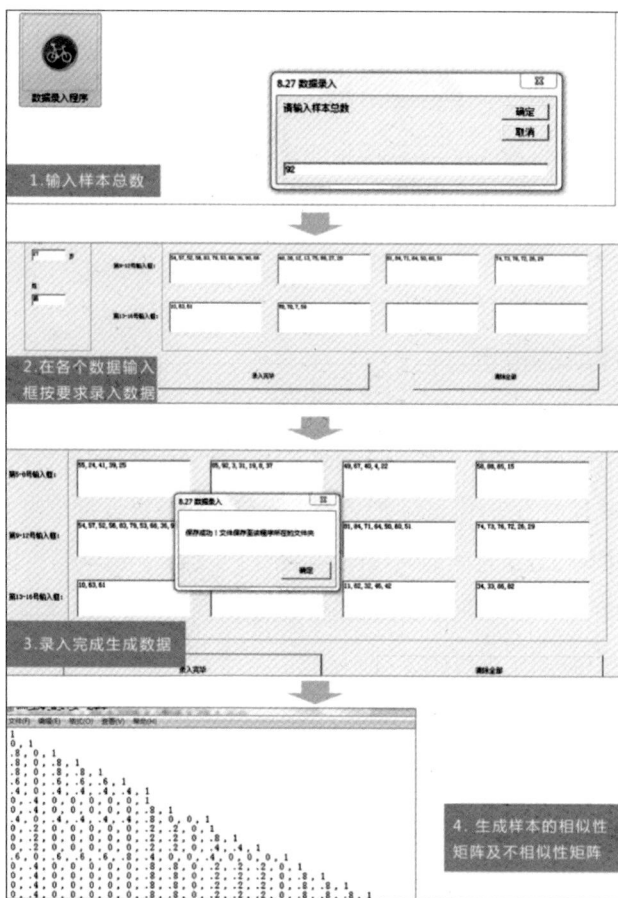

图 3-5　数据录入程序界面及说明

(二) 实验过程

邀请36名城镇居民作为被试,其中上海地区16名,男、女性各8名,年龄为23～35岁,以25～30岁者居多(占55%),学历为大专至博士,以硕士居多,未婚居多(占75%),职业分别为大学教师、外企员工、设计师、个体户、大学生等;新疆地区20名,男、女性各10名,年龄为22～34岁,以25～30岁者居多(占70%),学历为大专至研究生学历,以本科居多,已婚者居多(占55%),职业分别为高中教师、警察、企业员工、公务员、个体户、大学生等。

实验地点选在相对比较安静、明亮的环境。实验时,首先向被试详细介绍分组原理及目的,然后让被试将92张吸油烟机图片,根据自己对图片中外观造型的感觉进行分组。如果被试可以很清楚地说出自己分组的标准以及对产品造型的主观认识,也对这些信息加以记录。

最后,获得每一位被试对92款产品外观造型相似性评价的结果(一份相似性矩阵及不相似性矩阵的数据文件)。将36份相似性矩阵导入Excel软件中,计算出相似性矩阵的均值。

三、代表性样品的挑选

将经平均处理得到的相似性矩阵数据导入统计分析软件,进行系统聚类分析。首先选用组间连接的方法,得出将92个样品分组的组数以及每个组内样品的个数(见表3-3),并获得分组过程的树状图,如图3-6所示。由该图可以直观地看出整个分类的过程及结果,依据分群的状况选出最适合的类别数。根据分类情况,分为8类最为合适(如图中虚线所示)。

表3-3　各类的吸油烟机样品个数(组间连接法)

类别	1	2	3	4	5	6	7	8
分为8类	15	3	13	18	16	17	5	5
分为7类	15	3	13	18	33	5	5	
分为5类	18	13	18	33	10			

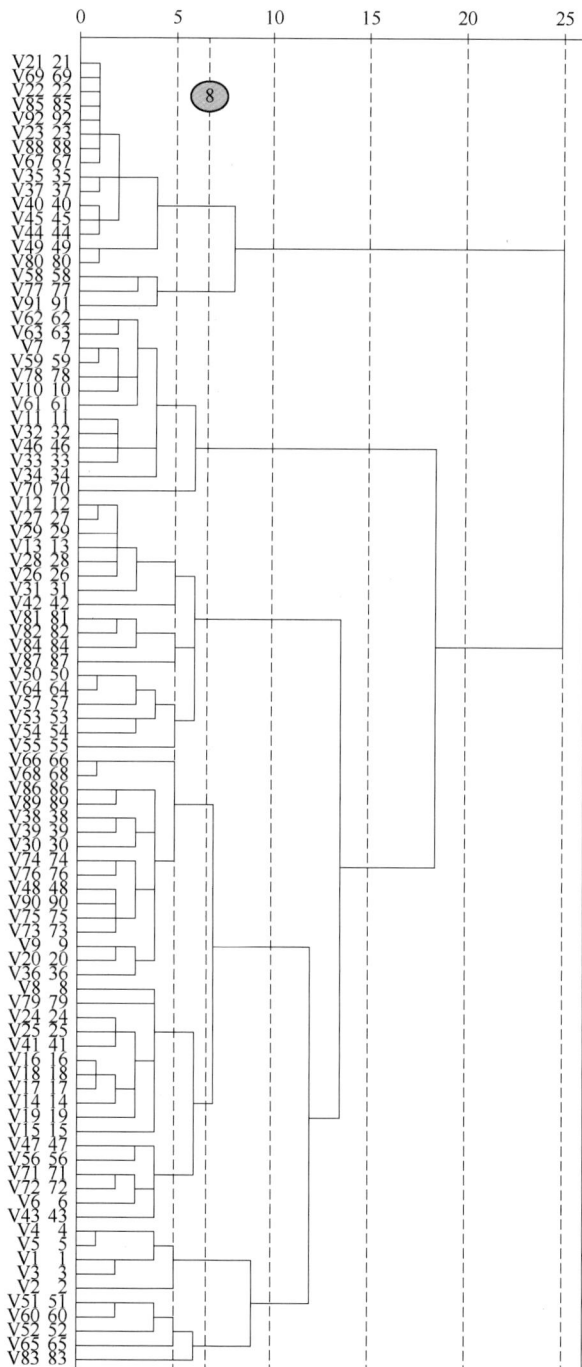

图 3-6　树状图

从表3-3中可以直观地看出,把92款吸油烟机分为8类是相对合适的。此时,最大类别含有18个样品,占全部样品的19.5%,最小类别含有3个样品,占全部样品的3.2%。而其他分类方式则会使得某一类中含有的样品个数过多。

然后以"K-均值"法进行聚类分析。设定类别数为8,可算出每个样品与其所在类别中心的距离(见表3-4),选出每类中距离中心最小者为该类的代表性样品。8个代表性样品的编号分别为27、4、91、75、53、19、10、23,对应的代表性的吸油烟机产品如图3-7所示。

表3-4 K-均值聚类结果

组别	案例号	聚类	距离	案例号	聚类	距离
第1组	**27**	1	0.550	31	1	0.624
	29	1	0.554	81	1	0.708
	12	1	0.566	82	1	0.786
	28	1	0.596	84	1	0.792
	13	1	0.604	42	1	0.849
	26	1	0.622			
第2组	**4**	2	0.636	1	2	0.829
	5	2	0.679	52	2	0.840
	2	2	0.680	65	2	0.933
	3	2	0.748	60	2	0.944
第3组	58	3	0.525	**91**	3	0.630
	77	3	0.550			
第4组	**75**	4	0.524	74	4	0.630
	90	4	0.525	38	4	0.632
	48	4	0.552	73	4	0.633
	76	4	0.638	20	4	0.705
	39	4	0.665	68	4	0.745
	86	4	0.680	66	4	0.811
	89	4	0.680			
第5组	**53**	5	0.575	54	5	0.646
	57	5	0.582	55	5	0.723
	50	5	0.614	87	5	0.929
	64	5	0.629			

组别	案例号	聚类	距离	案例号	聚类	距离
	19	6	0.596	8	6	0.743
	14	6	0.621	6	6	0.750
	47	6	0.645	15	6	0.752
	25	6	0.655	9	6	0.755
	43	6	0.674	36	6	0.772
第6组	17	6	0.695	56	6	0.784
	18	6	0.698	30	6	0.797
	16	6	0.705	71	6	0.830
	24	6	0.713	72	6	0.919
	41	6	0.727	83	6	0.926
	79	6	0.731	51	6	0.988
	10	7	0.57	78	7	0.598
	46	7	0.581	7	7	0.611
	59	7	0.584	11	7	0.617
第7组	62	7	0.595	63	7	0.635
	61	7	0.671	34	7	0.784
	32	7	0.672	70	7	0.898
	33	7	0.685			
	23	8	0.435	35	8	0.502
	69	8	0.444	45	8	0.542
	85	8	0.458	40	8	0.547
第8组	92	8	0.462	37	8	0.551
	22	8	0.470	44	8	0.583
	21	8	0.480	49	8	0.711
	67	8	0.485	80	8	0.792
	88	8	0.497			

四、心理认知图

将分组实验过程中得到的不相似性矩阵导入统计分析软件，使用多维尺度法，经最优尺度变换得到结果，如表3-5所示。

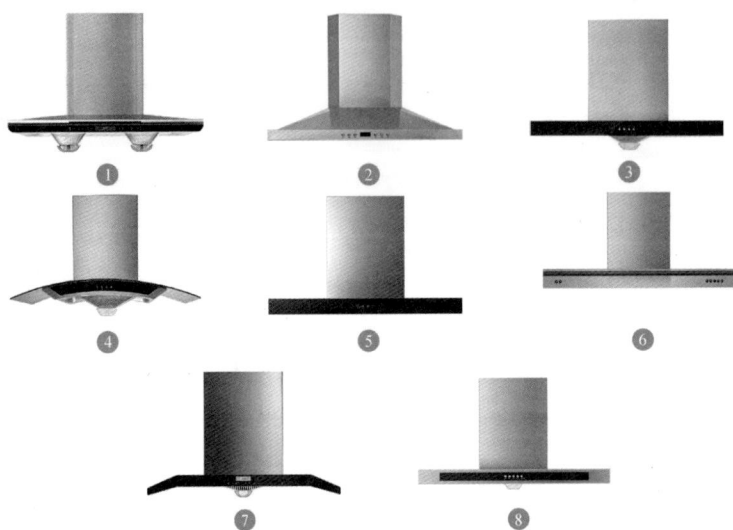

图 3-7　8 款代表性产品造型

表 3-5　多维尺度分析

应力和拟合测量	
标准化原始压力 Normalized Raw Stress	**0. 025 0**
应力Ⅰ Stress-Ⅰ	0. 158 0[a]
应力Ⅱ Stress-Ⅱ	0. 337 2[a]
S应力 S-Stress	0. 059 7[b]
离散考虑情况(D. A. F.) Dispersion Accounted For(D. A. F.)	**0. 975 0**
同余 Tucker's 系数 Tucker's Coefficient of Congruence	0. 987 4

PROXSCAL 使规范化原始应力最小化。
a. 最佳缩放因子＝1.026；
b. 最佳缩放因子＝0.986。

　　表 3-5 给出的是模型拟合度的基本情况,从该表可看出应力为 0.025,另一个指标离散考虑情况(Dispersion Accounted For, D. A. F)为 0.975,已经很接近 1 了,根据常用的应力优劣尺度:若应力≤5%为好,应力≤2.5%为很好,可知模型的拟合效果比较好。

多维尺度分析也被称为"知觉映射",意味着降维得到的图形映射出人们的心理认知。研究者可以利用得到的 MDS 图形而描述性地将变量或样品进行分类。多维尺度法通过把研究对象的数量结构关系转化为直观的图形来达到表现统计资料的目的,其特点是简明具体、生动直观、易于理解。图 3-8 为消费者/用户对吸油烟机产品的心理认知图。结合前面聚类分析,并将 8 个代表样品的位置标注出来,如图 3-9 所示。可以发现,8 个代表样品分布得比较均匀,处于认知图的各个

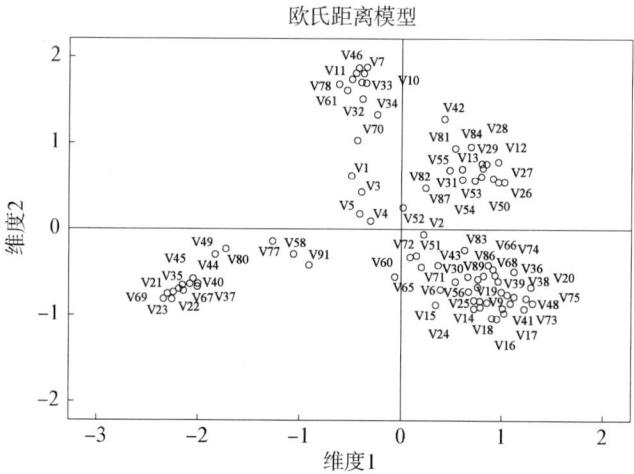

图 3-8　心理认知图

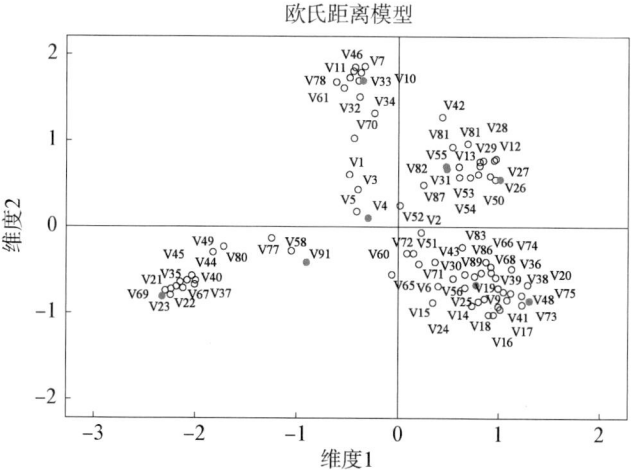

图 3-9　代表性样品(以实心圆点标示)在心理认知图中的位置

区域。根据每一个代表样品的位置描绘出每一分组的区域,如图 3-10 所示。

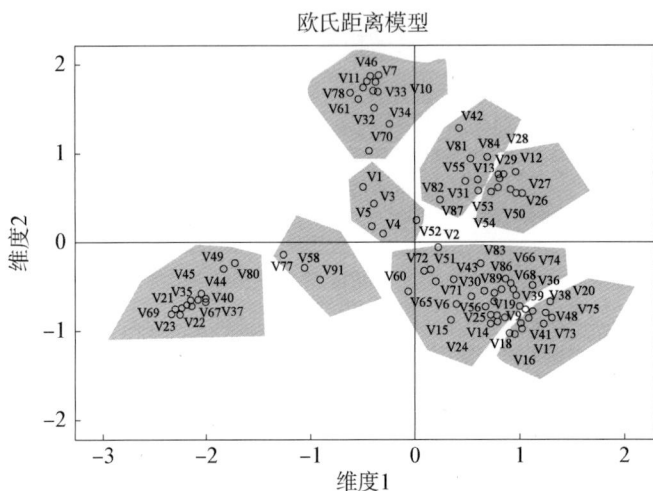

图 3-10 心理认知图与聚类分组的叠放

五、代表性意象词的挑选

首先,从各大品牌吸油烟机的产品宣传册、网站及相关文献中搜集用来描述吸油烟机产品造型的形容词,加上分组实验过程当中记录、筛选出来的形容词,共得到形容词 112 个。然后,在分组实验结束后,让被试从这 112 个形容词中,选出最符合他们对吸油烟机造型要求的 20 个形容词并加以记录。最后,将所有被试选择的形容词录入 Excel 软件中,统计各个形容词被选到的频率,如图 3-11 所示。

选出 9 个被选中次数的比例不小于 44.4% 的形容词,作为语义评价过程所使用的意象词。它们是安全的、美观的、大方的、流畅的、时尚的、简约的、舒服的、明亮的、曲线的。分别将它们与自身反义词组成意象词对,得到 9 对形容词词对,分别为危险的-安全的、丑陋的-美观的、小气的-大方的、滞涩的-流畅的、传统的-时尚的、复杂的-简约的、别扭的-舒服的、暗淡的-明亮的、硬朗的-曲线的。

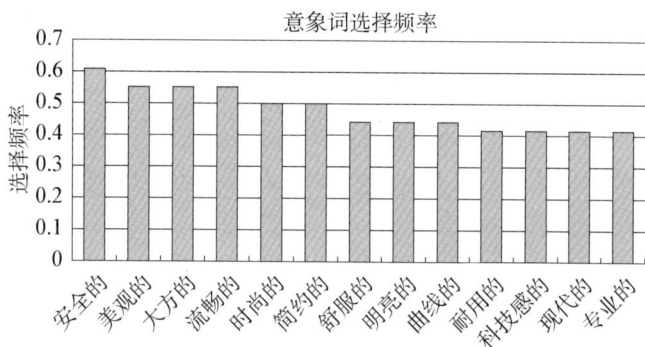

图 3-11　意象词选择频率统计

第三节　语义评价实验与数据分析

一、语义评价实验

(一) 实验程序开发

1. 程序主要功能

代表性样品图片及意象词(形容词)词对,构成语义评价的实验素材。被试需要依次针对每一个意象词词对使用设定的李克特量表,对代表性样品图片的产品造型进行打分。通常的做法是将代表性样品图片结合意象词词对制作出纸质的问卷,但这种做法存在较大的局限性,如耗费较大的财力、人力;需要人工将纸上记录的实验结果录入电脑当中,麻烦而且容易出错。

针对纸质问卷的不足,本研究使用 Visual Basic 语言编写开发了语义评分程序,这个小程序在很大程度上解决或者改善了纸质问卷的缺点,具有较好的实用价值。

2. 程序界面

该程序刚启动时,出现简单的使用说明及个人信息录入部分(用于生成数据文件的命名)。当个人信息录入完成,"开始测试"按键会自动激活。单击该按键,进入语义评价主界面,如图 3-12 所示。

主界面中,在样品图片的左上角,指示当前样品图片的编号,分值部分的左上角,指示当前的题目编号。本研究采用的量表为 9 阶,采用分值(−4 到+4)和文字描述同时出现的形式,方便被试选择和理解。在测试时,为了防止视觉疲劳及吸引被试注意意象词的变化,本程序在每次单击"下一题"按键后,意象词的颜色都会发生变化(以 3 种颜色循环)。

图 3-12 语义评价程序主界面

(二) 实验过程

1. 被试情况

共有 20 名被试参与语义评价实验。其中,上海地区 10 名,男、女性各半,学生 6 名,已参加工作的有 4 名,年龄为 23～32 岁,其中以 25～30 岁者居多,已婚的占 20%,分别为大学教师、大学生、企业员工、设计师等,大专至硕士学历的占 70%;新疆地区 10 名,男、女性各半,年龄为 23～36 岁,其中以 25～30 岁者居多,分别为公务员、企业员工、大学生、教师等,大专至硕士学历,已工作的占 70%,已婚的占 40%。

2. 样品情况

将前面得到的 8 款代表性吸油烟机产品造型的图片重新进行统一编号。

3. 量表设定

在语义评价程序中,每一组意象词词对之间设定 9 个量表刻度。被试通过选择区间上的数值(单选框按钮)以反映其在各个意象词词对评价上的方向与强度。如"危险的-安全的"这对意象词词对,选择"-4"即表示倾向于"非常危险"的语义评价,选择"0"表示没有明显的"危险"或"安全"判断性评价,选择"4"则表示倾向于"非常安全"的语义评价。

二、因子分析结果

将上述 20 名被试的语义评价数据导入 Excel 软件,进行平均值处理,结果如表 3-6 所示。在统计分析软件中,以主成分分析方法进行因子分析。

表 3-6　语义评价评分均值

	样品 1	样品 2	样品 3	样品 4	样品 5	样品 6	样品 7	样品 8
危险的-安全的	0.60	1.55	0.40	1.15	0.95	1.00	0.20	1.50
丑陋的-美观的	0.55	0.45	-0.05	1.85	0.45	0.60	-0.30	1.70
小气的-大方的	0.80	0.85	0.90	1.80	0.65	0.60	0.25	1.80
滞涩的-流畅的	0.50	-0.60	0.10	2.15	-0.35	-0.50	0.15	1.65
传统的-时尚的	0.85	-0.45	0.55	2.55	0.40	-0.05	0.00	1.75
复杂的-简约的	1.00	1.55	1.95	0.95	2.55	1.70	0.30	2.20
别扭的-舒服的	0.60	0.70	0.25	1.75	0.85	0.65	-0.40	1.85
暗淡的-明亮的	1.60	1.10	1.05	1.60	0.40	0.60	0.20	1.65
硬朗的-曲线的	-0.60	-1.50	-1.60	2.80	-1.90	-1.60	0.10	-0.05

分析结果中,变量共同度(Communalities)表示各变量中所含原始信息能被提取的公因子所表示的程度,由表 3-7 所示的变量共同度可知:除了变量 1 和变量 8,其余所有变量共同度都在 80% 以上,而且大部分变量共同度都在 90% 以上,因此提取出的这几个公因子对各变量的解释能力是较强的。

表 3-7　变量共同度分值

	初始	提取
V1	1.000	0.747
V2	1.000	0.947
V3	1.000	0.961
V4	1.000	0.938
V5	1.000	0.904
V6	1.000	0.827
V7	1.000	0.977
V8	1.000	0.668
V9	1.000	0.896

提取方法：主成分分析。

表 3-8 为主成分表，列出了进行方差最大化旋转后各因子载荷的情况。由此表可以看出，只有前两个公因子的特征根大于 1，因此提取前两个公因子。在旋转后两个公因子的方差贡献率均发生了变化，但仍然会保持从大到小的顺序，而且前两个公因子的累积方差贡献率仍为 87.391%，与旋转前的完全相同，因此前两个公因子已经足够描述吸油烟机产品的造型语义。

表 3-8　主成分表

成分	初始特征值			提取载荷平方和			旋转载荷平方和		
	总计	方差百分比（%）	累积%	总计	方差百分比（%）	累积%	总计	方差百分比（%）	累积%
1	5.741	63.791	63.791	5.741	63.791	63.791	5.714	63.492	63.492
2	2.124	23.600	87.391	2.124	23.600	87.391	2.151	23.899	87.391
3	0.559	6.209	93.600						
4	0.430	4.777	98.377						
5	0.072	0.796	99.173						
6	0.066	0.733	99.906						
7	0.008	0.094	100.000						
8	2.143×10^{-16}	2.381×10^{-15}	100.000						
9	-1.362×10^{-16}	-1.513×10^{-15}	100.000						

提取方法：主成分分析。

图 3-13 为碎石坡图（Scree Plot，Scree 一词来自地质学，表示在岩层斜下方

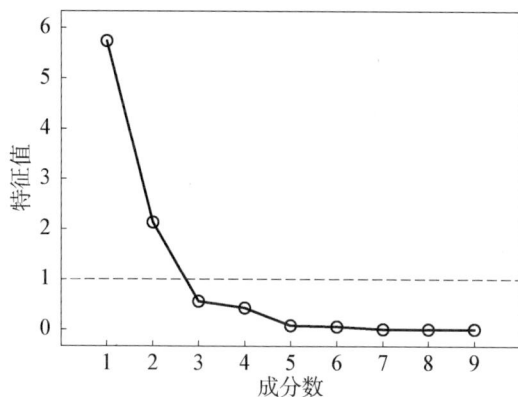

图 3 - 13 碎石坡图

发现的小碎石,这些碎石的地质学价值不高,可以忽略)。碎石坡图用于显示各公因子的重要程度,其横轴为公因子序号,纵轴表示特征根大小。它将公因子按特征根从大到小依次排列,从中可以非常直观地了解哪些是主要公因子。前面陡峭的对应较大的特征根,作用明显;后面的平台对应较小的特征根,其影响不明显。由该图可见:前 2 个公因子的散点位于陡坡上,而后 7 个公因子的散点形成了平台,且特征跟均小于 1,因此至多考虑前两个公因子即可。

图 3 - 14 为使用方差最大正交旋转方法得到的因子载荷图,散点的坐标实际上是因子载荷矩阵中的系数值。采用方差最大正交旋转方法,使各因子仍然保持正交状态,但尽量使得各因子的方差差异达到最大,即相对的载荷平方和达到最

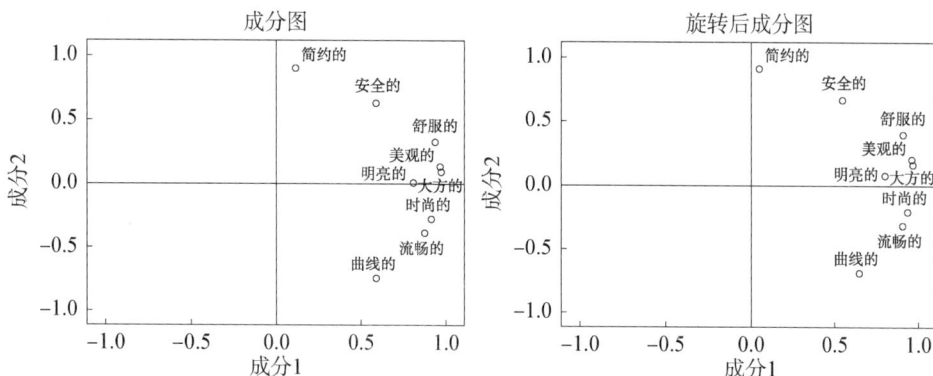

图 3 - 14 因子载荷图

大,从而方便对因子的解释,使各个因子的意义更加明显。

表3-9为因子载荷矩阵。实际上因子载荷矩阵应该是各因子在各变量上的载荷,即各个因子对各个变量的影响度。进行方差最大旋转前后的因子载荷矩阵如表3-9所示,从表中可以看出,第一公因子在变量V2、V3、V4、V5、V7、V8上有较大的载荷,即从"丑陋的-美观的""小气的-大方的""滞涩的-流畅的""传统的-时尚的""别扭的-舒服的""暗淡的-明亮的"等词对来反映吸油烟机产品的造型语义,可以命名为美感因子,第二公因子在变量V6上有较大的载荷,即从"复杂的-简约的"这一词对上反映吸油烟机产品的造型语义,可以命名为风格因子。将此汇总后如表3-10所示。

表3-9 因子载荷矩阵

	成分矩阵		旋转后成分矩阵	
	成分		成分	
	1	2	1	2
危险的-安全的	0.585	0.636	0.528	0.684
丑陋的-美观的	0.964	0.132	0.949	0.215
小气的-大方的	0.975	0.102	0.962	0.186
滞涩的-流畅的	0.892	−0.378	0.921	−0.300
传统的-时尚的	0.913	−0.265	0.932	−0.186
复杂的-简约的	0.104	0.903	0.025	0.909
别扭的-舒服的	0.930	0.335	0.897	0.414
暗淡的-明亮的	0.817	0.014	0.813	0.084
硬朗的-曲线的	0.589	−0.741	0.651	−0.688

表3-10 因子分析结果

美感因子	风格因子
丑陋的-美观的(V2)	
小气的-大方的(V3)	
滞涩的-流畅的(V4)	
传统的-时尚的(V5)	复杂的-简约的(V6)
别扭的-舒服的(V7)	
暗淡的-明亮的(V8)	

第四节　吸油烟机形态分析

需要借助形态分析法,提取吸油烟机产品造型中比较显著的造型构成元素及其处理手段,进行合理的归纳。同时,去除明显不合理的要素,例如在研究与整理过程中发现,吸油烟机面板上的装饰花纹及 Logo 背景的形状虽然并非吸油烟机产品自身的造型因素,但会影响人们的判断,进而可能会影响实验结果的准确性,因此将其去除。

通过调研(附录 3 - 2)、整理和归纳,共得到主要的 6 个局部设计特征,分别为外装饰罩、面板、底部、操作面板、连接部分和主体比例,如图 3 - 15 所示。

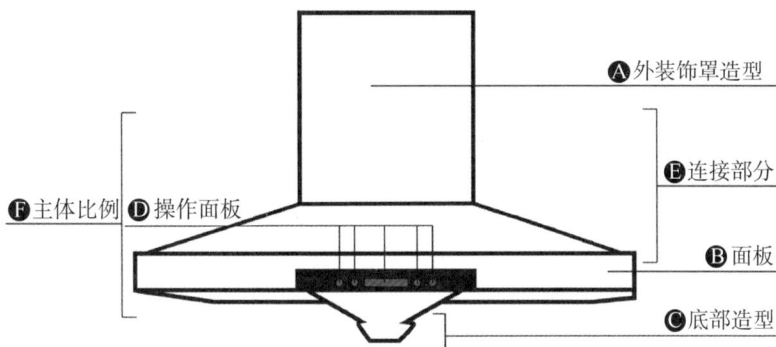

图 3 - 15　吸油烟机产品造型的主要局部设计特征

将 6 个局部设计特征(项目)分别加以分析,判断、归纳出每个设计特征在形态上的可能形式(类目),如图 3 - 16 所示,从该图可以看出,借助形态分析法,将吸油烟机产品造型分解为 6 大项目、15 个类目。而由经验分析法[1]可知,样品数量为类目数与项目数的差值加 1。因此,至少需要 10 个吸油烟机样品,以进行后续的语义评价实验。

在底部造型项目中含有 3 个类目,因描述性文字复杂,所以使用 ⅰ、ⅱ、ⅲ 3 种类型指代:ⅰ 类型指油盒最低点至面板最低点的距离较大;ⅱ 类型指油盒最低点至

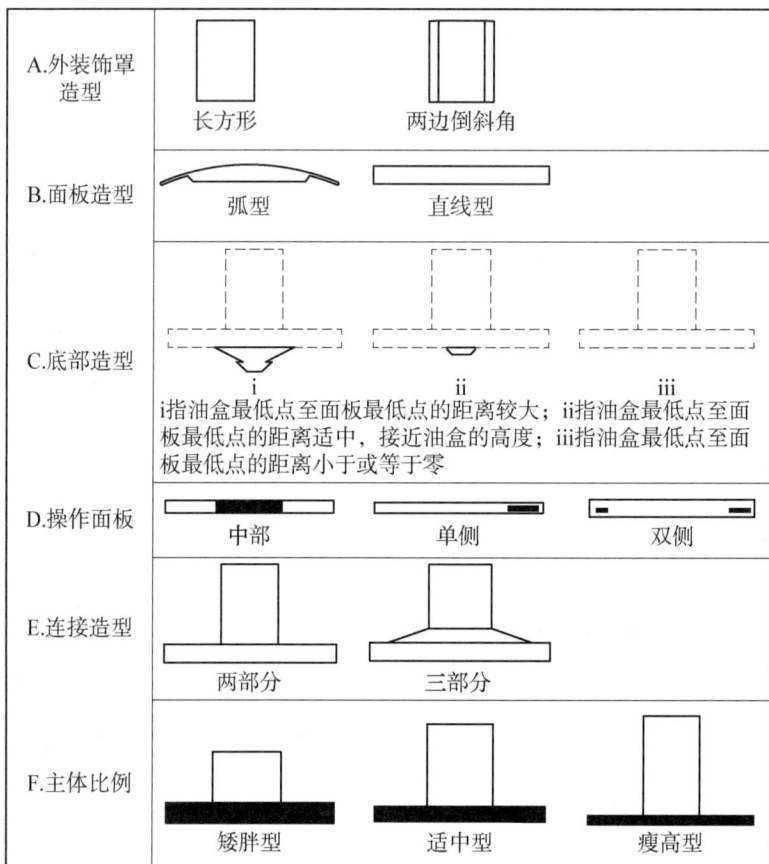

A.外装饰罩造型	长方形	两边倒斜角	
B.面板造型	弧型	直线型	
C.底部造型	i	ii	iii

i指油盒最低点至面板最低点的距离较大；ii指油盒最低点至面板最低点的距离适中，接近油盒的高度；iii指油盒最低点至面板最低点的距离小于或等于零

D.操作面板	中部	单侧	双侧
E.连接造型	两部分	三部分	
F.主体比例	矮胖型	适中型	瘦高型

图3-16 吸油烟机产品造型的形态分析结果

面板最低点的距离适中,接近油盒的高度;iii类型指油盒最低点至面板最低点的距离小于或等于零。

第五节 设计参考模型与设计策略

一、最终语义评价实验

从92款吸油烟机产品造型(图片)中,挑选10款吸油烟机样品,使之尽可能地均匀分配至每个项目的各类目,并且尽量使样品之间的差异拉大。将挑出的 10 个吸油烟机样品及 7 对意象词词对,导入语义评价程序中。重新寻找 20 位被试(新疆、上海地区各 10 人),他们对 10 款吸油烟机产品造型、依次使用每一组意象词词对进行评价。评价结果如表 3 - 11 所示。

表 3 - 11 最终语义评价结果

	丑陋的-美观的	小气的-大方的	滞涩的-流畅的	传统的-时尚的	复杂的-简约的	别扭的-舒服的	暗淡的-明亮的
样品 1	1.40	1.55	−0.10	0.95	0.90	1.00	1.20
样品 2	0.35	1.00	0.45	0.90	1.45	0.65	0.90
样品 3	1.20	1.10	1.35	1.65	0.35	0.90	0.90
样品 4	−0.55	0.45	−0.85	−0.60	0.65	−0.10	0.15
样品 5	−0.15	0.35	−0.30	−0.10	0.70	−0.25	0.05
样品 6	−0.75	−0.05	−0.25	0.15	1.10	−0.60	0.55
样品 7	0.95	1.35	0.90	1.45	2.10	0.80	0.00
样品 8	−0.70	−0.10	−0.55	−0.60	−1.00	−1.10	−0.35
样品 9	0.55	0.60	0.05	1.00	1.30	0.60	0.40
样品 10	0.25	0.65	0.85	0.75	−1.05	−0.20	−0.25

二、数量化理论Ⅰ类

(一) 数量化理论Ⅰ类的名词解释

项目:定性变量名。本研究里指造型的各个局部设计特征,如面板造型。

类目:定性变量的各种不同取值。这里指各局部设计特征的可能的造型样式,如面板造型中的直线型、弧型等。

类目得分:各类目的得分值。

项目范围:每个设计特征中最大类目得分与最小类目得分之间的差值。用于衡量每个项目在整体预测中的贡献程度即重要程度。

由前面形态分析的结果,本研究中吸油烟机造型特征共有 6 个项目(A~F)、15 个类目(类目由项目编号后加 1、2、3 表示,如 A1、A2 等),如表 3 - 12 所示。

表 3-12 吸油烟机产品形态分析所用的项目及类目

项目	外装饰罩造型 A		面板造型 B		底部造型 C			操作面板 D			连接造型 E		主体比例 F		
类目	A1	A2	B1	B2	C1	C2	C3	D1	D2	D3	E1	E2	F1	F2	F3
	长方形	两边倒斜角	弧型	直线型	ⅰ	ⅱ	ⅲ	中部	单侧	两侧	两部分	三部分	矮胖型	适中型	瘦高型

"ⅰ"指油盒最低点至面板最低点的距离较大;"ⅱ"指油盒最低点至面板最低点的距离适中,接近油盒的高度;"ⅲ"指油盒最低点至面板最低点的距离小于或等于零

(二) 建立形态要素编码

假设有 n 个项目 X_1,X_2,…,X_n,第一个项目 X_1 有 C_1 个类目,第二个项目 X_2 有 C_2 个类目,…,第 n 个项目 X_n 有 C_n 个类目,则

$$\delta_i(x,k)=\begin{cases}1 & \text{当第 } i \text{ 样品中第 } x \text{ 项目的定性数据为第 } k \text{ 类类目时}\\0 & \text{其他}\end{cases}$$

其中,$\delta(x,k)$ 是指第 x 个造型设计特征中第 k 类目在第 i 个吸油烟机产品上的情况,如果有该类目的造型特征,则取值为 1,反之取值为 0[2]。这样,通过观察选出的 10 款吸油烟机产品样品的图片,可将各样品的造型特征加以量化,如表 3-13 所示。

表 3-13 吸油烟机形态要素量化表

	A1	A2	B1	B2	C1	C2	C3	D1	D2	D3	E1	E2	F1	F2	F3
样品 1	1	0	0	1	0	1	0	1	0	0	0	1	0	1	0
样品 2	1	0	0	1	0	0	1	0	0	10	1	0	0	1	0
样品 3	1	0	1	0	1	0	0	0	0	1	0	1	0	1	0
样品 4	0	1	0	1	0	0	0	1	0	0	1	0	1	0	0
样品 5	0	1	0	1	0	0	1	0	1	0	0	1	1	0	0
样品 6	1	0	0	1	0	0	1	1	0	0	1	0	0	1	0
样品 7	1	0	0	1	0	0	1	0	1	0	1	0	0	1	0
样品 8	1	0	0	1	0	0	1	0	1	0	1	0	0	0	1
样品 9	1	0	0	1	0	0	0	1	0	0	0	1	0	0	0
样品 10	1	0	0	1	0	1	0	1	0	0	0	1	0	0	1

（三）数量化理论Ⅰ类分析结果

进行数量化理论Ⅰ类分析时，通过 R 方的值，可以看出统计结果的可信程度。本次分析中的 R 方值如表 3-14 所示。一般情况下，R 方值大于 0.7 时，数量化理论Ⅰ类分析的结果是可以被采纳的，本研究中 R 方的值大于 0.9，具有较高的可信度。

表 3-14　模型摘要

模型	R	R 方	调整后 R 方	标准估算的误差	更改统计					德宾-沃森
					R 方变化量	F 变化量	$df1$	$df2$	显著性 F 变化量	
1	1.000ª	1.000	.	.	1.000	.	9	0	.	2.531

a. 预测变量：（常量），F3、E2、C3、F1、B2、D3、C2、D2、A2；
b. 因变量：丑陋的与美观的。

数量化理论Ⅰ类分析的结果，即每个意象词词对所对应的类目得分如表 3-15 所示。其中的项目范围值越大，表示该项目对于意象判断影响越大。而类目得分大小则代表各设计特征与各意象语义的相关程度。类目得分中，正值代表正向的意象，负值则代表对应的负向意象。

表 3-15　意象词词对的类目得分汇总表

意象词词对 1：丑陋的-美观的				意象词词对 2：小气的-大方的			
项目	类目	类目得分	项目范围	项目	类目	类目得分	项目范围
外装饰罩造型	长方形	0.000	2.850	外装饰罩造型	长方形	0.000	1.800
	倒斜角	−2.850			倒斜角	−1.800	
面板造型	弧型	0.000	0.600	面板造型	弧型	−0.250	0.250
	直线型	−0.600			直线型	0.000	
底部造型	i	0.000	1.70	底部造型	i	0.000	1.400
	ii	0.800			ii	0.700	
	iii	1.700			iii	1.400	
操作面板	中部	0.000	0.900		中部	0.000	0.750
	单侧	−0.900		操作面板	单侧	−0.750	
	两侧	−0.060			两侧	−0.035	
连接造型	两部分	0.000	1.350	连接造型	两部分	0.000	0.900
	三部分	1.350			三部分	0.900	

意象词词对1：丑陋的-美观的

项目	类目	类目得分	项目范围
主体比例	矮胖型	1.300	2.600
	适中型	0.000	
	瘦高型	−1.300	

意象词词对2：小气的-大方的

项目	类目	类目得分	项目范围
主体比例	矮胖型	0.650	1.600
	适中型	0.000	
	瘦高型	−0.950	

意象词词对3：带涩的-流畅的

项目	类目	类目得分	项目范围
外装饰罩造型	长方形	0.000	2.425
	倒斜角	−2.425	
面板造型	弧型	0.000	0.925
	直线型	−0.925	
底部造型	i	0.000	1.675
	ii	−0.525	
	iii	1.150	
操作面板	中部	0.000	0.295
	单侧	0.250	
	两侧	−0.450	
连接造型	两部分	0.000	0.675
	三部分	0.675	
主体比例	矮胖型	0.300	1.275
	适中型	0.000	
	瘦高型	−0.975	

意象词词对4：传统的-时尚的

项目	类目	类目得分	项目范围
外装饰罩造型	长方形	0.000	2.775
	倒斜角	−2.775	
面板造型	弧型	0.000	0.775
	直线型	−0.775	
底部造型	i	0.000	1.300
	ii	0.075	
	iii	1.300	
操作面板	中部	0.000	0.350
	单侧	−0.350	
	两侧	−0.055	
连接造型	两部分	0.000	0.725
	三部分	0.725	
主体比例	矮胖型	0.850	2.325
	适中型	0.000	
	瘦高型	−1.475	

意象词词对5：复杂的-简约的

项目	类目	类目得分	项目范围
外装饰罩造型	长方形	0.000	1.600
	倒斜角	−1.600	
面板造型	弧型	0.000	0.900
	直线型	0.900	
底部造型	i	0.000	1.350
	ii	−0.350	
	iii	1.000	
操作面板	中部	0.000	0.150
	单侧	−0.150	
	两侧	−0.065	
连接造型	两部分	0.000	0.150
	三部分	0.150	

意象词词对6：别扭的-舒服的

项目	类目	类目得分	项目范围
外装饰罩造型	长方形	0.000	1.900
	倒斜角	−1.900	
面板造型	弧型	0.000	0.500
	直线型	−0.500	
底部造型	i	0.000	1.400
	ii	0.600	
	iii	1.400	
操作面板	中部	0.000	1.350
	单侧	−1.350	
	两侧	−0.015	
连接造型	两部分	0.000	1.000
	三部分	1.000	

（续表）

意象词词对5：复杂的-简约的				意象词词对6：别扭的-舒服的			
项目	类目	类目得分	项目范围	项目	类目	类目得分	项目范围
主体比例	矮胖型	0.200	2.450	主体比例	矮胖型	1.200	2.700
	适中型	0.000			适中型	0.000	
	瘦高型	−2.250			瘦高型	−1.500	

意象词词对7：暗淡的-明亮的							
项目	类目	类目得分	项目范围				
外装饰罩造型	长方形	0.000	0.300				
	倒斜角	0.300					
面板造型	弧型	0.000	0.500				
	直线型	−0.500					
底部造型	i	0.000	1.350				
	ii	0.800					
	iii	−0.550					
操作面板	中部	0.000	0.090				
	单侧	0.050					
	两侧	0.090					
连接造型	两部分	0.000	0.150				
	三部分	−0.150					
主体比例	矮胖型	−0.150	0.750				
	适中型	0.000					
	瘦高型	−0.750					

三、设计参考模型与设计策略的建立

根据数量化理论Ⅰ类的分析结果，可建立设计参考模型，继而提出产品造型创新的设计策略。

以"丑陋的-美观的"造型语义为例，在吸油烟机产品造型的设计特征中，"外装饰罩"项目的范围值最大，可知外装饰罩造型对"丑陋的-美观的"这对感性意象词的影响最大。当设计师希望吸油烟机产品外观造型"美观"的时候，吸油烟机的造型应当趋向于：外装饰罩规则、不倒角，面板为弧型的，底部造型（滤油网和油盒）的高度低于面板最底端，操作面板位于中间，装饰罩与面板之间的连接有过渡性形体,最后,在机身比例上趋向矮胖。

根据前面因子分析所得结果可以发现,对两大公因子贡献较大的 3 个意象词分别为"简约的"、"明亮的"和"美观的"。

参见表 3-15,对意象词"简约的"贡献最大的项目为"主体比例",项目范围值为 2.45,类目为"矮胖型",类目效用值为 0.2;对意象词"大方的"贡献最大的项目是"外装饰罩造型",项目范围为 1.8,类目是"长方形",类目效用值为 0;对意象词"美观的"贡献最大的项目为"外装饰罩造型",项目范围值为 2.85,类目为"长方形",类目效用值为 0。整理出这 3 个意象词的完整类目表,如表 3-16 所示。

表 3-16 对消费者造型偏好影响最大的 3 个意象词的类目表

	简约的	大方的	美观的
外装饰罩造型	长方形(0.00)	长方形(0.00)	长方形(0.00)
面板造型	直线型(0.90)	直线型(0.00)	弧型(0.00)
底部造型	iii(1.00)	iii(1.40)	iii(1.70)
操作面板	中部(0.00)	中部(0.00)	中部(0.00)
连接造型	三部分(0.15)	三部分(0.90)	三部分(1.35)
主体比例	矮胖型(0.20)	矮胖型(0.65)	矮胖型(1.30)
"iii"指油盒最低点至面板最低点的距离小于或等于零			

根据表 3-16,可以归纳出造型创新的设计策略即针对相应的消费者/用户群体,要想使吸油烟机产品在造型上受到欢迎和喜爱,需要使产品造型传达出"简约的""美观的""大方的"等 3 个意象的用户感受。在吸油烟机产品的外装饰罩局部形体的造型上,采用"长方形"的形体设计可以很好地使得产品造型在消费者群体心目中传达出上述的意象感受;在面板局部形体的造型上,采用"直线型"的形体设计,更有助于传达上述意象感受;在底部局部形体的造型上,采用使油盒底部在平视方向高于面板低点的设计,可以很好地传达上述意象感受;在操作面板局部形体的设计上,使操作按钮面板处在面板的靠近中间的位置,可以很好地传达上述意象感受;在上、下部分连接区间的形体设计上,使上部排烟腔与下部面板之间具有过渡性外观造型部分,可以很好地传达上述意象感受;最后,在产品形体的总体比例上,使宽度大于高度,从而形成矮胖的比例关系,可以很好地传达上述意象感受。

设计策略为后续产品造型创新时的方案设计指明了方向,依此策略设计和发展设计方案,更有可能保障设计方案投产后,产品能受到相应消费者/用户群体的欢迎和喜爱。需要说明的是,显然,设计策略并不是取代后续设计方案的生发和进化过程;在此策略指引的方向上设计方案时,设计师仍具有设计多样化的造型方案的灵活性。

本章注释:

［1］吕旭弘.应用感性工学与基因遗传演算法于产品造型设计[D].台南:成功大学,2004.
［2］孙涛,楚贤峰,潘世兵.基于数量化理论Ⅰ的水文地质点参数确定[J].地球科学与环境学报,2007,29(3):285-288.

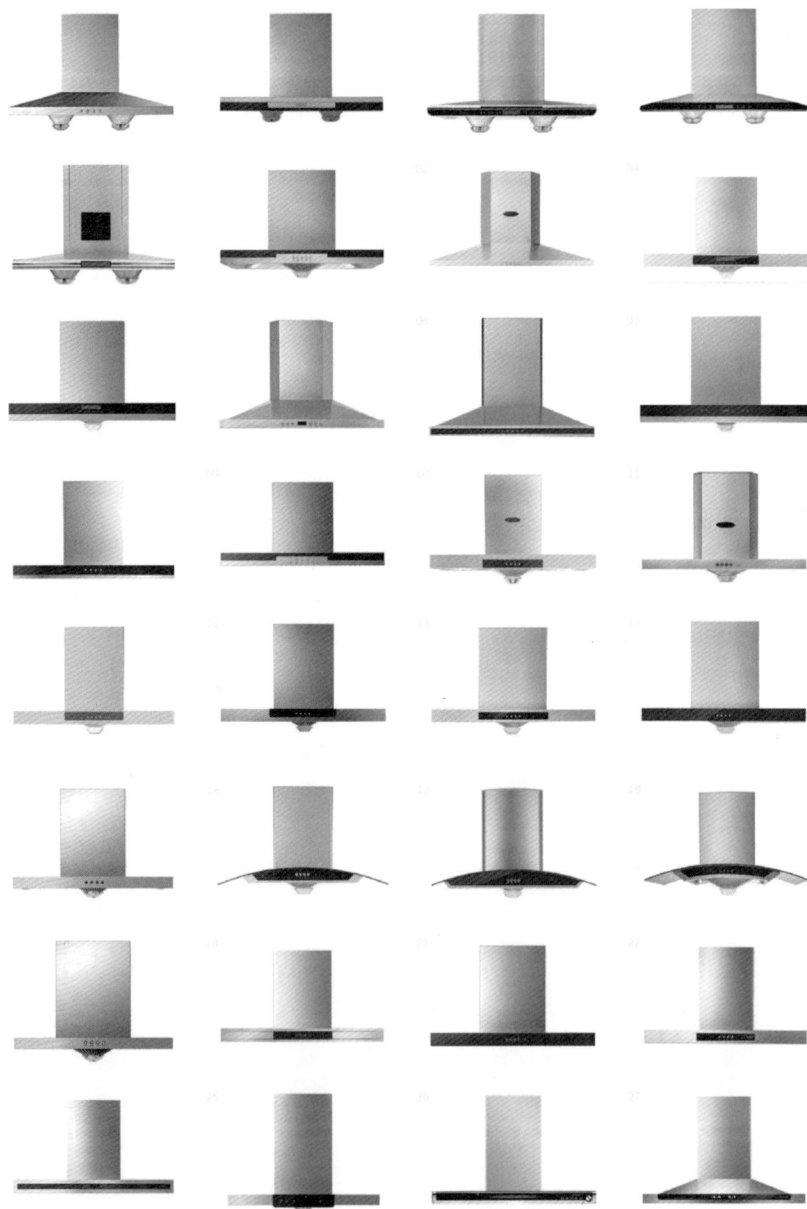

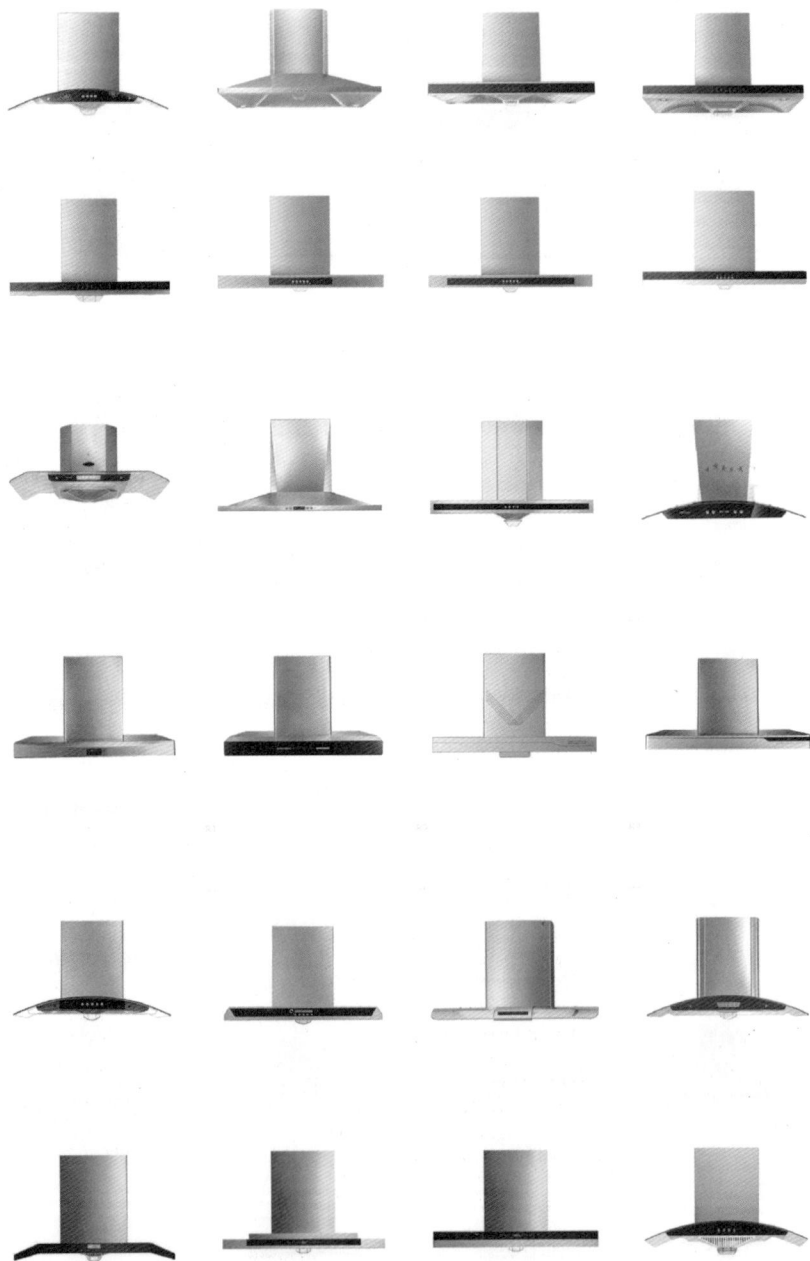

附录3-2　多次实验过程的记录照片(部分)

調研过程记录 2012

第四章

手机产品创新与设计策略

第一节 概 述

本研究的产品对象为 2011 年前后在国内市场上销售的手机产品,并以大学生为目标消费者/用户。鉴于手机品牌繁多,挑选了当时在国内市场上销售量排名前两位的手机品牌(诺基亚和三星)的手机产品,作为研究对象。各品牌手机所占市场份额如图 4-1 所示。

本研究的总体过程可分为以下主要步骤。

步骤 1:搜集意象词。大量地搜集与手机产品造型描述相关的意象词。搜集的信息来源可以是杂志、网络、广告、相关论文文献等,并做初步的主观评价,将不常用的和意义相近的删除,再将意义相反的意象词配成意象词词对。

步骤 2:搜集样品图片。针对本研究的主题,搜集手机样品外观图片,包含市面上大部分的手机图片,来源可以是相关的杂志、网页、实体手机、广告样册等,图片必须能让被试清晰地辨识。

步骤 3:建立意象空间。调查被试感受和评判手机造型的代表性意象词。

步骤 4:筛选样品图片。由被试筛选出造型上具有代表性的手机样品(图片)。

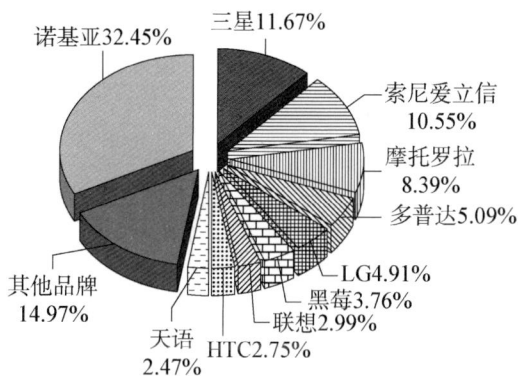

图 4-1　各手机品牌所占市场份额

（数据来源：http://mobile.163.com/special/00113013/09Q3taobao.html）

　　步骤 5：进行手机产品形态分析。依据对消费者和有关设计专家的调研，挑选手机产品重要的设计特征，并从中分析出设计类目。

　　步骤 6：产品语义评价。目的在于调查意象词与设计特征之间的关系，并将两者间的关系用数量化的方式呈现。

　　步骤 7：设计特征与意象的关系分析。以数量化理论Ⅰ类为手段进行定量分析，解读分析结果，可得到感性意象与设计特征间的关系，借助这些量化的关系可以提出设计参考模型、形成设计策略。

第二节　代表性产品和意象词的选取

一、手机样品收集及筛选

　　为了使所研究的手机造型具有可比性、避免研究范围过大，本研究针对典型的直板手机，并以手机的正面造型为主要研究对象。

　　在网络上搜集了 49 款诺基亚品牌和 72 款三星品牌（共 121 款）直板手机的正面图片。依据图像的明视度、清晰度、产品拍摄角度的一致性以及产品造型的相似性高或重复与否等考虑因素,预先进行主观的筛选工作,并由几位具备相关设计背景的人员进行确认。

本研究所涉及的手机产品造型均以灰度、正面图片呈现。还将所有手机样品上的 Logo 去除,并统一消除手机屏幕贴图,最后获得 35 款典型样品(详见附录 4-1)。

二、意象词收集及筛选

(一) 意象词的初步搜集

意象词的搜集采用了访谈法与二手资料搜集法相结合的方法。在访谈中,被试一般会以个人与对象物接触的经验为依据来填写开放式问卷。二手资料搜集方面,主要从以往学者测评产品造型的意象词语汇中,搜集适合测评手机造型的语汇。参阅与手机产品相关的新产品介绍、杂志、广告、相关新闻与报告。将搜集到的语汇加以主观判断,剔除其中不常用的或意义相近的语汇,并将意义相反的词予以配对,从而构成意象词资料库。总计选出 90 对符合手机产品的意象词词对(详见附录 4-2)。

(二) 初步筛选意象词

邀请被试 20 名,均为设计专业学生,其中男、女性各 10 名。要求被试从这 90 组意象词词对中,挑选出符合个人预期或希望手机产品应具有的意象,同时以排除特定性的意象词为原则,排除不适合本研究的意象词。最后选出 45 组意象词词对。在此基础上进一步筛选,选出其中更为集中地表现被试认知情况的 28 组意象词词对,如表 4-1 所示。这 28 组意象词词对将保留到下一阶段,与代表性样品一起进行语义评价实验,以求进一步选取出代表性意象词词对。

表 4-1　经初步筛选后的 28 对意象词词对

时尚的-保守的(01)	男性的-女性的(02)	稚气的-成熟的(03)	轻巧的-笨重的(04)
大众的-个性的(05)	现代的-传统的(06)	流线的-几何的(07)	美观的-丑陋的(08)

高档的-低端的(09)	娱乐的-商务的(10)	非凡的-平凡的(11)	实用的-装饰的(12)
华丽的-朴素的(13)	正统的-随意的(14)	拘谨的-大方的(15)	创新的-模仿的(16)
科技的-落伍的(17)	精致的-粗糙的(18)	耐用的-易坏的(19)	圆润的-锐利的(20)
变化的-单调的(21)	协调的-突兀的(22)	理性的-感性的(23)	醒目的-平庸的(24)
厚重的-轻薄的(25)	动态的-静态的(26)	前卫的-守旧的(27)	具象的-抽象的(28)

三、代表性样品的选取

(一) 分组实验

以抽样方式邀请受过造型训练的工业设计专业学生 12 名参与实验,其中男、女生各 6 名。在实验中,要求被试针对手机造型风格,根据个人主观感觉对 35 款手机样品进行分组。为事先了解在手机样品分类过程中可能遇到的问题,先请 3 位被试进行小型先期测试,经过测试发现,分类数目为 7～8 类时,被试在分类判断时会比较容易进行。因此,正式分组实验中以 7～8 类为标准,请被试观察过所有的样品之后,把他(她)们认为较相似的样品依照编号大小依序填入相同栏内。将这 12 笔数据累计,列出 35×35 的相似性矩阵。部分结果如表 4-2 所示。

表 4-2　样品 1 至样品 7(限于篇幅,仅列出部分)

	Sample* 01	Sample 02	Sample 03	Sample 04	Sample 05	Sample 06	Sample 07
1	12.00	3.00	5.00	0.00	0.00	0.00	4.00
2	3.00	12.00	9.00	0.00	0.00	0.00	8.00
3	5.00	9.00	12.00	0.00	0.00	0.00	8.00
4	0.00	0.00	0.00	12.00	4.00	7.00	0.00
5	0.00	0.00	0.00	4.00	12.00	3.00	0.00
6	0.00	0.00	0.00	7.00	3.00	12.00	0.00
7	4.00	8.00	8.00	0.00	0.00	0.00	12.00
8	11.00	4.00	5.00	0.00	0.00	0.00	5.00
9	4.00	8.00	6.00	0.00	0.00	0.00	10.00
10	0.00	0.00	0.00	4.00	4.00	7.00	0.00
11	0.00	0.00	0.00	2.00	9.00	1.00	0.00
12	0.00	0.00	0.00	8.00	3.00	5.00	0.00

	Sample* 01	Sample 02	Sample 03	Sample 04	Sample 05	Sample 06	Sample 07
13	6.00	5.00	7.00	0.00	0.00	0.00	5.00
14	5.00	6.00	4.00	0.00	0.00	0.00	6.00
15	0.00	3.00	2.00	0.00	0.00	0.00	3.00
16	0.00	0.00	0.00	0.00	0.00	0.00	0.00
17	0.00	0.00	0.00	2.00	0.00	2.00	0.00
18	0.00	0.00	0.00	4.00	2.00	3.00	0.00
19	0.00	0.00	0.00	6.00	1.00	5.00	0.00
20	0.00	0.00	0.00	5.00	1.00	4.00	0.00
21	0.00	0.00	0.00	5.00	7.00	2.00	0.00
22	0.00	0.00	0.00	5.00	2.00	8.00	0.00
23	0.00	0.00	0.00	6.00	3.00	6.00	0.00
24	0.00	0.00	0.00	3.00	7.00	4.00	0.00
25	6.00	7.00	7.00	0.00	0.00	0.00	7.00
26	0.00	0.00	0.00	2.00	0.00	3.00	0.00
27	4.00	7.00	6.00	0.00	0.00	0.00	5.00
28	0.00	0.00	0.00	6.00	2.00	7.00	0.00
29	0.00	0.00	0.00	4.00	6.00	1.00	0.00
30	0.00	0.00	0.00	6.00	4.00	5.00	0.00
31	2.00	7.00	5.00	0.00	0.00	0.00	5.00
32	0.00	0.00	0.00	6.00	8.00	6.00	0.00
33	0.00	0.00	0.00	6.00	2.00	3.00	0.00
34	0.00	0.00	0.00	3.00	10.00	3.00	0.00
35	0.00	0.00	0.00	0.00	0.00	0.00	0.00

* sample 为分析时的变量名。

(二) 代表性样品的选取

以获得的调研数据为基础,采用系统聚类分析法对 35 个手机样品做初步分析。进行聚类分析所得的树状图如图 4-2 所示。

依据分类的状况采用图中纵贯的虚线为分类线,以分 8 类为最佳。再以 K-均值聚类法分类,设定分类数目为 8,计算出每个样品至该类别中心的距离,距离中心最小者,可视为该类的代表性样品如表 4-3 所示。

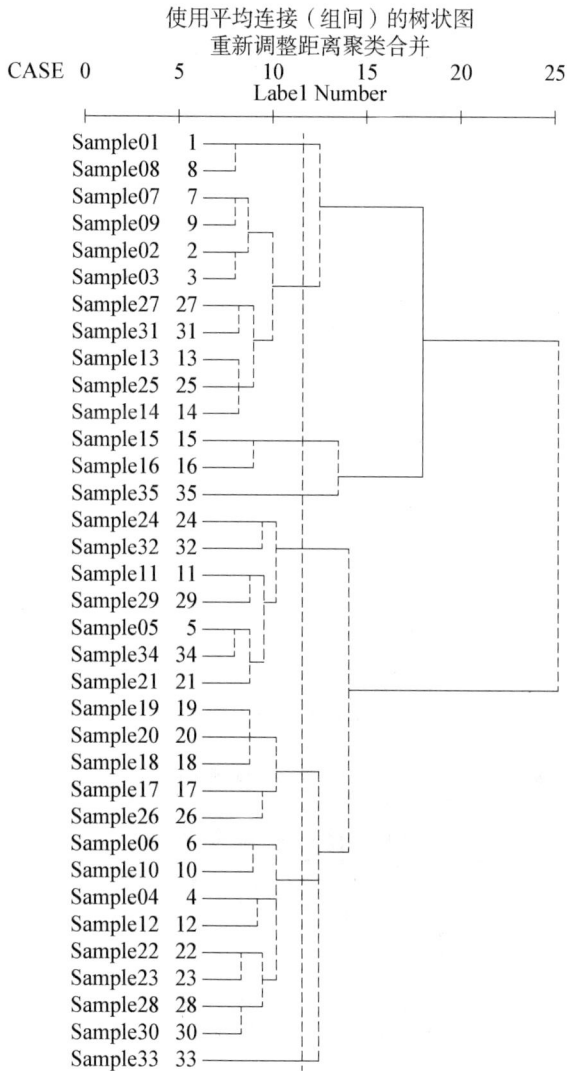

使用平均连接（组间）的树状图
重新调整距离聚类合并

图4-2 树状图

表4-3 "K-均值"聚类结果

案例号	聚类	距离	案例号	聚类	距离
Sample * 01	1	1.414	Sample 22	6	8.295
Sample 08	1	1.414	Sample 32	6	10.762
Sample 04	2	7.902	Sample 05	7	6.540
Sample 12	2	6.307	Sample 11	7	7.535

案例号	聚类	距离	案例号	聚类	距离
Sample 23	2	7.623	Sample 21	7	6.791
Sample 28	2	8.131	Sample 24	7	9.440
Sample 30	2	6.815	Sample 29	7	7.986
Sample 33	2	11.333	Sample 34	7	5.364
Sample 17	3	9.895	Sample 02	8	5.857
Sample 18	3	5.452	Sample 03	8	7.022
Sample 19	3	5.807	Sample 07	8	7.006
Sample 20	3	4.574	Sample 09	8	6.349
Sample 26	3	7.491	Sample 13	8	6.918
Sample 15	4	4.583	Sample 14	8	6.252
Sample 16	4	4.583	Sample 25	8	5.107
Sample 35	5	0.000	Sample 27	8	5.645
Sample 06	6	5.684	Sample 31	8	7.504
Sample 10	6	5.728			

＊Sample 为分析时的变量名。

最终的代表性样品分别为样品 8、样品 12、样品 20、样品 16、样品 35、样品 6、样品 34、样品 25，如图 4-3 所示。

图 4-3　最终确定的 8 个代表性样品

(三) 代表性意象词的选取

1. 语义评价实验

本阶段邀请被试针对上述 8 款代表性样品进行语义评价实验。调查问卷中的量表设定为 7 阶，即−3～3 的评分。邀请了 30 位被试(其中具备设计教育背景者20 人、不具备设计教育背景者 10 人)开展问卷调查，整理结果得到各意象词评价的平均值，如表 4 - 4 所示。

表4-4　代表性样品在各意象词词对的评分均值

	时尚的-保守的	男性的-女性的	稚气的-成熟的	轻巧的-笨重的
样品 1	1.4	−1.0	0.4	−0.2
样品 2	−1.5	−0.6	0.9	0.1
样品 3	−0.3	−0.2	0.0	−0.4
样品 4	−1.5	−1.0	1.6	−0.1
样品 5	0.4	−1.4	0.0	0.5
样品 6	−1.3	−0.9	1.1	−0.6
样品 7	−0.4	−1.9	1.1	1.5
样品 8	2.4	−1.0	−1.6	−0.6
	大众的-个性的	现代的-传统的	流线的-几何的	美观的-丑陋的
样品 1	−2.4	−0.1	1.3	0.2
样品 2	0.0	−1.1	−0.1	−0.6
样品 3	−0.8	−0.6	−1.1	0.2
样品 4	−0.8	−1.9	−0.8	−0.6
样品 5	−0.2	0.2	2.0	0.1
样品 6	0.1	−1.1	0.1	−0.3
样品 7	−0.2	−0.7	1.2	−0.4
样品 8	−1.8	1.8	−0.8	1.6
	高档的-低端的	娱乐的-商务的	非凡的-平凡的	实用的-装饰的
样品 1	0.8	1.3	1.7	−1.7
样品 2	0.8	−0.3	−1.5	−0.7
样品 3	0.0	−0.6	0.1	−0.3
样品 4	−1.8	0.4	−1.0	−1.3
样品 5	0.5	0.3	0.1	−1.3
样品 6	−0.7	0.0	−0.7	−0.6

	高档的-低端的	娱乐的-商务的	非凡的-平凡的	实用的-装饰的
样品7	−0.5	0.7	−0.3	−1.0
样品8	2.0	0.6	2.2	−1.6
	华丽的-朴素的	正统的-随意的	拘谨的-大方的	创新的-模仿的
样品1	1.7	−0.8	−0.3	0.7
样品2	−0.5	−1.4	−0.1	−0.5
样品3	0.4	−0.3	0.2	−0.3
样品4	−0.1	−1.2	1.3	−1.1
样品5	1.1	−1.4	−0.4	−0.4
样品6	0.0	−0.1	0.0	−0.8
样品7	0.7	−1.1	−1.0	0.0
样品8	1.8	−1.2	−1.8	1.6
	科技的-落伍的	精致的-粗糙的	耐用的-易坏的	圆润的-锐利的
样品1	0.1	−0.5	−1.7	−0.3
样品2	−1.4	−0.1	−0.5	−1.4
样品3	0.1	−0.4	0.0	−1.0
样品4	−1.4	−1.4	−1.4	−1.5
样品5	0.4	0.1	−1.0	1.7
样品6	−1.2	−1.1	0.0	0.0
样品7	−0.9	0.3	0.3	0.2
样品8	2.4	0.8	−1.2	−0.8
	变化的-单调的	协调的-突兀的	理性的-感性的	醒目的-平庸的
样品1	1.1	−0.8	−0.9	0.5
样品2	−0.1	−0.5	−0.7	0.2
样品3	−0.2	−0.7	0.2	0.1
样品4	−0.5	−1.9	−2.0	−0.7
样品5	0.9	1.1	−1.8	0.2
样品6	0.3	−1.2	−0.9	−0.5
样品7	0.0	0.3	−1.2	0.1
样品8	2.0	0.0	−0.8	1.2
	厚重的-轻薄的	动态的-静态的	前卫的-守旧的	具象的-抽象的
样品1	0.3	1.2	0.5	0.3
样品2	−0.2	0.2	−0.4	−0.5
样品3	−0.1	−0.3	−0.1	0.1

	厚重的-轻薄的	动态的-静态的	前卫的-守旧的	具象的-抽象的
样品 4	−1.1	−0.4	−1.7	−0.3
样品 5	0.4	0.9	0.5	0.5
样品 6	0.6	−0.2	−0.6	−0.3
样品 7	−1.4	0.8	0.4	0.0
样品 8	−1.6	0.6	2.4	0.6

2. 代表性意象词的选取

本研究以因子分析法进行代表性意象词词对的选取,借助表 4−4 中的平均分值,以最大方差旋转进行因子分析,共计可得到 5 个公因子,如图 4−4 所示。

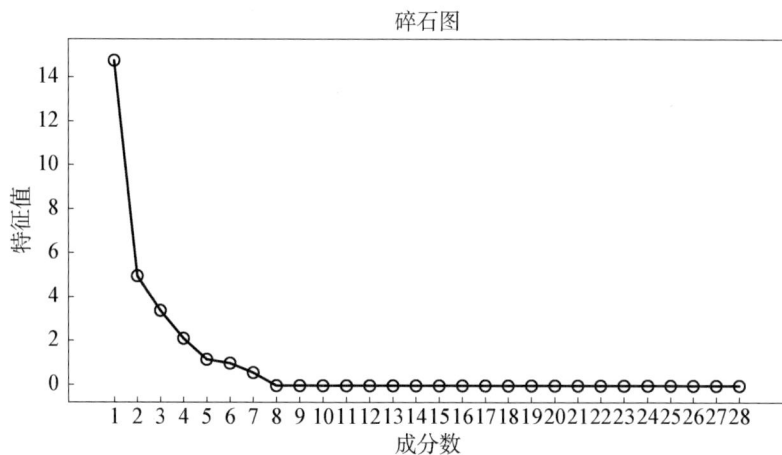

图 4−4 碎石坡图

变量共同度如表 4−5 所示。变量共同度表示各变量中所含原始信息能被提取的公因子所表示的程度。由表中所示变量共同度可知:所有变量共同度都远在 80% 以上,因此提取出的这几个公因子对各变量的解释能力是很强的[1]。

在因子载荷矩阵中变量与某一因子的联系系数绝对值越大,则该因子与变量关系越近(见表 4−6)。因子矩阵也可作为因子贡献大小的量度,其绝对值越大,贡献也就越大。

表 4-5　变量共同度表

	初始	提取		初始	提取
S01	1.000	0.933	S15	1.000	0.930
S02	1.000	0.938	S16	1.000	0.974
S03	1.000	0.972	S17	1.000	0.932
S04	1.000	0.925	S18	1.000	0.989
S05	1.000	0.920	S19	1.000	0.989
S06	1.000	0.981	S20	1.000	0.925
S07	1.000	0.960	S21	1.000	0.917
S08	1.000	0.940	S22	1.000	0.978
S09	1.000	0.874	S23	1.000	0.859
S10	1.000	0.973	S24	1.000	0.942
S11	1.000	0.992	S25	1.000	0.943
S12	1.000	0.994	S26	1.000	0.873
S13	1.000	0.977	S27	1.000	0.991
S14	1.000	0.974	S28	1.000	0.852

表 4-6　旋转后的因子载荷矩阵

	成　　分				
	1	2	3	4	5
S01	0.876	0.102	0.461	−0.006	0.057
S02	0.033	−0.863	−0.228	0.354	0.123
S03	−0.968	0.159	−0.046	−0.059	0.056
S04	−0.198	0.806	−0.199	−0.415	−0.157
S05	−0.482	0.246	−0.775	0.064	−0.149
S06	0.972	0.093	0.159	0.006	−0.051
S07	0.014	0.913	0.167	0.304	−0.082
S08	0.918	−0.190	0.238	−0.029	0.055
S09	0.917	−0.027	−0.012	0.100	−0.152
S10	0.161	0.453	0.836	−0.208	0.028
S11	0.801	0.013	0.550	0.003	0.219
S12	−0.324	−0.238	−0.836	0.105	0.349
S13	0.754	0.285	0.556	0.026	0.129
S14	−0.138	−0.266	−0.108	0.296	0.886
S15	−0.851	−0.349	0.073	0.268	−0.081
S16	0.886	0.015	0.340	−0.250	0.106
S17	0.933	−0.077	0.231	0.018	−0.032

	成 分				
	1	2	3	4	5
S18	0.838	0.326	−0.231	−0.301	−0.191
S19	−0.159	0.193	−0.819	−0.206	0.463
S20	0.196	0.831	−0.030	0.441	0.009
S21	0.852	0.124	0.392	0.137	−0.053
S22	0.600	0.678	−0.302	0.079	−0.247
S23	0.393	−0.437	−0.430	0.029	0.573
S24	0.950	0.030	0.112	−0.136	−0.089
S25	−0.192	0.090	−0.103	0.919	0.210
S26	0.511	0.686	0.365	0.024	−0.091
S27	0.965	0.186	0.085	−0.134	0.033
S28	0.801	0.267	0.346	0.141	−0.002

根据图 4-4 得到的 5 个因子，如表 4-7 所示，它们的累积方差贡献率可达到 94.669%，由于因子 4 和因子 5 的累积方差贡献率仅为 11.807%，也就是说，因子 1、因子 2 和因子 3 的累积方差贡献率可达 82.862%。上述结果已经符合伊士曼和伯格所提出的建议[2]，因此使用前 3 个因子。因子 1、因子 2 和因子 3 这 3 个因子所包含的各意象词词对如表 4-8 所示。

表 4-7 主成分表

成分	初始特征值			提取载荷平方和			旋转载荷平方和		
	总计	方差百分比（%）	累积%	总计	方差百分比（%）	累积%	总计	方差百分比（%）	累积%
1	14.830	52.963	52.963	14.830	52.963	52.963	13.123	46.869	46.869
2	5.002	17.865	70.827	5.002	17.865	70.827	4.997	17.846	64.715
3	3.370	12.035	82.862	3.370	12.035	82.862	4.649	16.605	81.320
4	2.099	7.497	90.359	2.099	7.497	90.359	1.939	6.925	88.245
5	1.207	4.310	94.669	1.207	4.310	94.669	1.799	6.424	94.669
6	0.998	3.564	98.233						
7	0.495	1.767	100.000						
8	1.88×10^{-15}	6.72×10^{-15}	100.000						
9	7.48×10^{-16}	2.67×10^{-15}	100.000						
10	5.62×10^{-16}	2.01×10^{-15}	100.000						
11	4.74×10^{-16}	1.69×10^{-15}	100.000						

成分	初始特征值			提取载荷平方和			旋转载荷平方和		
	总计	方差百分比（%）	累积%	总计	方差百分比（%）	累积%	总计	方差百分比（%）	累积%
12	4.23×10^{-16}	1.51×10^{-15}	100.000						
13	3.12×10^{-16}	1.11×10^{-15}	100.000						
14	2.51×10^{-16}	8.97×10^{-16}	100.000						
15	1.92×10^{-16}	6.86×10^{-16}	100.000						
16	1.45×10^{-16}	5.16×10^{-16}	100.000						
17	1.39×10^{-16}	4.97×10^{-16}	100.000						
18	3.26×10^{-17}	1.16×10^{-16}	100.000						
19	-1.6×10^{-17}	-5.75×10^{-17}	100.000						
20	-5.9×10^{-17}	-2.09×10^{-16}	100.000						
21	-1.2×10^{-16}	-4.38×10^{-16}	100.000						
22	-2.3×10^{-16}	-8.11×10^{-16}	100.000						
23	-2.8×10^{-16}	-1.01×10^{-15}	100.000						
24	-3.7×10^{-16}	-1.32×10^{-15}	100.000						
25	-4.8×10^{-16}	-1.71×10^{-15}	100.000						
26	-6.8×10^{-16}	-2.45×10^{-15}	100.000						
27	-1.8×10^{-15}	-6.26×10^{-15}	100.000						
28	-2.0×10^{-15}	-7.32×10^{-15}	100.000						

表 4-8 意象的因子分析结果

旋转后成分矩阵			成分					
因子轴	编号	意象因子	因子负荷值			特征值	方差贡献率（%）	累积方差贡献率（%）
因子1	S06	现代的-传统的	0.972	0.093	0.159	14.830	52.963	52.963
	S03	稚气的-成熟的	-0.968	0.159	-0.046			
	S27	前卫的-守旧的	0.965	0.186	0.085			
	S24	醒目的-平庸的	0.950	0.030	0.112			
	S17	科技的-落伍的	0.933	-0.070	0.231			
	S08	美观的-丑陋的	0.918	-0.190	0.238			
	S09	高档的-低端的	0.917	-0.020	-0.012			
	S16	创新的-模仿的	0.886	0.015	0.340			
	S01	时尚的-保守的	0.876	0.102	0.461			
	S11	非凡的-平凡的	0.801	0.013	0.550			

旋转后成分矩阵			成　分					
因子轴	编号	意象因子	因子负荷值			特征值	方差贡献率（%）	累积方差贡献率（%）
	S15	拘谨的-大方的	−0.851	−0.340	0.073			
	S13	华丽的-朴素的	0.754	0.285	0.556			
	S21	变化的-单调的	0.852	0.124	0.392			
	S28	具象的-抽象的	0.801	0.267	0.346			
	S18	精致的-粗糙的	0.838	0.326	−0.231			
因子2	S07	流线的-几何的	0.014	0.913	0.167	5.002	17.865	70.827
	S02	男性的-女性的	0.033	−0.860	−0.228			
	S20	圆润的-锐利的	0.196	0.831	−0.030			
	S04	轻巧的-笨重的	−0.198	0.806	−0.199			
	S26	动态的-静态的	0.511	0.686	0.365			
	S22	协调的-突兀的	0.600	0.678	−0.302			
因子3	S10	娱乐的-商务的	0.161	0.453	0.836	3.370	12.035	82.862
	S12	实用的-装饰的	−0.324	−0.230	−0.836			
	S19	耐用的-易坏的	−0.159	0.193	−0.819			
	S05	大众的-个性的	−0.482	0.246	−0.775			

　　再给每个贡献度较大的因子加以定义：因子1可命名为审美因子、因子2可命名为形态因子、因子3可命名为功能因子。根据表4-8的因子贡献度比例53%：18%：12%≈9：3：2,在保证不改变各因子方差贡献率的前提下,分别从各因子中选出具有代表性的意象词,其中审美因子方面的9对,形态因子方面的3对,功能因子方面的2对,共计14对,如表4-9所示。

表4-9　最终确定的14对意象词词对

审美因子	形态因子	功能因子
现代的-传统的 稚气的-成熟的 前卫的-守旧的 醒目的-平庸的 科技的-落伍的 美观的-丑陋的 高档的-低端的 创新的-模仿的 时尚的-保守的	流线的-几何的 男性的-女性的 圆润的-锐利的	娱乐的-商务的 实用的-装饰的

第三节　手机形态分析

本阶段以前面实验挑选的 35 款代表性手机样品为基础,结合问卷调查及形态分析法,建立手机产品的形态分析图表。在此研究中,采用"项目"和"类目"对手机产品的形态进行描述,"项目"是指构成一个手机产品的主要局部设计特征,"类目"是指每个项目中的不同造型样式。

在确定手机造型的项目时,是要找出手机设计中较显著的造型构成与处理手法,详细列出所有影响意象判断的设计特征要素。

形态分析的结果如图 4 - 5 所示。整理出 7 个重要的设计特征要素,分别为:顶端造型、机身腰线形状、底部造型、机身比例、屏幕比例、功能键位置以及表面分割方式。接下来,将这 7 个设计要素的不同类目加以分析,如表 4 - 10 所示。

表 4 - 10　手机形态分析

外观轮廓与比例	A. 顶端造型	平顶形	小圆弧形	大圆弧形
	B. 机身腰线形状	直线形	中央微凸形	
	C. 底部造型	平底形	弧线形	圆弧形
	D. 机身比例	适中形	宽形	

界面细节与配置	E. 屏幕比例	卧式	立式	
	F. 功能键位置	与屏幕一起	独立	与数字键一起
	G. 表面分割方式	屏幕与键盘整体嵌入式	屏幕与键盘分开嵌入式	

　　项目 A：顶端造型。指手机产品顶端的形状。整理出"平顶形""小圆弧形""大圆弧形"3 个类目。

　　项目 B：机身腰线形状。随着当时手机造型的变化发展，"有腰身"的造型已逐渐淡出视野，因此整理出"直线形""中央微凸形"两个类目。

　　项目 C：底部造型。指手机底部的形状，包括"平底形""弧线形""圆弧形"3 个类目。

　　项目 D：机身比例。指主机本身整体的大小比例。手机有整体变大变薄的趋势，机身也随之越来越宽，而严格的机身比例数值定义无法有效描述机身的造型特征，此处仅以"宽形""适中形"对其归类，整理出"宽形""适中形"两个类目。

　　项目 E：屏幕比例。指信息显示部分，屏幕比例仅以"卧式""立式""正方形"来分类，便能将所有屏幕比例形式包含，而当时手机屏幕几乎没有"正方形"，因此整理出"卧式""立式"两个类目。

　　项目 F：功能键位置。指功能键在机身的位置，通常是指拨/挂号键、目录功能搜索键和其他功能键，不包含数字键。随着触摸屏的大量运用，很多直板手机数字键已完全消失,而功能键还是会保留在部分触摸屏手机上,但形式与以往的传统形式如"花瓣形""三键形""多键形"有很大的不同,故不单独分列功能键造型和数字键造型,而是以"功能键位置"来划分。因而整理出"与屏幕一起""独立""与数字键一起"3个类目。

项目G:表面分割方式。当时手机屏幕越做越大,不规则的屏幕嵌入方式越来越少,因而表面分割越来越简洁。通过分析,整理出"屏幕与键盘整体嵌入式""屏幕与键盘分开嵌入式"两个类目。

综上所述,将手机产品形态分析中的项目和类目汇总如表4-10所示,共计7大项目、17个类目。

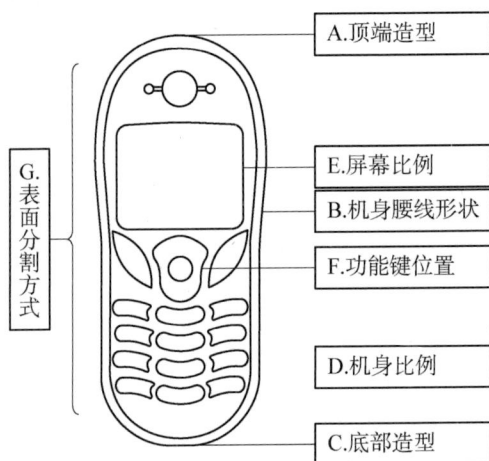

图4-5 手机形态分析

第四节 语义评价实验

一、样品数量的确定

样品数量的多少依据实验要求的精确度的高低而决定,一般而言,样品数量越多,所得到的实验精确度越高。决定样品数时,采用了经验分析法[3]。在经验分析法中,产品样品数=(类目数—项目数+1)。

由表4-10所得手机造型设计特征项目与类目的结果来看,本阶段至少需要挑选11个手机样品,才能尽可能客观地进行最后的语义评价实验。

在最后的代表性样品的挑选过程中,按照尽量均匀分配每个项目的各类目数量、各样品之间差异尽可能大的原则,挑选出12款手机样品。结合先前选出的14对代表性意象词词对,制作成语义评价问卷。

二、最终的语义评价实验及数据结果

本阶段邀请20位被试,依据如图4-6所示的量表,针对每一个意象词词对(共14对)上的感觉,给予合适的评分分值。被试中,具有设计专业背景者10人,没有设计专业背景者10人。所以被试评分的均值如表4-11所示。

图4-6 意象评价量表

表4-11 12款手机样品意象评价分值

样品序号	现代的－传统的	稚气的－成熟的	前卫的－守旧的	醒目的－平庸的	科技的－落伍的	美观的－丑陋的	高档的－低端的	创新的－模仿的	时尚的－保守的	流线的－几何的	男性的－女性的	圆润的－锐利的	娱乐的－商务的	实用的－装饰的
01	0.5	0.4	0.8	1.2	1.4	0.6	1.2	0.9	1.6	−0.2	−0.8	−0.3	1.2	−1.8
02	−0.5	0.5	−0.1	0.2	0.2	0.3	0.0	−0.2	−0.1	2.0	−2.1	1.9	1.8	−0.3
03	−2.5	0.1	−2.0	−1.9	−0.9	−0.4	−0.8	−0.4	−0.6	1.1	−0.1	−0.4	−0.2	0.2
04	−1.2	0.9	−0.6	0.2	−1.5	−0.6	0.6	−0.5	−1.6	−0.2	−0.6	−1.4	−0.3	−0.7
05	−0.1	0.1	0.3	0.2	0.4	−0.2	0.5	0.4	0.2	−0.6	−1.2	0.1	0.0	−1.8
06	−0.1	−1.8	0.4	0.2	0.2	0.1	0.1	−0.2	−0.6	1.4	−2.4	−2.1	1.6	
07	−0.2	1.2	−0.8	−0.6	−0.5	−0.5	−0.4	−0.4	−0.6	0.4	−1.0	0.9	1.2	−1.0

样品序号	现代的－传统的	稚气的－成熟的	前卫的－守旧的	醒目的－平庸的	科技的－落伍的	美观的－丑陋的	高档的－低端的	创新的－模仿的	时尚的－保守的	流线的－几何的	男性的－女性的	圆润的－锐利的	娱乐的－商务的	实用的－装饰的
08	−0.1	−0.2	0.1	0.1	0.2	0.1	0.2	0.3	0.2	0.1	−0.6	0.1	0.0	−0.1
09	−0.4	1.2	−1.2	−1.1	−1.0	−0.9	−0.8	−0.8	−0.9	1.2	−1.8	1.6	1.9	0.1
10	2.5	0.3	2.5	2.4	2.7	1.6	2.8	2.7	2.8	−0.4	0.0	0.6	0.2	−2.6
11	−2.5	−0.1	−0.6	−0.3	−0.8	−0.2	−0.1	−0.2	−0.2	−0.3	−0.1	−0.8	−0.2	0.2
12	0.2	−0.1	0.5	0.2	0.4	0.1	0.8	−0.4	0.3	2.0	−1.4	1.9	0.3	−1.2

三、实验样品的形态构成

从手机造型形态分析图表中可以清楚地了解每个项目及所有类目的定义描述，分别给予七大造型设计特征项目 A～G 的编号，而类目则以 1、2、3 表示。在观察所选取的 12 只手机样品后，整理归纳出样品造型形态分析编码表，如表 4-12 所示。

表 4-12　12 款手机造型形态分析表

	A 顶端造型	B 机身腰线形状	C 底部造型	D 机身比例	E 屏幕比例	F 功能键位置	G 表面分割方式
01	A1	B2	C3	D1	E1	F3	G2
02	A2	B1	C2	D1	E2	F2	G2
03	A1	B1	C1	D2	E2	F2	G2
04	A2	B1	C2	D1	E2	F2	G2
05	A1	B2	C1	D1	E2	F3	G2
06	A3	B1	C3	D2	E2	F2	G2
07	A2	B1	C2	D1	E2	F2	G2
08	A3	B1	C3	D1	E2	F2	G2
09	A1	B1	C1	D1	E2	F1	G1
10	A2	B1	C2	D1	E1	F3	G2
11	A2	B1	C2	D1	E2	F2	G2
12	A2	B1	C2	D1	E2	F3	G2

第五节　设计参考模型与设计策略

一、虚拟变量的建立

利用数量化理论Ⅰ类，将各项目转化为虚拟变量（见表4-13），以手机样品在各意象词上的得分为自变量，经过多元回归分析就可以得到手机造型特征与被试意象评价之间的关系。

表4-13　以数量化理论Ⅰ类将样品的形态要素转化为虚拟变量值

	A1	A2	B	C1	C2	D	E	F1	F2	G
样品 1	1	0	0	0	0	1	1	0	0	0
样品 2	0	1	1	0	1	1	0	0	1	0
样品 3	1	0	1	1	0	0	0	0	1	0
样品 4	0	1	1	0	1	1	0	0	0	0
样品 5	1	0	0	1	0	1	0	0	0	0
样品 6	0	0	1	0	0	0	0	0	1	0
样品 7	0	1	1	0	1	1	0	0	0	0
样品 8	0	0	1	0	0	1	0	0	0	0
样品 9	1	0	1	1	0	1	0	1	0	1
样品 10	0	1	1	0	1	1	1	0	0	0
样品 11	0	1	1	0	1	1	0	0	0	0
样品 12	0	1	1	0	1	1	0	0	0	0

二、意象词与造型特征间的量化关系

从数量化理论Ⅰ类分析的结果中可以找出每个意象词所对应的类目得分表，其中项目范围值越大表示该项目对于意象判断影响越大；而类目得分大小则表示各造型要素与各意象词的相关程度。类目得分既有正值又有负值，正值代表正向的意象，而负值代表对应的负向意象。比如在"时尚的-保守的"这对意象词中，正的类目得分代表偏向"保守的",正数值越大表示越偏向"保守的";负的类目得分代表偏向"时尚的",负数值越大表示越偏向"时尚的"。

根据 12 个样品在 14 对意象词的得分数据以及 12 个样品的造型要素分类数据,通过数量化理论Ⅰ类进行多元回归分析后,就可以得到各意象词对应的造型要素函数式,根据项目范围值可以观察出各意象与造型设计特征要素之间的影响关系。

下面以"时尚的-保守的"这对意象词为例对统计结果进行分析。

数量化理论Ⅰ类分析结果中的决定系数(R 方)是表征统计结果的可信度的重要指标,一般而言,R 方值大于 0.7 时,数量化Ⅰ类理论分析结果的可信度可以被采纳。

回归方程汇总表(见表 4-14)给出了拟合情况,决定系数等于 0.904,表明自变量对于因变量的解释度很高,回归方程拟合良好。将数量化理论Ⅰ类的类目效用值以及项目范围值情况整理如表 4-15 所示。

表 4-14 "时尚的-保守的"回归方程汇总表

模型摘要[b]

模型	R	R 方	调整后 R 方	标准估算的误差	更改统计					德宾-沃森
					R 方变化量	F 变化量	$df1$	$df2$	显著性 F 变化量	
1	0.951[a]	0.904	0.649	0.684 96	0.904	3.537	8	3	0.163	2.000

a. 预测变量:(常量),屏幕与键盘整体嵌入,卧式适中形,直线形,平底形,独立,弧线形,平顶形;
b. 因变量:时尚的-保守的。

表 4-15 "时尚的-保守的"类目得分与项目范围值

项目	A. 顶端形状			B. 机身腰线形状		C. 底部造型			D. 机身比例		E. 屏幕比例		F. 功能键位置			G. 表面分割方式	
类目	A1 平顶形	A2 小圆弧	A3 大圆弧	B1 直线形	B2 中央凸形	C1 平底形	C2 弧线形	C3 圆弧形	D1 适中形	D2 宽形	E1 卧式	E2 立式	F1 与屏幕一起	F2 独立	F3 与数字键盘一起	G1 屏幕与键盘整体嵌入式	G2 屏幕与键盘分开嵌入式
类目效用值	-1.500	-0.625	1.490	-0.525	1.780	1.100	-0.825	0.215	0.400	-1.785	2.500	-0.630	-1.700	-0.925	1.730	-1.625	0.385

项目	A. 顶端形状	B. 机身腰线形状	C. 底部造型	D. 机身比例	E. 屏幕比例	F. 功能键位置	G. 表面分割方式
项目范围值	2.990	2.305	1.925	2.185	3.130	3.430	2.010

在各项目中,项目"功能键位置"的范围值最大。可见在手机的造型要素中,"功能键位置"对"时尚的-保守的"意象的影响最大。当希望手机的外形突出"时尚的"意象感受时,手机的外形应趋向于顶端造型为平顶形,机身腰线形状为直线形,底部造型为弧线形,机身比例为宽形,屏幕比例为立式,功能键位置为与屏幕一起,表面分割方式为屏幕与键盘整体嵌入式。相反,当希望手机的外形突出"保守的"意象感受时,手机的外形应趋向于顶端造型为大圆弧,机身腰线形状为中央微凸形,底部造型为平底形,机身比例为适中形,屏幕比例为卧式,功能键位置为与数字键一起,表面分割方式为屏幕与键盘分开嵌入式。

上述针对"时尚的-保守的"意象的设计参考模型,可直观地表达为图4-7。

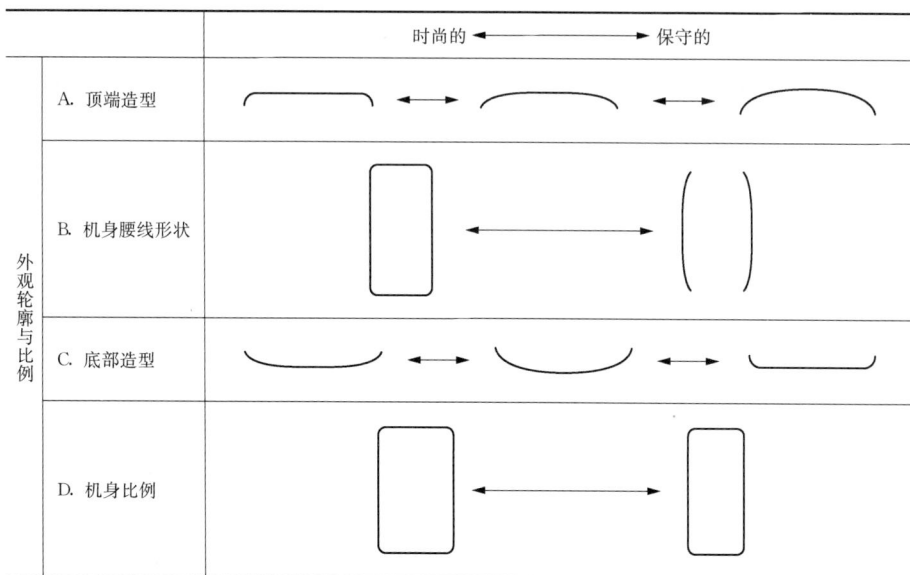

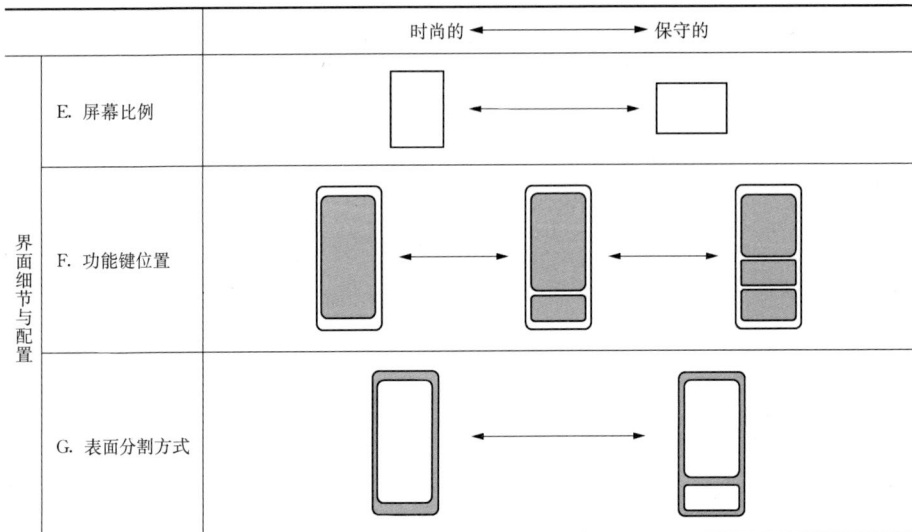

图4-7 "时尚的-保守的"意象对应的造型设计参考模型

针对其余意象的设计参考模型,分别依据数量化理论Ⅰ类的分析结果(见表4-16,限于篇幅,略去其余意象的分析结果列表),逐一地加以建立。

表4-16 "科技的-落伍的""创新的-模仿的"类目得分与项目范围值

意象词对5：科技的-落伍的				意象词对8：创新的-模仿的			
项目	类目	类目得分	项目范围	项目	类目	类目得分	项目范围
顶端造型	平顶形	−2.400	2.685	顶端造型	平顶形	−2.200	2.450
	小圆弧	0.285			小圆弧	0.125	
	大圆弧	−0.310			大圆弧	0.250	
机身腰线形状	直线形	−0.250	2.300	机身腰线形状	直线形	−0.375	1.400
	中央微凸形	2.050			中央微凸形	1.025	
底部造型	平底形	1.300	2.150	底部造型	平底形	2.200	2.825
	弧线形	−0.850			弧线形	−0.625	
	圆弧形	−0.230			圆弧形	0.400	
机身比例	适中形	0.190	2.690	机身比例	适中形	0.100	0.150
	宽形	−2.500			宽形	−0.050	
屏幕比例	卧式	2.300	2.660	屏幕比例	卧式	2.500	2.725
	立式	−0.360			立式	−0.225	

意象词对 5：科技的-落伍的			意象词对 8：创新的-模仿的		
功能键位置	与屏幕一起	−1.130	功能键位置	与屏幕一起	−0.850
	独立	−1.050	3.130	独立	0.075	2.735
	与数字键一起	2.000		与数字键一起	1.885
表面分割方式	屏幕与键盘整体嵌入式	−1.150	表面分割方式	屏幕与键盘整体嵌入式	−0.825
	屏幕与键盘分开嵌入式	0.100	1.250	屏幕与键盘分开嵌入式	1.025	1.850

三、高频意象词的选取

针对挑选出来的 14 对意象词对即 28 个意象词（分别为"现代的""传统的""稚气的""成熟的""前卫的""守旧的""醒目的""平庸的""科技的""落伍的""美观的""丑陋的""高档的""低端的""创新的""模仿的""时尚的""保守的""流线的""几何的""男性的""女性的""圆润的""锐利的""娱乐的""商务的""实用的""装饰的"），进一步通过网络渠道展开问卷调查。调查地区为上海市，调查人群为在校大学生。根据被试对手机造型所看重的意象词被挑选的频次，选取在此研究时期最能反映大学生期望的 3 个意象词，即被挑选的频数最高的 3 个意象词，结果如图 4-8 所示。

具体地看，最符合此期间大学生对手机造型期望的 3 个意象词分别为"时尚的"，被挑选次数为 153；"创新的"，被挑选次数为 141；"科技的"，被挑选次数为 134。

四、设计参考模型的建立

根据表 4-15，对意象词"时尚的"影响最大的项目为"功能键位置"，项目范围值为 3.430，类目为"与屏幕一起"，类目效用值为 −1.700。根据表 4-16，对意象词"创新的"影响最大的项目为"底部造型"，项目范围值为 2.825，类目为"弧线形"，类

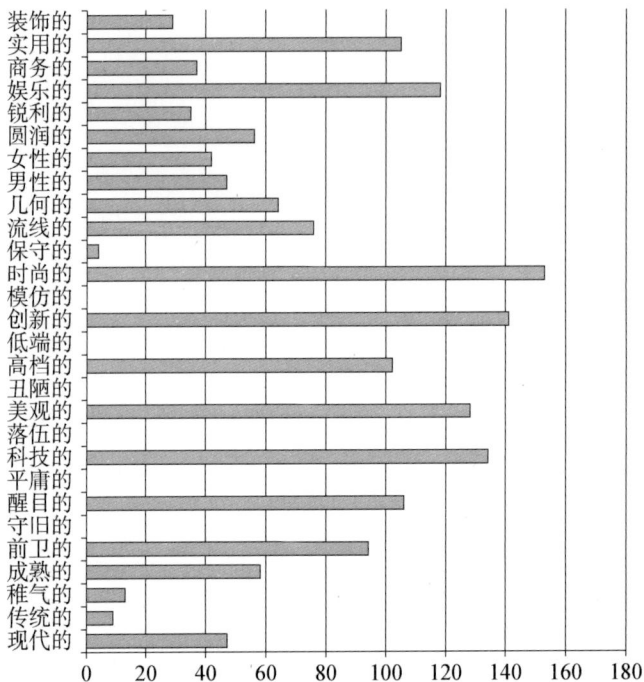

图 4-8　28 个意象词频次统计图

目效用值为 -0.625；对意象词"科技的"影响最大的项目为"功能键位置"，项目范围值为 3.130，类目为"与屏幕一起"，类目效用值为 -1.130。整理针对上述 3 个意象的分析结果，如表 4-17 所示。

表 4-17　频次最高的 3 个意象词的类目值

	时尚的	创新的	科技的
顶端造型	平顶形（-1.500）	平顶形（-2.200）	平顶形（-2.400）
机身腰线形状	直线形（-0.525）	直线形（-0.375）	直线形（-0.250）
底部造型	弧线型（-0.825）	弧线形（-0.625）	弧线形（-0.850）
机身比例	宽形（-1.785）	宽形（-0.050）	宽形（-2.500）
屏幕比例	立式（-0.630）	立式（-0.225）	立式（-0.360）
功能键位置	与屏幕一起（-1.700）	与屏幕一起（-0.850）	与屏幕一起（-1.130）
表面分割方式	屏幕与键盘整体嵌入式（-1.625）	屏幕与键盘整体嵌入式（-0.825）	屏幕与键盘整体嵌入式（-1.150）

由表 4-17，可以清晰地看到这 3 个意象词的类目选择是一致的，可根据这一

设计参考模型及其指向的设计方向设计符合大学生偏好的手机(正面)造型。

本章注释:

［1］张文彤. SPSS 统计分析高级教程［M］. 北京：高等教育出版社，2004.

［2］柯惠新，沈浩. 调查研究中的统计分析法［M］. 北京：中国传媒大学出版社，2000.

［3］吕旭弘. 应用感性工学与基因遗传演算法于产品造型设计［D］. 台南：成功大学，2004.

附录4-1 经预处理后的 35 款手机样品

附录4-2 手机造型意象词问卷

> 您好!
> 衷心感谢您在百忙之中抽时间填写本问卷。本问卷中共有90对意象词语汇对,请您针对这90对意象词语汇对,以主观感觉的方式勾选出40至50对最适合形容手机的意象词语汇对。您的宝贵意见对本研究有很大帮助。本问卷采用不记名方式,仅供学术研究之用,绝不对外公开,真诚感谢您的参与!

例[1]时尚的-保守的(∨)

[1]时尚的-保守的(　　)　　　　[2]男性的-女性的(　　)

[3]奢华的-简陋的(　　)　　　　[4]稚气的-成熟的(　　)

[5]轻巧的-笨重的(　　)　　　　[6]大众的-个性的(　　)

[7]现代的-传统的(　　)　　　　[8]脆弱的-坚固的(　　)

[9]乐观的-悲观的(　　)　　　　[10]高雅的-低俗的(　　)

[11]流线的-几何的(　　)　　　　[12]昂贵的-廉价的(　　)

[13]美观的-丑陋的(　　)　　　　[14]高档的-低端的(　　)

[15]粗犷的-细腻的(　　)　　　　[16]娱乐的-商务的(　　)

[17]规矩的-叛逆的(　　)　　　　[18]简洁的-复杂的(　　)

[19]夸张的-内敛的(　　)　　　　[20]非凡的-平凡的(　　)

[21]活泼的-呆板的(　　)　　　　[22]国际的-本土的(　　)

[23]实用的-装饰的(　　)　　　　[24]内敛的-野性的(　　)

[25]华丽的-朴素的(　　)　　　　[26]亲切的-冷漠的(　　)

[27]紧密的-松散的(　　)　　　　[28]专业的-业余的(　　)

[29]正统的-随意的(　　)　　　　[30]有趣的-乏味的(　　)

[31]拘谨的-豪放的(　　)　　　　[32]强硬的-柔和的(　　)

[33]易用的-难用的(　　)　　　　[34]创新的-模仿的(　　)

[35] 科技的-落伍的（　　　）　　　[36] 精致的-粗糙的（　　　）

[37] 年轻的-老成的（　　　）　　　[38] 耐用的-易坏的（　　　）

[39] 圆润的-锐利的（　　　）　　　[40] 阳刚的-阴柔的（　　　）

[41] 威严的-和蔼的（　　　）　　　[42] 花哨的-素净的（　　　）

[43] 变化的-单调的（　　　）　　　[44] 协调的-突兀的（　　　）

[45] 理性的-感性的（　　　）　　　[46] 柔和的-阳刚的（　　　）

[47] 束缚的-自由的（　　　）　　　[48] 冷漠的-亲切的（　　　）

[49] 脏乱的-干净的（　　　）　　　[50] 复古的-未来的（　　　）

[51] 另类的-主流的（　　　）　　　[52] 零散的-整体的（　　　）

[53] 寒冷的-温暖的（　　　）　　　[54] 阴暗的-明亮的（　　　）

[55] 粗糙的-光滑的（　　　）　　　[56] 单调的-多变的（　　　）

[57] 杂乱的-整齐的（　　　）　　　[58] 尖锐的-迟钝的（　　　）

[59] 统一的-离散的（　　　）　　　[60] 科幻的-现实的（　　　）

[61] 直线的-曲线的（　　　）　　　[62] 具体的-抽象的（　　　）

[63] 醒目的-平庸的（　　　）　　　[64] 耀眼的-平淡的（　　　）

[65] 稳重的-轻浮的（　　　）　　　[66] 实在的-夸张的（　　　）

[67] 兴奋的-平静的（　　　）　　　[68] 正式的-休闲的（　　　）

[69] 华丽的-朴素的（　　　）　　　[70] 老成的-年轻的（　　　）

[71] 厚重的-轻薄的（　　　）　　　[72] 舒适的-不适的（　　　）

[73] 未来的-复古的（　　　）　　　[74] 野性的-文明的（　　　）

[75] 真实的-虚拟的（　　　）　　　[76] 狭窄的-宽敞的（　　　）

[77] 浪漫的-实际的（　　　）　　　[78] 悦人的-扰人的（　　　）

[79] 气派的-寒酸的（　　　）　　　[80] 新颖的-陈旧的（　　　）

[81] 瘦长的-肥短的（　　　）　　　[82] 丰富的-贫乏的（　　　）

[83] 动态的-静态的（　　　）　　　[84] 讲究的-马虎的（　　　）

[85] 前卫的-守旧的（　　　）　　　[86] 清爽的-浑浊的（　　　）

[87] 具象的-抽象的（　　　）　　　[88] 温馨的-冷漠的（　　　）

[89] 纤细的-厚实的（　　　）　　　[90] 友善的-疏离的（　　　）

第五章

重型卡车车身创新与设计策略

第一节 代表性车身的选取

一、车身样品收集与整理

本研究结合前侧视角度的重型卡车车身(即驾驶室)形体,探讨消费者/用户对重型卡车车身造型的审美特点和偏好属性,有助于企业分析消费者/用户需求、形成车身造型创新与开发的设计策略。

本研究共收集了市场上 82 款重型卡车产品车身(图片),几乎覆盖所有国内重型卡车品牌,也包括几个知名的国外品牌。这 82 款重型卡车产品的品牌和型号如表 5-1 所示。

表 5-1 研究所涉及的重型卡车品牌和型号对照表

品牌	型号	品牌	型号
一汽解放	J6P 重卡	上汽依维柯红岩	新大康重卡
	奥威重卡		杰狮重卡
	悍威重卡		特霸重卡

品牌	型号	品牌	型号
上汽依维柯红岩	金刚重卡	奔驰（Benz）	Axor 重卡
东风商用车	大力神重卡		新 Actros 重卡
	天龙重卡	广汽日野	700 系列重卡
东风日产柴	优迪狮重卡	庆铃汽车	FVR 重卡
东风柳汽	霸龙重卡		GVR 重卡
中国重汽	HOKA 重卡	徐工汽车	瑞龙重卡
	HOKA H7 重卡		祺龙重卡
	HOWO 336 重卡	斯堪尼亚（Scania）	G 系列重卡
	HOWO 340 重卡		P 系列重卡
	HOWO A7 重卡		R 系列重卡
	HOWO T5G 重卡	曼（MAN）	TGA 系列重卡
	斯太尔王重卡		TGM 系列重卡
	新黄河重卡		TGS 系列重卡
	汕德卡重卡		TGX 系列重卡
	豪瀚重卡	江淮	新格尔发重卡
	豪运重卡		格尔发重卡
	金王子 266 重卡		格尔发（改型）重卡
	金王子 340 重卡	沃尔沃（Volvo）	FE 重卡
	黄河少帅重卡		FH 重卡
	黄河少帅（改型）重卡		FM 重卡
五十铃（Isuzu）	E 系列重卡		FMX 重卡
依维柯（Iveco）	Eostralis 系列重卡	福田汽车	欧曼 CTX 重卡
	Trakker 系列重卡		欧曼 ETX 重卡
力帆时骏	格奥雷重卡		欧曼 GTL 重卡
力帆骏马	欧式战龙重卡		欧曼 VT 重卡
北奔重汽	V3 重卡	精功汽车	远征重卡
	北奔重卡		远征（改型）重卡
华菱	华菱之星重卡	联合卡车	联合卡车重卡
	华菱重卡	达夫（DAF）	CF 系列重卡
	星凯马重卡		XF 系列重卡
大运汽车	大运 N6 重卡	长安重汽	长安重汽重卡
	大运 N8 重卡	陕汽重卡	奥龙重卡
	大运重卡		德御重卡
奔驰（Benz）	Actros 重卡		德龙 F2000 重卡
	Actros 黑金刚重卡		德龙 F3000 重卡

品牌	型号	品牌	型号
陕汽重卡	德龙 M3000 重卡	雷诺（Renault）	Premium 系列重卡
雷诺（Renault）	Kerax 系列重卡	青岛解放	新大威重卡
	Magnum 系列重卡		新悍威重卡

收集的重型卡车驾驶室产品照片中,颜色以红色为主,因为红色是市场上大部分重型卡车都有的颜色,收集同样颜色的驾驶室图片也是为后续预处理图片提供便利。

为了将被试受其他因素（如颜色、背景等）的影响降到最小,将收集到的图片做了如下的预处理:①去除车辆主体以外的背景,将车辆主体均放置在白色背景之上;②调整图片的大小,使得车辆主体占图面大部分面积;③调整车辆驾驶室的方向,使所有图片中驾驶室均朝向一个方向（右侧）;④当部分图片的焦距过于小时（原照片由广角镜头拍摄）,产品会出现较大程度的变形,通过一定的图片处理过程来进行校正;⑤去除图片颜色,使其成为黑白图片,并调整驾驶室颜色的灰度,使 82 张图片的驾驶室的明暗程度尽量呈现较为统一的灰度;⑥去除品牌、商标、张贴、广告语和标语等影响图片完整、简洁以及可能使被试产生先入之见的因素,或者当车身形体被其他物品遮挡时,采用一定的图片处理过程以补全被遮挡的部分;⑦将产品图片的文件名称按数字序号依次命名,并记下数字和产品名称的对应关系,方便统计时比对产品;⑧如果通过互联网进行用户调研,可将产品图片的尺寸缩小,并缩减图片格式质量,以方便互联网上对图片进行下载,但图片文件大小的缩小不能损害观看、判别的清晰度,以免影响被试对产品的判断。

依此方法,将 82 张图片均做处理,得到用于本研究的所有图片。处理完成前、后的产品造型图片例子,如图 5-1 所示。

二、样品分组任务

（一）分组任务程序工具的开发简介

本研究中包含有大量的消费者调查研究工作内容。按照通常的纸笔调研方

图 5-1　图片预处理完成前(a)、后(b)

法,被试需要亲自到达测试场所,这一点限制了被试的选择范围、作答时间等。当被试进行问卷调查等任务的时候,研究者只能一对一进行测试、指导调研过程并手工记录数据。调研进展较为缓慢,又十分消耗人力。调研完成之后,收集到的数据也是以纸面的形式呈现,并且有时这些数据还需要一定的转换。整个调研工作量十分庞大。在后续数据录入与处理过程中也容易出错。

本研究以网络为平台,开发了样品分组任务、意象词分组任务、语义评价等调研工作相对应的软件程序工具。这些软件工具是以 Adobe 公司出品的 Flash Pro 为平台进行开发的,编写语言使用 ActionScript 3.0。这些程序工具最终安放在个人网站上,或安装在个人电脑上,供被试进行测试时使用。

使用以网络为平台的调研软件工具具有如下优点:编写出的 flash 程序可以直接投放在网页上,被试只需打开网页浏览器便可以进行测试,并且无需安装复杂和大型的应用软件来运行,只需要 flash 的播放器即可,而消费者(作为被试)一般都装有该软件;无需调研者亲自引导调研过程,软件可以自行引导被试进行测试工作;无论何时何地,只要人们可以使用网络即可进相应网站进行访问,完成测试。从而消除了地区限制以及时间限制。可以调查到不同地区的消费者,也为消费者提供更加灵活的调研时间;无需操心最后数据的转化和记录问题,获取的数据结果可以按照研究者所需要的格式输出,为最后的统计分析提供了方便。并且,由于没有调研者中途的人工参与录入,数据结果也将是准确无误的。

(二) 样品分组任务程序工具

分组任务程序工具的主界面如图 5-2 所示。

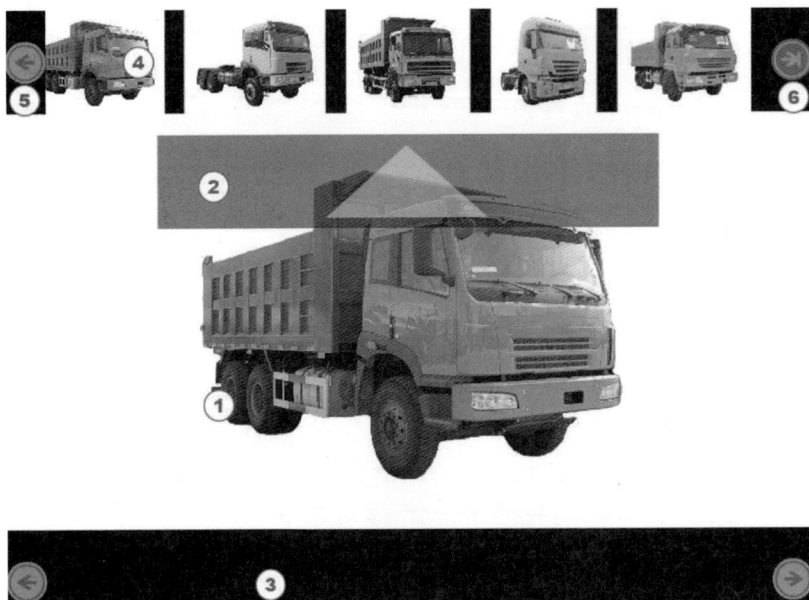

图 5-2 分组任务软件界面

1. 主界面构成与简介

(1) 主要界面：主要用来显示产品的图片,画面尺寸占整个软件界面的大部分面积,方便被试观察产品图片,有利于做出选择判断。

(2) 分组选择按钮：分向上、向下两个按钮。点击向上或者向下按钮,可以将产品分到上面一组和下面一组。

(3) 分组栏：用来装载和显示已分组的图片。

(4) 已分组图片：可供被试查看。点击图片可以撤销已有的选择,图片会移动回到屏幕主画面并放大,让被试重新选择。

(5) 滚动按钮：鼠标停留在按钮上,可以滚动分组栏,以便查看已经分好的产品图片。

(6) 滚动到底按钮：直接跳转到分组栏的头部或者尾部,以便快进式查看。

2. 分组任务程序工具软件的功能

(1) 读取外部数据功能：将需要调取的数据，如图片、分组数放在了软件以外，通过软件进行外部调取。

(2) 无缝读取功能：可以做到被试一边分组，软件一边进行图片下载。因为图片文件有一定的容量，样品的数量往往达到几十个或几百个，当网络条件不好的时候，被试要等上几分钟到十几分钟，这对于被试是一个非常不好的交互体验。无缝读取功能有效地解决了图片下载的速度问题。图片读取完成后，被试就可以对这个产品造型（图片）进行分组了。在被试进行分组的过程中，软件正在自行下载后续图片。这样，被试感觉不到下载的等待时间，也不会受到心情的干扰而影响实验的效果。

图 5-3 为 Flash Pro 下的程序工具测试环境。可以看到，当网络速度较慢时，软件会及时反馈有图片正在读取过程中。图片读取完成时的界面如图 5-4 所示。

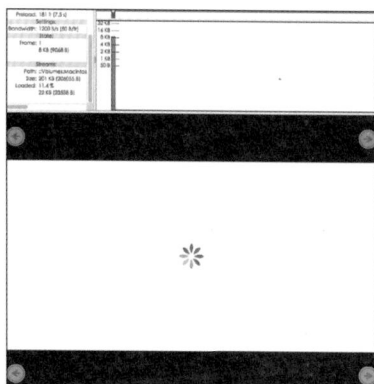

图 5-3　无缝读取功能读取界面　　　　图 5-4　图片读取完成界面

(3) 动画功能：动画功能是提供良好交互的手段，被试通过动画功能会很好地明确自己分组的图片去处。图 5-5、图 5-6 是动画示意图。通过动画设定，可以向被试清晰地指明图片的去向。在撤销命令中，也有类似的动画设定，告诉被试操作指向何处。

(4) 分组功能：是这个程序工具的核心功能。被试通过点击交互按钮，完成分组。依据研究者对于分组的要求，再进行后续轮次的分组任务。在这个过程中，软

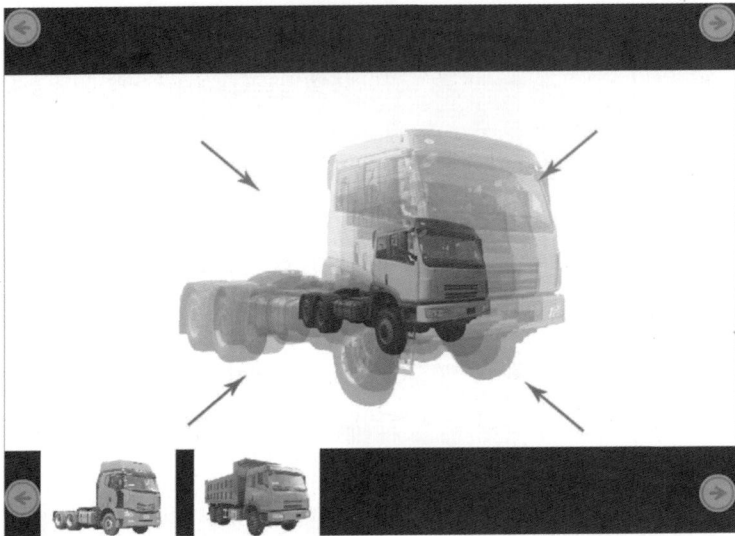

图 5 - 5　分组任务程序的动画功能示例之一

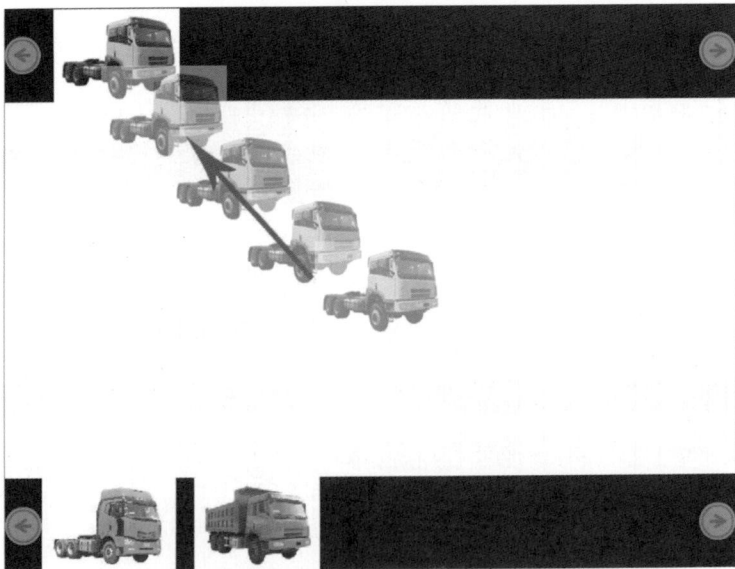

图 5 - 6　分组任务程序的动画功能示例之二

件工具负责引导被试一步一步地进行下去,而无需人工记录分类情况。图 5 - 7 是一轮分组结束时界面的一个例子。另外,分组过程中间的撤销也很关键,允许被试反悔自己的选择,这样也使得测试更加准确。

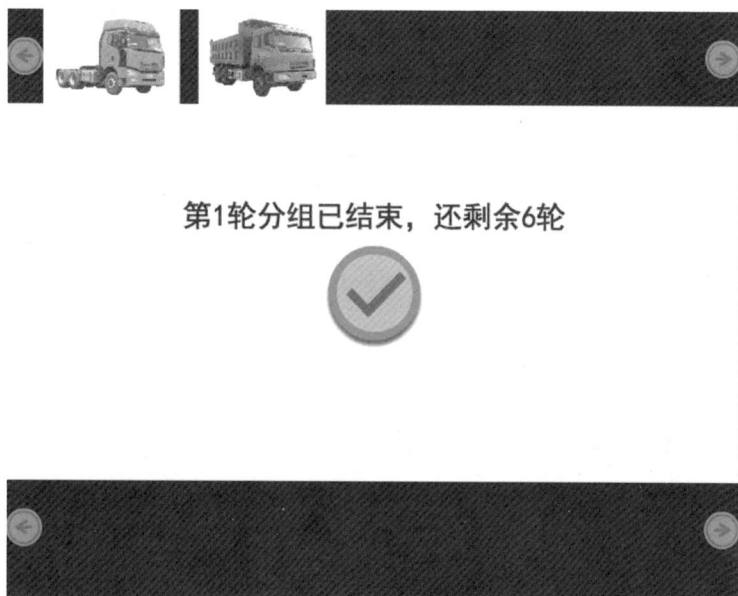

图5-7 一轮分组结束时界面的示例

（5）查看功能：该功能能够帮助被试更好地了解到已经选择好的产品图片，从而比对现在需要分组的产品和已经分好组的产品。这样的比对会让被试更清楚地认识到自己的选择，也方便被试进行可能的判断反悔。查看功能包括图片滚动和跳至图片头、尾部的能力。两者均使用左、右箭头来完成，当鼠标移至箭头处就开始滚动，并且图标变换成到底箭头。再点击鼠标就可以到达图片头部或尾部。如图5-8、图5-9所示。

图5-8 查看功能示例之一

图5-9 查看功能示例之二

（6）计时功能：其目的是记录被试进行测试所使用的时间情况，用来比对先前使用纸笔测试的情况。这部分对于被试是不可见的，以防止被试感到时间上的紧迫而仓促作答。

（7）通信功能：在网络调研状态下，通过该功能，将结果传至网站的服务器上，供研究者进行读取。通信时要有必要的反馈，以方便被试知道数据已经传输完毕。如图5-10、图5-11所示。在面对面调研状态下，数据则可自动保存到调研所用的电脑上。

图5-10 结果发送界面   图5-11 结果发送成功界面

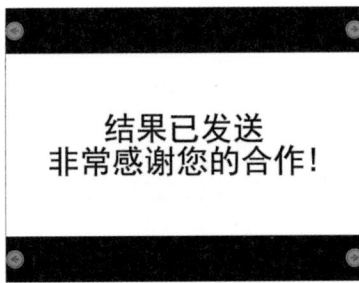

（三）分组任务实验

共邀请了10位不同行业和地区的被试进行了样品分组任务实验，得到10份有效数据。取其平均值后，得到对82款重型卡车车身认知判断方面的相似性矩阵。

三、代表性车身造型的选取过程及结果

将上述相似性矩阵导入统计分析软件进行系统聚类分析，采用"组间连接"法，得到如图5-12所示的树状图结果。

由树状图可以粗略地判断聚类分组的情况，在3根竖直截线标注的地方，可以分别将82款产品分为8类、7类和5类。大致分成这些数目的类别有利于保存一定数量的特征，又不至于使得类别太过于零碎无法分析。

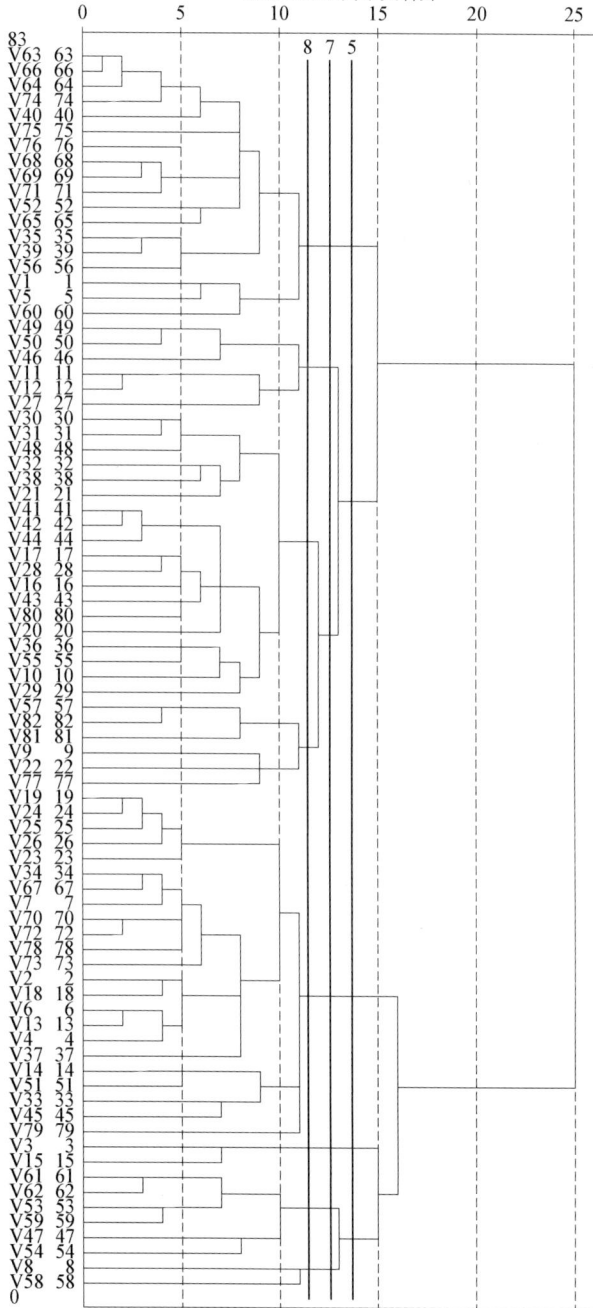

图 5-12 树状图

再使用"K-均值"聚类的方法查看这3种分类方式的分类情况。当分类数为8时,得到了表5-2所示的案例数分布;当分类数为7时,得到了表5-3所示的案例数分布;当分类数为5时,得到了表5-4所示的案例数分布。

表5-2 8类时的聚类案例数

每个聚类中的案例数		
聚类	1	19
	2	9
	3	5
	4	15
	5	3
	6	7
	7	19
	8	5
有效		82
缺失		0

表5-3 7类时的聚类案例数

每个聚类中的案例数		
聚类	1	7
	2	14
	3	5
	4	5
	5	13
	6	19
	7	19
有效		82
缺失		0

表5-4 5类时的聚类案例数

每个聚类中的案例数		
聚类	1	21
	2	17
	3	25
	4	11
	5	8
有效		82
缺失		0

从上面3组数据的对比可以发现,当分类数为8时,第5个类别含有的产品数目只有3个,也由此说明分类划分得过于细致,将总的特征分散得太开。当分类数为5时,每个类别含有的数目较多,第3个类别的案例数达到了25个,显然,也遗漏掉很多的特征。而分为7类时,从保留特征和避免零碎上来讲,都较为合适。

因此,再次使用"K-均值"聚类的方法,并将分类数设定为7。通过聚类成员到该类别的中心距离值(见表5-5),便可以判断最能够代表该类别的产品。

表5-5 聚类结果以及各聚类结果的距离

案例号	聚类	距离	案例号	聚类	距离
27	1	0.923	58	5	1.106
33	1	0.998	63	5	0.757
46	1	0.718	64	5	0.693
49	1	0.864	65	5	0.836
50	1	0.923	66	5	0.728
61	1	0.761	68	5	0.763
62	1	0.826	**69**	5	0.679
9	2	1.012	71	5	0.857
11	2	0.960	74	5	0.742
12	2	0.971	75	5	0.849
22	2	1.140	10	6	0.946
35	2	0.952	16	6	0.769
39	2	0.933	17	6	0.721
40	2	0.960	20	6	0.917
56	2	0.853	21	6	0.858
57	2	0.805	**28**	6	0.705
60	2	0.937	29	6	1.012
76	2	0.910	30	6	0.975
77	2	0.980	31	6	0.769
81	2	1.032	32	6	0.818
82	2	0.765	36	6	0.825
3	3	0.871	38	6	1.001
14	3	0.818	41	6	0.862
15	3	0.850	42	6	0.818
51	3	0.679	43	6	0.775
79	3	0.951	44	6	0.830
8	4	0.952	48	6	0.929
47	4	0.929	55	6	0.813
53	4	0.752	80	6	0.805
54	4	0.755	2	7	0.907
59	4	0.793	4	7	0.803
1	5	0.961	6	7	0.912
5	5	1.075	**7**	7	0.671
52	5	0.947	13	7	0.804

（续表）

案例号	聚类	距离	案例号	聚类	距离
18	7	0.787	37	7	0.827
19	7	0.840	45	7	0.987
23	7	1.069	67	7	0.729
24	7	0.832	70	7	0.753
25	7	0.865	72	7	0.809
26	7	0.816	73	7	0.891
34	7	0.729	78	7	0.849

这样,就得到7个类别中具有代表性的产品,分别是编号第7、第28、第46、第51、第53、第69、第82的产品,它们分别对应上汽依维柯红岩金刚重卡、依维柯 Trakker 系列重卡、庆铃 GVR 重卡、斯堪尼亚 R 系列重卡、曼 TGM 系列重卡、联合卡车重卡、青岛解放新悍威重卡。这7款重卡的车身(驾驶室)如图5-13所示。

图5-13 7款代表性产品

第二节　代表性意象词的选取

一、意象词的收集与整理

从网站、杂志、广告、消费者描述等渠道收集关于重型卡车造型的大量描述性词汇,最终整理出 73 个词汇。以此为基础,进行意象词分组任务,挑选出代表性意象词。

二、意象词分组任务

(一) 分组任务程序工具的开发简介

本研究中开发的意象词分组任务程序工具,可以让被试根据意象词的含义将意象词分成被试认为合理的组别。被试需要将给定的意象词按照对于车身造型描述含义的相似程度进行分组。分组完成后,软件工具会引导被试对这些分组之间进行相似程度的两两判断、打分。最终数据发送到网站的服务器,或储存到调研用电脑,供后续分析时使用。

(二) 意象词分组任务程序工具

分组任务程序工具的界面及相似性评判过程的界面,分别如图 5 - 14 和图 5 - 15 所示。

1. 主界面构成说明

(1) 主词语框:用来显示所需分组的意象词词汇,让被试拖拽词汇进行分组。

(2) 分组框:被试将语义相近的意象词拖入分组框即把这些词汇分为了一组。

(3) 分组框增减按钮:对分组框的数量进行增加、减少。被试可以将词汇分为自己认为合理的组别数量。

(4) 对比组:程序工具将需要判断相似性的两组词汇分别排列在界面的左、右

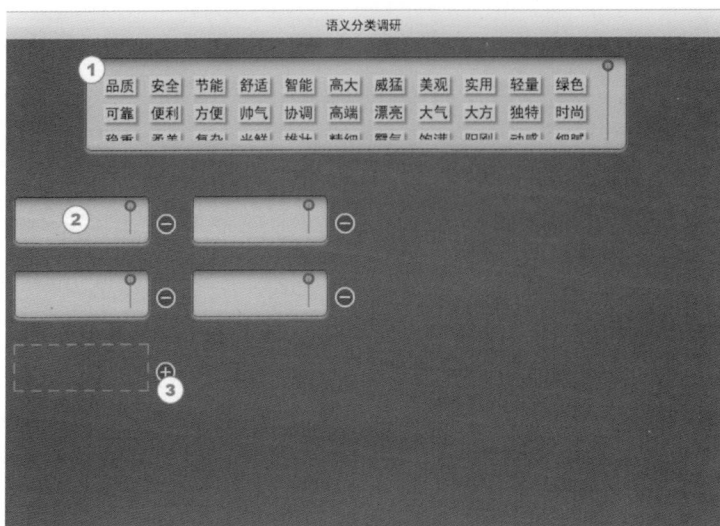

图 5-14 分组任务程序工具界面

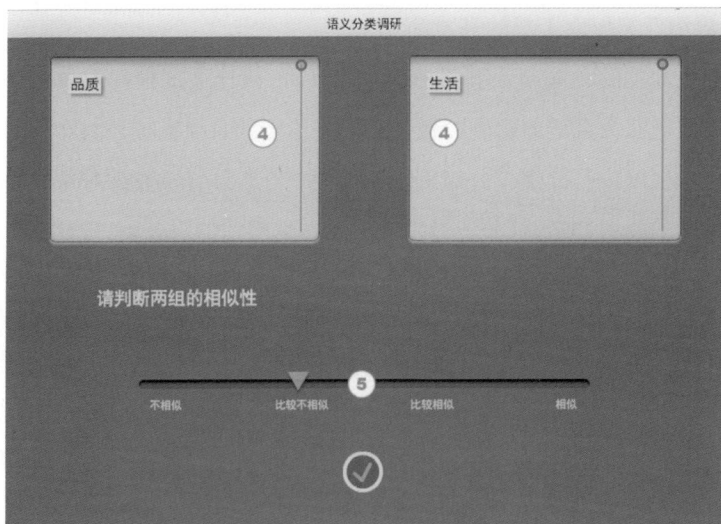

图 5-15 相似性比较的界面

两边,供被试评判。

　　(5)相似性评分条:被试可以拖动或点击评分条,选择相应的评分。

　　2. 意象词分组任务程序工具的功能

　　(1)读取外部数据:软件直接调用 TXT 格式的意象词文档,方便进行意象词的调整。同时,软件内部设置自动识别半角与全角逗号的机制,避免研究者遇到这类不容易察觉的问题。

(2) 分组功能:分组功能是分组界面的核心。被试通过拖拽词汇到分组框中,进行分组。当分组结束时,需要删掉空白的分组框。

(3) 增减分组框功能:通过分组框旁边的加、减号(见图5-16)按钮来实现。加减框可以让被试自由地选择分组数,而不必按照调研者的规定来选择。

(4) 分组框高亮功能:在分组进行过程中,当被试拖拽词汇到某个分组框时,该分组框高亮显示(见图5-16)。这样,被试容易感知到自己正在拖拽词汇到自己的目标分组框,为良好的交互性提供了保证。

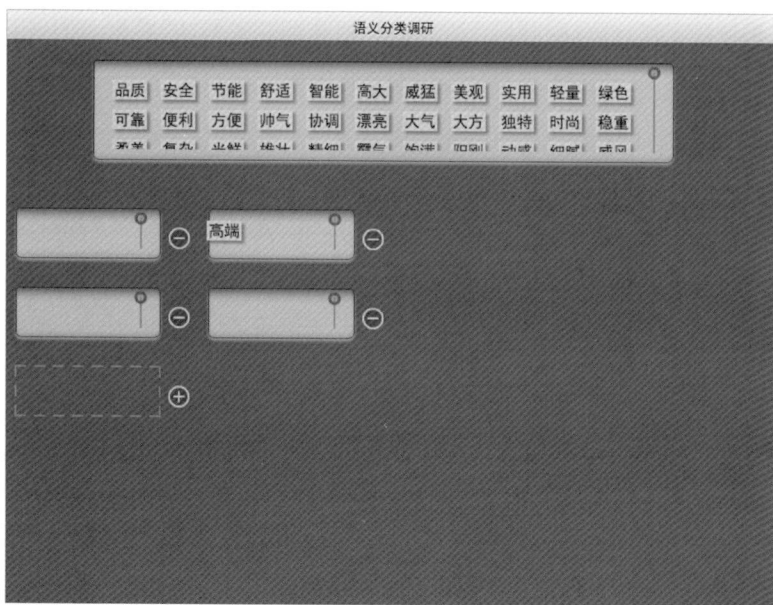

图5-16　增减分组框、分组框高亮功能示例

(5) 评分功能:评分功能中,分组框可更改大小后重新显示。评分设有两种方式,即点击评分条和拖拽评分指针。无论采用何种方式,评分指针都能在一定范围内自动对齐文字,并给被试明确的评分指示。

(6) 通信功能:与产品分组任务程序工具的通信功能类似,在此不再重复介绍。

(三) 意象词分组任务实验

基于意象词分组任务程序工具平台,共邀请20位被试完成对73个意象词词汇的分组任务。保存的数据用于后续分析。

三、代表性意象词的选取

将意象词分组任务实验所得的数据,导入统计分析软件、进行系统聚类分析。采用"Ward法",得到12组代表性的意象词词汇,如表5-6所示。通过整理和配成词对,形成代表性意象词词对。考虑到从"节能的—浪费的"意象角度对车身造型加以判断、评分,较为牵强和困难,后续进行语义评价实验时,不考虑此意象词词对。

表5-6 12对代表性意象词词对

1	强壮的	瘦弱的
2	饱满的	空虚的
3	大气的	小气的
4	美观的	丑陋的
5	和谐的	凌乱的
6	豪华的	低端的
7	流线的	停滞的
8	简洁的	复杂的
9	精细的	粗陋的
10	可靠的	易损的
11	节能的	浪费的
12	舒适的	难受的

第三节　语义评价实验与数据分析

一、语义评价实验

（一）语义评价程序工具的开发

1. 程序工具简介

语义评价采用的是语义差分法。在开发语义评价程序工具时，参考了有关研究人员的研究结果[1]，同时对语义调研功能进行改进和完善，例如允许被试在测试过程中调整自己的评分，从而更好地表达评判意图。

本研究中开发的语义评价程序工具的测试方法：测试中被试被要求将给定的车身造型（图片）、按照给定的意象词词对进行评分。评分采用 5 阶李克特量表，即−2、−1、0、1、2。被试在评分过程中可以单击左下角按钮打开调整界面，拖动图片进行调整。被试在评分完成后还有一次调整机会。

2. 程序工具的界面

语义评价程序工具的界面如图 5−17 和图 5−18 所示。其主要构成如下。

（1）主界面：是展示产品图片的主要区域。方便被试观看，并做出判断。

（2）评分条：拖动或者点击即可选择所需的评分。

（3）界面切换按钮：可以切换到调整界面。切换后，再次单击，可切换回主界面。

（4）调整界面：可以查看已评分的情况，并且可以拖拽图片进行再次调整，被试可了解整个评价的全貌，以便必要时进行界面切换、重新评分，得到更加准确的评定。

3. 程序工具的功能

语义评价程序工具的主要功能如下。

（1）读取数据：图片也是从外部读取。对所涉及的图片采用了预读取的方法。被试需要等待图片读取完成后进行测试。

（2）评分功能：与意象词分组任务程序工具的功能类似，在此不重复介绍。

图 5 - 17　语义评价程序工具主界面

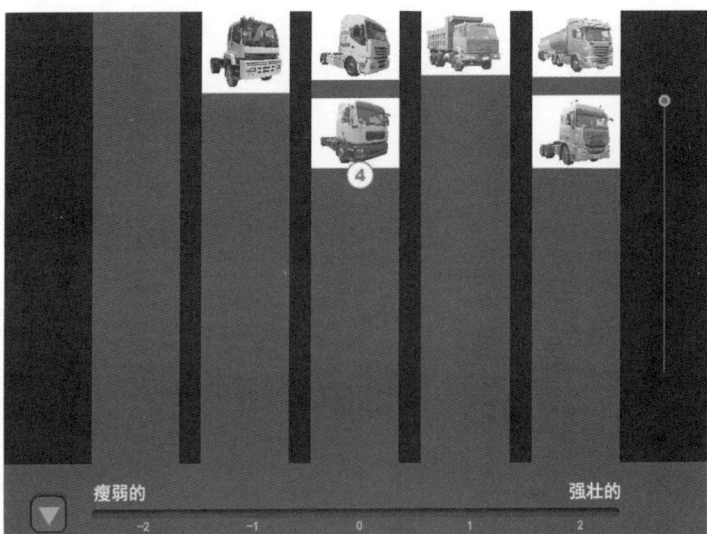

图 5 - 18　调整界面

（3）界面切换功能：由于显示屏幕尺寸的限制，无法将调整界面直接整合在主界面之中。因此，引入界面切换按钮进行两个界面的切换，如图 5 - 19 所示。同时，当被试进行了评分后，图片会产生动画效果，即缩放并移动到界面切换按钮处，以此向被试暗示图片的去处。

（4）调整功能：通过拖拽图片即可实现调整操作，使用起来很方便。在一组意

图 5-19 动画效果示意图

象词评分完成后，强迫性地进入一次调整界面。此时被试可对已做的评分选择从整体上浏览一次，必要时进行最终的调整，如图 5-20 所示。

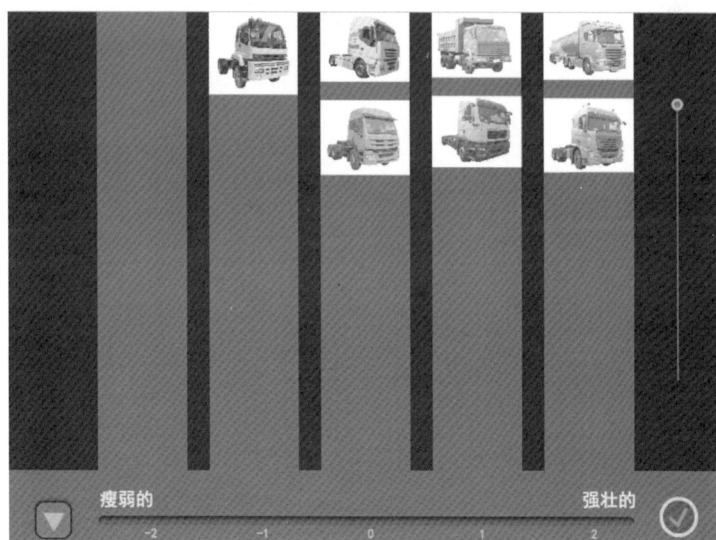

图 5-20 整体浏览与调整功能

（5）通信功能：与前两个程序工具类似。

（二）语义评价实验

在语义评价实验中，借助开发的语义评价程序工具，先后邀请 20 多名被试，使用意象词词对对 7 款代表性车身进行语义评价。将被试的评价结果加以平均，得到如表 5-7 所示的评价分值。

表 5-7　语义评价实验所得的平均分值表

	7 号重卡	28 号重卡	46 号重卡	51 号重卡	53 号重卡	69 号重卡	82 号重卡
强壮的-瘦弱的	1.1	0.7	−0.3	1.5	1.3	0.6	0.0
饱满的-空虚的	0.5	0.5	0.3	1.4	1.2	0.5	0.2
大气的-小气的	0.5	0.9	−0.2	1.3	1.1	0.6	1.2
漂亮的-丑陋的	−1.0	0.7	1.0	0.5	0.0	−0.7	−0.6
和谐的-凌乱的	−0.7	0.7	0.7	0.4	0.5	0.0	−0.2
豪华的-低端的	−1.6	0.9	1.1	0.6	0.2	−0.1	−0.4
流线的-停滞的	−1.5	0.6	1.6	1.2	0.2	0.9	0.3
简洁的-复杂的	−0.2	0.7	0.9	−0.4	0.9	−0.6	0.1
精细的-粗陋的	−1.8	0.7	1.6	1.2	0.2	−0.3	−0.7
可靠的-易损的	0.1	0.8	0.3	1.3	0.8	0.1	0.5
舒适的-难受的	−1.6	1	1.2	0.6	0.2	−0.2	−0.3

二、数据分析与结论

借助语义评价实验所获得的数据，在统计分析软件中进行回归分析，来判断意象对造型总体评价的关系和影响作用。做回归分析时，使用"Enter"方式。

图 5-21 的方差分析（ANOVA）表表明分析结果有统计学意义。

分析所得到的偏回归系数表，如图 5-22 所示。从图中可看到回归模型常数项以及大气、美观、舒适、流线的偏回归系数，分别为 9.005、−0.313、0.321、0.355、0.175。由此可以写出如下（转化表达的）回归模型（$P < 0.05$）：

ANOVA^{b}

模型	平方和	df	均方	F	Sig.
回归	29 894.467	11	2 717.679	8.866	0.000^{a}
残差	33 105.533	108	306.533		
总计	63 000.000	119			

a. 预测变量:(常量),流线,强壮,和谐,简洁,大气,精致,饱满,可靠,舒适,豪华,美观;
b. 因变量:总体。

图 5-21　方差分析结果

重卡车身评价 $= 9.005 - 0.313(大气) + 0.321(美观) + 0.355(舒适) + 0.175(流线)$。

Coefficients^{a}

Model		Unstandardized Coefficients		Standardized Coefficients			Correlations			Collinearity Statistics	
		B	Std. Error	Beta	t	Sig.	Zero-order	Partial	Part	Tolerance	VIF
1	(Constant)	9.005	5.678		1.586	0.116					
	强壮	-0.020	0.104	-0.020	-0.197	0.844	0.030	-0.019	-0.014	0.453	2.206
	可靠	0.125	0.106	0.125	1.172	0.244	0.162	0.112	0.082	0.429	2.329
	饱满	0.010	0.094	0.010	0.107	0.915	0.148	0.010	0.007	0.555	1.801
	大气	-0.313	0.122	-0.313	-2.576	0.011	0.179	-0.241	-0.180	0.329	3.036
	豪华	0.117	0.127	0.117	0.921	0.359	0.397	0.088	0.064	0.304	3.294
	美观	0.321	0.154	0.321	2.088	0.039	0.535	0.197	0.146	0.206	4.862
	精致	-0.054	0.140	-0.054	-0.385	0.701	0.510	-0.037	-0.027	0.247	4.051
	和谐	0.074	0.114	0.074	0.651	0.517	0.505	0.063	0.045	0.376	2.660
	舒适	0.355	0.111	0.355	3.197	0.002	0.584	0.294	0.223	0.394	2.539
	简洁	0.011	0.085	0.011	0.124	0.902	0.260	0.012	0.009	0.673	1.485
	流线	0.175	0.080	0.175	2.177	0.032	0.408	0.205	0.152	0.752	1.330

a. 因变量:总体。

图 5-22　回归分析软件界面以及系数结果

　　这一模型表明,11 个意象中,对重卡车身评价具有影响作用的是"大气""美观""舒适""流线"等 4 个意象判断。其中,具有最大正面影响的意象是"舒适",其次是"美观""流线";"大气"意象则具有负面影响。也就是说,被试对重卡车身越认为其"舒适""美观""流线",就越有助于他们给出良好评价。与此相反,被试对重卡车身越认为其"大气",就越不利于他们给出正面评价。

　　这 4 个意象词将用于接下来再次进行的语义评价实验之中。

第四节　形态分析与正交试验设计

一、形态分析

采用形态分析法进行重卡车身造型构成要素的用户调研。在调查中,将前述7款代表性车型造型图片打印出来后,邀请10多位被试(包含汽车造型设计师)在图片上进行勾勒和标记,表达自己对重卡车身的主要造型特征及其相互关系的分析和判断。

经过整理和研究者的进一步分析,采用的项目及其类目如下:

整理出5个重要的设计特征和特征关系要素作为项目,为3个正面形体关系、2个正面与侧面形体关系。

通过进一步分析,确定这5个项目的不同类目,作为本研究的形态分析最后结果,如下。

项目A:正面形体关系一。整理出"偏宽""偏高"两个类目。

项目B:正面形体关系二。整理出"明显后倾""较为直立"两个类目。

项目C:正面形体关系三。整理出"三部分独立""前3独立""前2前3一体化"3个类目。

项目D:正面与侧面形体关系一。整理出"形体呼应""形体独立"两个类目。

项目E:正面与侧面形体关系二。同样整理出"形体呼应""形体独立"两个类目。

这样,对重卡驾驶室造型进行形态分析后,最终得到5个项目、11个类目。参见图5-23中所示。

二、正交试验设计方案

正交试验设计(Orthogonal Experimental Design)在很多工程技术领域的研究中

得到广泛应用。它能科学而有效地降低试验的次数。例如,在重卡驾驶室造型的形态分析过程中,得到 5 个项目,共 11 个类目的分析结果,理论上可以组合出 48 种驾驶室造型形体。要在后续再次进行的语义评价实验中,对这 48 种造型逐一加以评价,显然工作量是很大的。此外,收集到的现有造型也难以完全包含这 48 种造型方案。因此,利用正交试验设计,就可有效降低造型组合数,使得调研工作量大大减少。

运用统计分析软件的试验设计方案生成功能,生成车身造型的 8 种正交试验设计方案如图 5-23 中所示。这些方案中的每一个都代表一种相应的驾驶室造型。本研究中,在收集到的造型图片中找到了对应于每一种正交试验设计方案的车身造型样品,如图 5-24 所示。它们也较为均匀地分布于前述的 7 个聚类类别中。因此可以说,试验设计产生的这 8 个造型方案,从与被试依造型相似性对所有车身样品进行分类相比较的角度来看,也是具有较好的代表性的。

	C	A	B	D	E	STATUS_	CARD_	var
1	前2前3一体化	偏宽	明显后额	形体独立	形体呼应	Design	1	
2	前2前3一体化	偏高	较为直立	形体呼应	形体独立	Design	2	
3	前3独立	偏高	明显后额	形体呼应	形体独立	Design	3	
4	三部分独立	偏高	明显后额	形体独立	形体呼应	Design	4	
5	三部分独立	偏宽	较为直立	形体独立	形体独立	Design	5	
6	三部分独立	偏宽	较为直立	形体独立	形体独立	Design	6	
7	三部分独立	偏高	明显后额	形体呼应	形体呼应	Design	7	
8	前3独立	偏宽	较为直立	形体独立	形体呼应	Design	8	
9								
10								

图 5-23　正交试验设计方案

图 5-24　依据试验设计方案挑选出的对应样品

第五节　设计参考模型与综合性设计策略

一、正交试验设计方案的语义评价实验

至此,本研究已从形态分析和正交试验设计的角度得到 8 种车身造型,并且从分析中得到对重卡车身评价有影响作用的 4 个意象。为了探索消费者/用户从这些心理意象对车身造型的认知和评价,进行新的语义评价实验。实验中,以语义评价程序工具为平台,共邀请 30 余名男性、女性被试。每个被试分别从 4 个意象感受角度依次对 8 款车身进行评价、打分,形成语义评价数据。

二、设计特征属性与造型偏好

本研究接下来运用联合分析法展开分析,以发现消费者/用户心中的意象评价与造型偏好之间的直接量化关系。

联合分析是一种用于开发有效产品设计的市场研究工具。本研究使用联合分析,有助于发现哪些造型属性(形态分析中的项目或联合分析中所称的因子以及形态分析中的类目或联合分析中所称的因子级别)对消费者/用户重要、哪些产品属性对消费者/用户不重要? 消费者/用户心中最喜欢或最不喜欢的产品属性级别有哪些? 通过使用联合分析对消费者/用户造型偏好加以建模,还可以发现消费者/用户对竞争对手的产品造型与己方现有或提出的产品造型的认知差异在哪里,特定被试(或子群体)与整个被试消费者/用户群体的认知和偏好差异在哪里。

基于上述语义评价数据,进行联合分析,得到每个因子级别的效用值以及每个因子的相对重要性。前者相当于每个类目的偏相关系数,后者相当于反映每个项目所占重要度的百分比得分。

对"舒适"意象的语义评价数据进行联合分析的结果,如图 5 - 25 所示。

图 5-25　效用得分和因子的相对重要性

　　从图中所列的总体统计结果可见，从对车身评价的贡献角度来看，因子 A 这一因素受到全体被试重视的程度为 21.617%，即这是在全体被试的认知与判断中，因子 A 的相对重要性。同样，因子 B、因子 C、因子 D、因子 E 的相对重要性分别为 16.681%、24.605%、17.900%、19.196%。显然，在 5 个因子（设计特征）中，对被试做出"舒适"评价影响最大的是因子 C，即项目 C。

　　另外，分析结果也显示了每个因子级别的效用得分及其标准误。正的效用值越高，表示偏好越强烈。而负的效用值表示反向，负值越大，表示越不受偏好。因此，对产生"舒适"评价而言，因子 A 应取"偏宽"的因子级别、因子 B 应取"明显后倾"的因子级别、因子 C 应取"三部分独立"的因子级别、因子 D 应取"形体独立"的因子级别、因子 E 应取"形体独立"的因子级别。从形态分析与构成的角度来说，消费者/用户偏好于这样一种设计特征组成的车身造型组合，或者说消费者/用户更可能对这样的设计特征组合而成的车身给予"舒适"评价。

　　值得说明的是，借助联合分析结果还可以对任一造型组合（即任一现有造型方案或新的造型设计方案）的总效用加以计算，从而得出消费者/用户对这一造型的偏好程度。这一点是很有价值的。

三、设计参考模型的建立

已经发现对车身评价有影响的 4 个意象维度。借助联合分析,可以得到设计特征属性与消费者/用户在这些意象上的造型偏好的对应关系。结果如图 5 - 26 和图 5 - 27 所示。

Utilities（+舒适）

		Utility Estimate	Std. Error
A	偏高	-.183	.118
	偏宽	.183	.118
B	较为直立	-.317	.118
	明显后倾	.317	.118
C	三部分独立	.444	.157
	前2前3一体化	-.322	.184
	前3独立	-.122	.184
D	形体独立	.250	.118
	形体呼应与过渡	-.250	.118
E	形体独立	.183	.118
	形体呼应与过渡	-.183	.118
(Constant)		4.389	.124

Importance Values（+舒适）

A	21.617
B	16.681
C	24.605
D	17.900
E	19.196

Averaged Importance Score

Utilities（+美观）

		Utility Estimate	Std. Error
A	偏高	-.017	.047
	偏宽	.017	.047
B	较为直立	-.300	.047
	明显后倾	.300	.047
C	三部分独立	.267	.063
	前2前3一体化	-.233	.074
	前3独立	-.033	.074
D	形体独立	.217	.047
	形体呼应与过渡	-.217	.047
E	形体独立	.533	.047
	形体呼应与过渡	-.533	.047
(Constant)		4.433	.050

Importance Values（+美观）

A	20.614
B	17.970
C	27.278
D	16.755
E	17.384

Averaged Importance Score

图 5-26　效用得分和因子的相对重要性("舒适的""美观的"意象)

Utilities（+流线）

		Utility Estimate	Std. Error
A	偏高	-.300	.542
	偏宽	.300	.542
B	较为直立	.000	.542
	明显后倾	.000	.542
C	三部分独立	.000	.723
	前2前3一体化	.033	.848
	前3独立	-.033	.848
D	形体独立	.200	.542
	形体呼应与过渡	-.200	.542
E	形体独立	.367	.542
	形体呼应与过渡	-.367	.542
(Constant)		4.500	.571

Importance Values（+流线）

A	18.748
B	18.688
C	32.804
D	13.873
E	15.888

Averaged Importance Score

Utilities（-大气）

		Utility Estimate	Std. Error
A	偏高	-.183	.082
	偏宽	.183	.082
B	较为直立	.250	.082
	明显后倾	-.250	.082
C	三部分独立	.022	.110
	前2前3一体化	-.328	.129
	前3独立	.306	.129
D	形体独立	-.100	.082
	形体呼应与过渡	.100	.082
E	形体独立	-.200	.082
	形体呼应与过渡	.200	.082
(Constant)		4.494	.087

Importance Values（-大气）

A	21.149
B	17.372
C	31.860
D	18.939
E	10.680

Averaged Importance Score

图 5-27　效用得分和因子的相对重要性("流线的""大气的"意象)

可以观察到,本次研究中消费者/用户对重卡车身造型的偏好反映出明确的、较高的一致性,即消费者/用户对车身造型的偏好与车身设计特征之间具有明确指向关系:在3种正面形体关系、2种正面与侧面形体关系中,取"偏宽""后倾""三部分独立",以及"形体独立""形体独立"的设计特征和形体关系,能提高在"舒适""美观""流线"等正面意象上的感受、降低在"大气"这一负面意象上的感受,从而使车身造型在消费者/用户的评价中更能具有好的评价。这些设计特征和形体关系,也就构成了重型卡车车身创新时的设计参考模型和方向指引。

四、综合性设计策略的形成

本研究中,除了探索和提出基本的设计参考模型之外,还进一步展开综合的分析,借以更深入地理解消费者/用户多方面的认知,使企业能结合自身产品所处的态势,洞悉并形成对自身有针对性的、车身造型创新的综合性设计策略。

(一) 多维偏好分析

通过进行多维偏好分析可以直观地观察重卡车身造型在多维意象空间中所处的位置。企业既可以看到自身车身造型在消费者/用户心目中所处的评判态势,也可看到其他竞争对手的车身造型所处的态势。图5-28是进行多维偏好分析所得的结果,图5-29是对多维偏好分析所得结果的直观化处理与表现,从中可清楚看

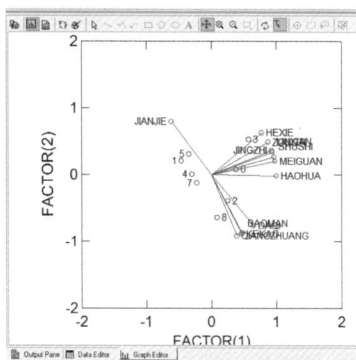

图5-28 多维偏好分析结果

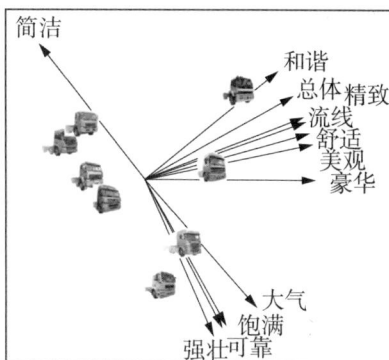

图5-29 多维偏好分析结果的直观化

到有两款产品造型在总体车身评价上,以及"舒适""美观""流线"等正面意象的评价上,处在受到消费者/用户较高评价的有利竞争态势。

(二) 偏好映射分析

借助偏好映射分析,还可以清晰地看到细分的消费者/用户群体与重卡车身产品之间的关系,具体而言,根据一定标准对消费者/用户群体进行细分后,可以判断哪一个或几个细分的消费者/用户子群体偏好哪一个产品造型。图 5 - 30 是一个偏好映射分析结果的例子,图中的每个黑点表示每款产品,每个圆圈代表每个消费者/用户或每个细分的消费者/用户子群体。对某个黑点(产品)而言,越靠近它的圆圈(每个消费者/用户或子群体),就是最喜欢它的消费者/用户个体或子群体。

联合分布图

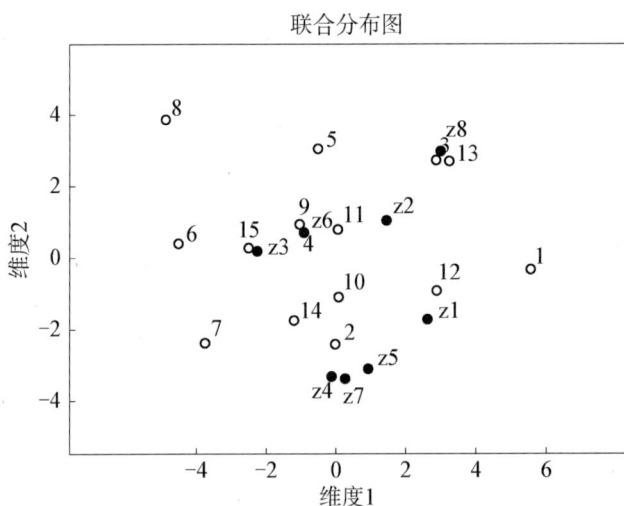

图 5 - 30 一个偏好映射分析的结果

(三) 意象差异分析与直观化

可以进一步对一个产品造型相对于其他某个产品造型,或除自身之外的全体产品造型的意象判断差异进行分析,并将意象差异分析的结果加以直观化表达。这样,企业既可以发现自身产品造型在各意象维度评价上所处的态势,也可看到其他竞争对手产品造型所处的态势,从而有针对性地改善造型设计、提升自身产品的特定意象评价。

例1:某重卡车身相对于全体产品的意象差异分析。如图5-31所示,在车身评价上,处在0值附近,表明消费者/用户对其车身造型的相对评价为中性。在"简洁"意象的评价维度上,高于对全体产品的评价均值较多。在"和谐"意象的评价维度上,略高于对全体产品的评价均值。而在其他意象维度上的评价,均基本等同于甚至明显低于对全体产品的评价均值。在对车身评价有显著正面影响的"舒适""美观""流线"等3个意象维度上,基本处在与对全体产品的评价均值等同的状态。通过意象差异分析,可以清晰地看到该款重卡车身造型在消费者/用户心目中的现状以及后续车身造型改进的方向。

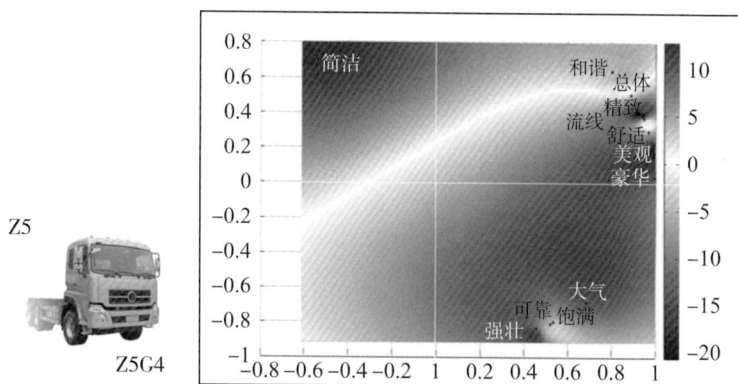

图5-31　某款重卡车身造型的意象差异分析及其直观化(右边的评价刻度尺上,0值为中性,在图中以白色显示;0值的上部为正评价分值区域,在图中以红色显示,正分值越高红色越深;0值的下部为负评价分值区域,在图中以蓝色显示,负分值越高蓝色越深。余同)

例2:某重卡车身相对于全体产品的意象差异分析。如图5-32所示,在车身评价上及其他几乎所有意象维度的评价上,该款车身基本处在低于全体产品评价均值之下,表明消费者/用户对此车身造型的评价整体上较为负面。

例3:某重卡车身相对于全体产品的意象差异分析。如图5-33所示,在车身评价上及其他大部分意象维度的评价上,该款车身处在高于全体产品评价均值之上,表明消费者/用户对此车身造型的评价整体上较为正面。

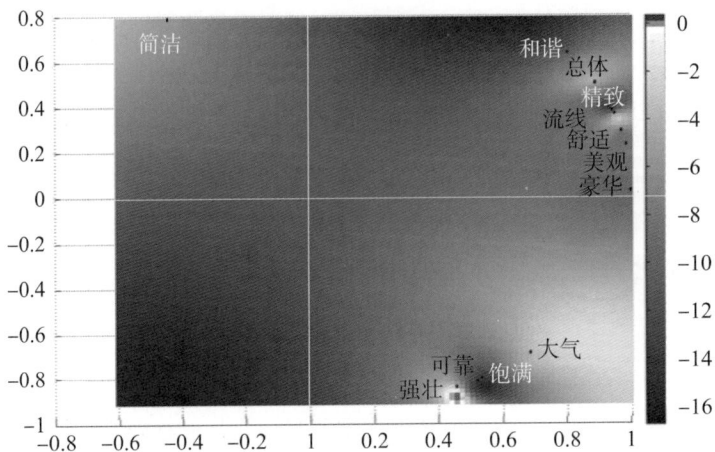

图 5-32　某款重卡车身造型的意象差异分析及其直观化(评价负面)

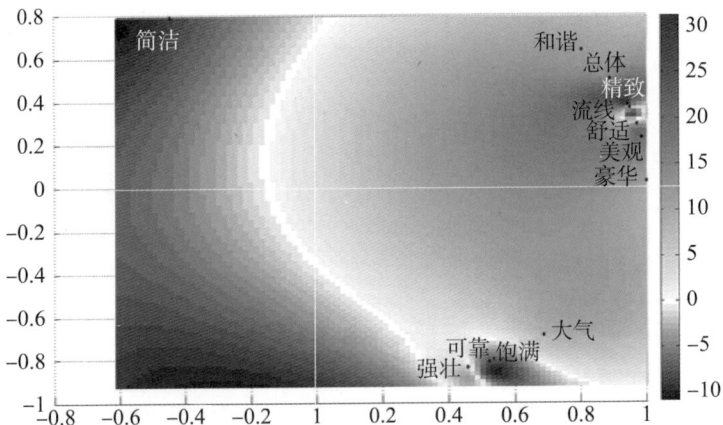

图 5-33　某款重卡车身造型的意象差异分析及其直观化(评价正面)

　　例4：从细分消费者/用户或细分市场的角度对所有车身造型进行意象差异分析。例如，从性别角度对消费者进行细分后分析，并直观地表达男性消费者相对于整个消费者群体的意象差异，如图5-34所示。

　　总之，结合建立的设计参考模型，通过进一步展开多种分析，特别是对这些分析结果加以直观化描述表达，企业得以能系统地制订深入理解消费者/用户心理认知和审美评判的、有自身针对性的、综合性的设计策略。

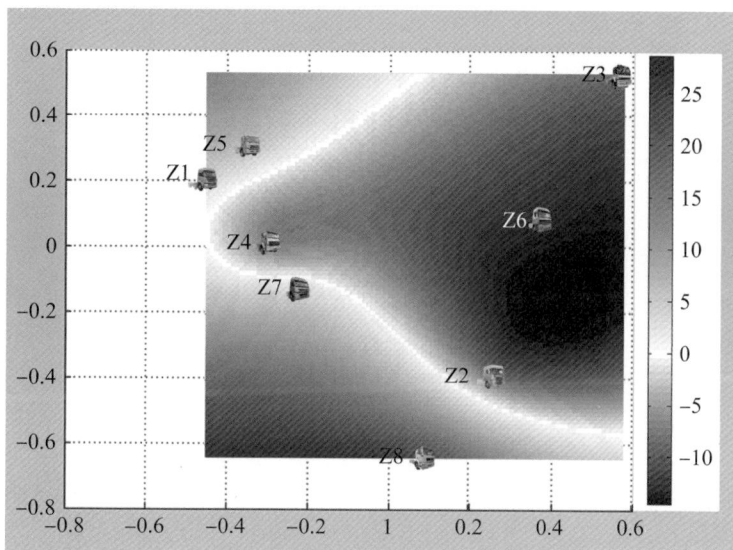

图 5-34　各款车身造型在男性消费者心目中意象差异分析及其直观化

本章注释：

[1] 庄雅量.CAKE：扩充性感性意象调查与分析系统[D].台北：台湾科技大学，2007.

第六章

轿车侧面造型创新与设计策略

第一节 代表性产品的选取

如第二章所述,研究发现侧视图(主视图)方向的轿车造型,也是消费者/用户十分看重的;在本研究团队此前展开并完成的消费者/用户对前侧视角度轿车造型偏好的研究中,发现"舒适"意象是对造型喜好有显著影响的意象感受;本次研究在前期阶段对 76 位被试进行调查[1]并进行数据分析后发现:"舒适"也是对消费者对轿车侧面造型的喜好有显著影响的意象感受。因此,本研究以轿车侧面造型为对象,展开侧面造型与"舒适"意象的关系研究。需要说明的是本研究仅聚焦在轿车侧面造型的上部特征线——由发动机罩、前风窗、车身顶部、后风窗、行李箱盖的轮廓线连接而成——与消费者/用户对轿车侧面造型"舒适"感受之间的关系;没有考虑轿车侧面造型中的其他要素(如前后保险杠、裙部轮廓线、车身腰线、侧窗样式、轮毂样式等)的影响。

本研究团队在探讨轿车侧面造型的运动感时[2],收集到 2013—2014 年度中国市场上主要汽车品牌的轿车侧面造型图片,共计 103 款车款,这些品牌和车款覆盖了中国轿车市场较有知名度的企业及其车型。对这 103 张图片进行了预处理,包括将所有图片变成灰阶图、设置统一的车头向左角度、去除杂乱光影及背景、将图片的总长调整为一致等。

运用第五章中述及的分组任务程序工具,邀请15名在校大学生(均为非设计专业背景)作为被试(其中男生8名、女生7名),对所有侧面造型的相似性程度进行评判,完成分组任务实验。对实验所获数据,在统计分析软件中进行聚类分析。从5个类别中各挑选两款轿车侧面造型(图片),得到10款代表性侧面造型。如表6-1所示。

表6-1 10款代表性侧面造型[3]

第二节　侧面造型上部特征线的形态分析

一、上部特征线的定义方法与数据提取

　　如前所述,侧面造型的上部特征线是由发动机罩、前风窗、车身顶部、后风窗、行李箱盖等 5 段 Y0 断面轮廓线组成的侧面造型关键特征线。

　　为了提取前述 10 款代表性侧面造型的上部特征线的坐标数据,采用了如下方法:

　　(1) 依次将 10 款代表性侧面造型的图片,导入 CAD 软件工具的 Top 视图中,将前轮中心点对正到坐标原点。

　　(2) 以 3 阶 CV 曲线绘制组成上部特征线的一条轮廓线。然后显示其曲率梳,将梳齿密度设定为 3,这样 5 根梳齿将轮廓线分为 4 段。移动光标到齿根处可以在状态栏看到齿根点的 (x, y) 坐标值,记录其坐标值。依次完成对 5 条轮廓线的数据记录。

　　(3) 将发动机罩轮廓线记为线段 a,它的 5 个梳齿点依次记为 a1、a2、a3、a4、ab(线段 a 与后面线段 b 的交接点),4 个小段依次记为 sa1、sa2、sa3、sa4(见图 6‑1);将前风窗轮廓线记为线段 b,它的 5 个梳齿点依次记为 ab、b2、b3、b4、bc(线段 b 与后面线段 c 的交接点),4 个小段依次记为 sb1、sb2、sb3、sb4;将车身顶部轮廓线记为线段 c,它的 5 个梳齿点依次记为 bc、c2、c3、c4、cd(线段 c 与后面段 d 的交接点),4 个小段依次记为 sc1、sc2、sc3、sc4;将后风窗轮廓线记为线段 d,它的 5 个梳齿点依次记为 cd、d2、d3、d4、de(线段 d 与后面线段 e 的交接点),4 个小段依次记为 sd1、sd2、sd3、sd4;将行李箱盖轮廓线记为线段 e,它的 5 个梳齿点依次记为 de、e2、e3、e4、e5,4 个小段依次记为 se1、se2、se3、se4。

　　借助相邻的前后两个梳齿点(如 a2、a1)的坐标数据,计算出 sa1 小线段的斜率值。依此方法计算共计 20 个小段的斜率值,并分别记为 k_{a1}、k_{a2}、k_{a3}、k_{a4}(线段 a),k_{b1}、k_{b2}、k_{b3}、k_{b4}(线段 b),k_{c1}、k_{c2}、k_{c3}、k_{c4}(线段 c),k_{d1}、k_{d2}、k_{d3}、k_{d4}(线段

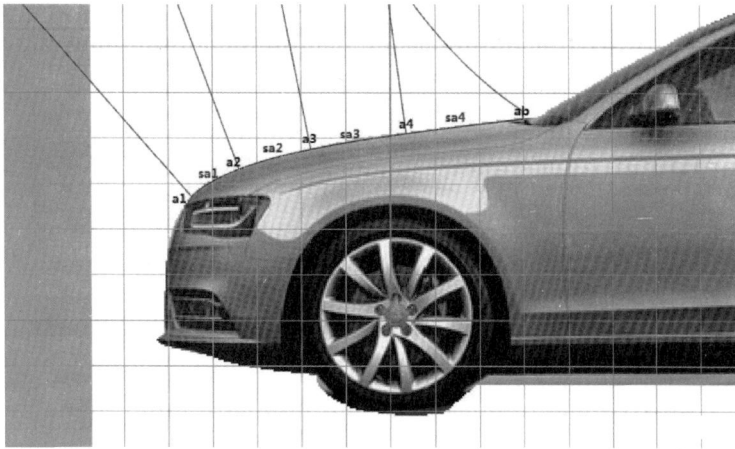

图 6-1　轮廓线线段的标记方法示例

d)，k_{e1}、k_{e2}、k_{e3}、k_{e4}（线段 e）。

（4）依次将各个代表性侧面造型的 5 条轮廓线的数据加以记录。

按照这种方法过程，对 10 款代表性侧面造型（s1 至 s10）上部特征线的 5 个线段（共计 20 个小段）计算所得的完整斜率值结果，如表 6-2 所示。

表 6-2　20 小段斜率值表

	k_{a1}	k_{a2}	k_{a3}	k_{a4}	k_{b1}	k_{b2}	k_{b3}	k_{b4}	k_{c1}	k_{c2}	k_{c3}	$k4$
s1	0.42	0.20	0.17	0.08	0.61	0.55	0.50	0.40	0.18	0.03	−0.04	−0.16
s2	0.44	0.27	0.19	0.21	0.43	0.46	0.43	0.33	0.18	0.07	−0.00	−0.11
s3	0.61	0.34	0.21	0.13	0.53	0.55	0.43	0.43	0.29	0.02	−0.05	−0.12
s4	0.26	0.16	0.09	0.05	0.48	0.53	0.48	0.41	0.14	0.03	−0.03	−0.08
s5	0.47	0.23	0.19	0.12	0.49	0.51	0.49	0.35	0.12	0.01	−0.03	−0.13
s6	0.31	0.16	0.12	0.08	0.44	0.48	0.41	0.40	0.15	0.03	−0.08	−0.18
s7	0.37	0.20	0.15	0.20	0.42	0.44	0.36	0.28	0.13	0.00	−0.07	−0.13
s8	0.40	0.21	0.13	0.20	0.44	0.53	0.40	0.30	0.07	0.04	−0.07	−0.10
s9	0.35	0.19	0.11	0.11	0.53	0.52	0.50	0.45	0.21	0.07	0.00	−0.09
s10	0.51	0.31	0.17	0.11	0.51	0.45	0.41	0.30	0.13	0.00	−0.07	−0.18
	k_{d1}	k_{d2}	k_{d3}	k_{d4}	k_{e1}	k_{e2}	k_{e3}	k_{e4}				
s1	−0.43	−0.39	−0.43	−0.34	−0.16	−0.11	−0.16	−0.05				
s2	−0.19	−0.28	−0.36	−0.35	−0.11	−0.12	−0.06	−0.06				

	k_{d1}	k_{d2}	k_{d3}	k_{d4}	k_{e1}	k_{e2}	k_{e3}	k_{e4}			
s3	−0.22	−0.28	−0.33	−0.31	−0.36	−0.38	−0.42	−0.19			
s4	−0.26	−0.40	−0.48	−0.35	−0.25	−0.23	−0.23	−0.19			
s5	−0.35	−0.46	−0.49	−0.35	−0.27	−0.12	−0.13	−0.06			
s6	−0.30	−0.30	−0.32	−0.32	−0.32	−0.28	−0.33	−0.21			
s7	−0.29	−0.29	−0.41	−0.25	−0.30	−0.17	−0.16	−0.08			
s8	−0.33	−0.39	−0.44	−0.36	−0.21	−0.10	−0.05	0.00			
s9	−0.33	−0.48	−0.50	−0.42	−0.15	−0.11	−0.14	−0.15			
s10	−0.30	−0.29	−0.38	−0.32	−0.23	−0.07	0.00	0.07			

二、上部特征线的形态分析

本研究以因子分析法对轿车侧面上部特征线进行形态分析。运用上述数据在统计分析软件中完成因子分析。分析结果中，变量共同度如表 6-3 所示。变量共同度表示各变量中所含原始信息能被提取的公因子所表示的程度。从表中所示的变量共同度可知：几乎所有变量共同度都在 80% 以上，因此提取出的这几个公因子对各变量的解释能力是较强的[4]。

表 6-3　变量共同度

	初始	提取
k_{a1}	1.000	0.951
k_{a2}	1.000	0.897
k_{a3}	1.000	0.894
k_{a4}	1.000	0.834
k_{b1}	1.000	0.924
k_{b2}	1.000	0.770
k_{b3}	1.000	0.924
k_{b4}	1.000	0.990
k_{c1}	1.000	0.921
k_{c2}	1.000	0.900
k_{c3}	1.000	0.885
k_{c4}	1.000	0.948

	初始	提取
k_{d1}	1.000	0.869
k_{d2}	1.000	0.941
k_{d3}	1.000	0.917
k_{d4}	1.000	0.832
k_{e1}	1.000	0.948
k_{e2}	1.000	0.992
k_{e3}	1.000	0.976
k_{e4}	1.000	0.960

5 个公因子累积方差贡献率达到 91.36%,如表 6-4 所示。碎石坡图如图 6-2 所示。在因子载荷矩阵(见表 6-5)中,变量与某一因子的联系系数绝对值越大,则该因子与变量关系越近。因子载荷也可作为因子贡献大小的量度,其绝对值越大贡献也就越大。

表6-4 累积解释的方差

成分	初始特征值			提取载荷平方和			旋转载荷平方和		
	总计	方差百分比（%）	累积%	总计	方差百分比（%）	累积%	总计	方差百分比（%）	累积%
1	6.238	31.191	31.191	6.238	31.191	31.191	4.646	23.228	23.228
2	4.927	24.636	55.827	4.927	24.636	55.827	3.845	19.227	42.455
3	3.209	16.047	71.874	3.209	16.047	71.874	3.817	19.085	61.540
4	2.729	13.645	85.519	2.729	13.645	85.519	3.618	18.092	79.632
5	1.168	5.842	91.361	1.168	5.842	91.361	2.346	11.730	91.361 5
6	0.739	3.696	95.057						
7	0.412	2.058	97.114						
8	0.343	1.714	98.828						
9	0.234	1.172	100.000						
10	6.156×10^{-16}	3.078×10^{-15}	100.000						
11	3.400×10^{-16}	1.700×10^{-15}	100.000						
12	2.607×10^{-16}	1.303×10^{-15}	100.000						
13	1.930×10^{-16}	9.651×10^{-16}	100.000						
14	1.171×10^{-16}	5.854×10^{-16}	100.000						
15	4.761×10^{-17}	2.380×10^{-16}	100.000						
16	-6.625×10^{-17}	-3.312×10^{-16}	100.000						

成分	初始特征值			提取载荷平方和			旋转载荷平方和		
	总计	方差百分比（%）	累积%	总计	方差百分比（%）	累积%	总计	方差百分比（%）	累积%
17	-1.123×10^{-16}	-5.617×10^{-16}	100.000						
18	-1.727×10^{-16}	-8.634×10^{-16}	100.000						
19	-2.483×10^{-16}	-1.242×10^{-15}	100.000						
20	-5.732×10^{-16}	-2.866×10^{-15}	100.000						

碎石图

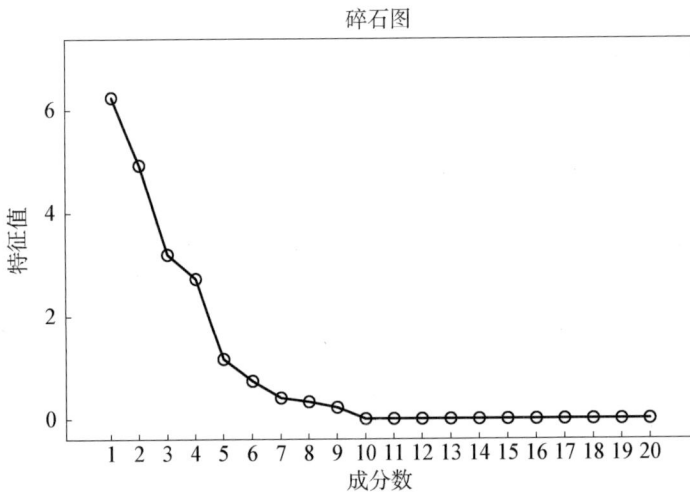

图6-2 碎石坡图

表6-5 方差最大化旋转后的因子载荷矩阵

	成 分				
	1	2	3	4	5
k_{a1}	0.033	-0.012	-0.156	**0.962**	-0.011
k_{a2}	-0.100	0.056	0.021	**0.908**	-0.243
k_{a3}	0.096	0.057	-0.107	**0.928**	-0.098
k_{a4}	0.373	**0.777**	0.044	0.270	0.128
k_{b1}	-0.046	**-0.882**	0.129	0.356	0.038
k_{b2}	-0.387	-0.568	0.116	0.073	0.528
k_{b3}	-0.085	-0.743	0.495	0.000	0.346
k_{b4}	-0.713	-0.557	0.403	-0.051	0.086
k_{c1}	-0.673	-0.176	0.335	0.558	-0.114
k_{c2}	-0.087	0.090	**0.920**	-0.180	0.066

	成　分				
	1	2	3	4	5
k_{c3}	−0.021	−.090	**0.864**	0.151	0.328
k_{c4}	−0.185	0.306	0.453	−0.146	0.770
k_{d1}	−0.419	0.752	0.232	0.245	−0.122
k_{d2}	−0.172	0.532	−0.263	0.329	−0.672
k_{d3}	−0.337	0.335	−0.183	0.334	−0.739
k_{d4}	−0.092	0.370	−0.737	0.182	−0.334
k_{e1}	0.573	−0.099	0.778	−0.074	−0.005
k_{e2}	**0.948**	−0.115	0.247	−0.116	0.067
k_{e3}	**0.955**	0.116	0.216	−0.049	0.041
k_{e4}	**0.927**	0.031	−0.135	0.280	−0.060

　　因子载荷矩阵中，因子载荷的正值代表正相关，负值代表负相关。不论正值与负值，载荷绝对值越大，代表与该因子的相关性越大。在一个因子轴上的载荷值较大，同时在另外 4 个因子轴上的载荷值相对都较小时，此时反映出更明确的关系。

　　观察因子载荷矩阵，可以看到：k_{a1}、k_{a2}、k_{a3} 与第四公因子的关系较强且很明确，k_{a4}、k_{b1} 与第二公因子的关系较强且明确，k_{c2}、k_{c3} 与第三公因子的关系较强且很明确，k_{e2}、k_{e3}、k_{e4} 与第一公因子的关系较强且很明确。

三、上部特征线形态因子与因子水平

　　这里 20 个斜率值实质上是具体地反映了造型特征线中 20 个小线段的走势。当把 k_{a1}、k_{a2}、k_{a3}，k_{a4}、k_{b1}，k_{c2}、k_{c3} 以及 k_{e2}、k_{e3}、k_{e4} 等 10 个小段在上部特征线上突出地表达出来（见图 6-3）时，可以看到它们对应的是如下区域：线段 a 的前四分之三部分（即发动机罩轮廓线的前 3 个小段）、线段 a 的后四分之一部分与线段 b 的前四分之一部分（即线段 a 与线段 b 的转接处）、线段 c 的中间二分之一部分（即车身顶部轮廓线的中间两个小段）、线段 e 的后四分之三部分（即行李箱盖轮廓线的后 3 个小段）。

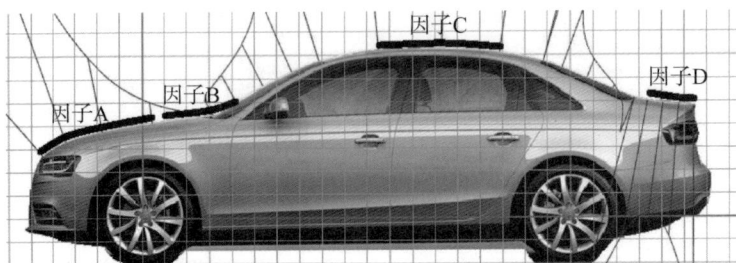

图 6-3　上部特征线上突出表示的 10 个小段(4 个形态因子)示意图

由此,可以对轿车侧面造型的上部特征线做出这样的形态分析结论:上部特征线由 4 个形态因子构成,即形态因子 A——发动机罩前、中段,形态因子 B——发动机罩末端(与前风窗的转接处),形态因子 C——车身顶部中段,形态因子 D——行李箱盖中、后段,如图 6-3 所示。

　　通过观察全部 103 款侧面造型以及 10 款代表性侧面造型,可以继续进行形态分析,以确定上述 4 个形态因子各自的因子水平(见图 6-4)。

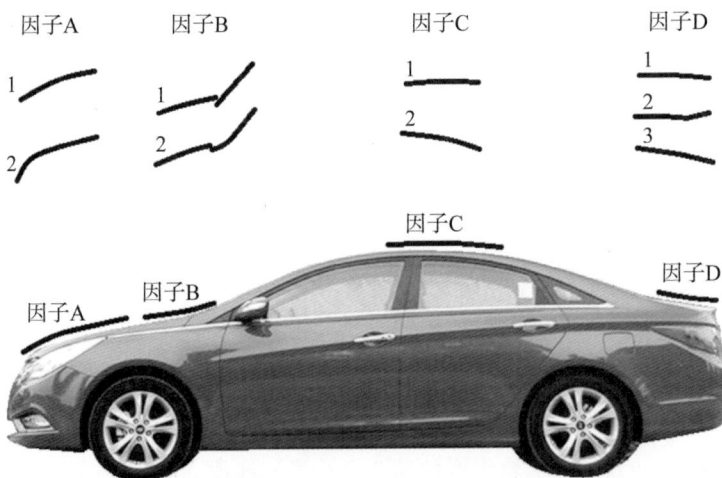

图 6-4　4 个形态因子、9 个因子水平

　　形态因子 A 分为 2 个因子水平,即因子水平 1——"平缓"形、因子水平 2——"弧曲"形。

　　形态因子 B 分为 2 个因子水平,即因子水平 1——"尖点"转接形、因子水平

2——"圆弧"转接形。

形态因子 C 分为 2 个因子水平,即因子水平 1——"平顶"形、因子水平 2——"后溜"形。

形态因子 D 分为 3 个因子水平,即因子水平 1——"平盖"形、因子水平 2——"平盖后翘"形、因子水平 3——"溜盖"形。

第三节　设计参考模型

一、正交试验设计方案的确定

依据所确定的形态因子及其因子水平,在软件中生成试验设计方案,如图 6-5 所示。

	发动机罩前段	发动机罩末段	顶部中段	行李箱盖中后段	STATUS_	CARD_	var	var
1	2.00	1.00	2.00	1.00	0	1		
2	1.00	2.00	1.00	1.00	0	2		
3	2.00	2.00	2.00	1.00	0	3		
4	2.00	1.00	1.00	2.00	0	4		
5	1.00	1.00	1.00	2.00	0	5		
6	1.00	2.00	2.00	2.00	0	6		
7	2.00	2.00	1.00	3.00	0	7		
8	1.00	1.00	2.00	3.00	0	8		
9								
10								
11								
12								

图 6-5　试验设计方案

二、对应于正交试验设计方案的样品选取

在正交试验方案确定后,在全部 103 个样品中筛选与这 8 个正交试验设计方案相吻合的侧面造型车款。

本研究中,有 7 个正交试验设计方案在 103 款实际侧面造型中直接找到了对应方案,此外,对一个实际造型进行一处修改后,满足了余下的 1 个正交试验设计

方案。最终与8个正交试验设计方案对应的侧面造型如图6-6所示,其中,有3款造型同时也是前面所述的代表性造型。

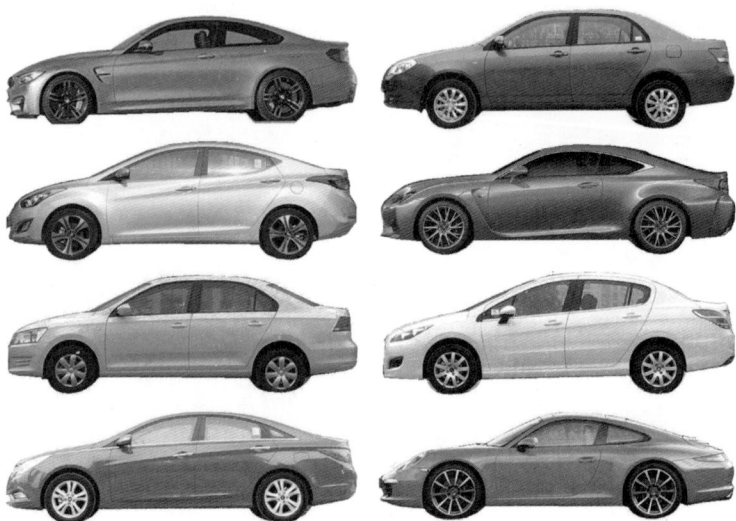

图6-6　与8个正交试验设计方案对应的侧面造型(注释:第7款在1个因子水平上做了修改)

三、语义评价实验

(一) 正交试验设计方案造型的预处理

为了排除上部特征线之外侧面造型的其他构成要素在主视图方向上对被试造型评判的可能影响,对正交试验设计方案图片进行了处理:仅使用线条勾勒出侧面造型的总体造型和车轮形状,同时,用粗线条表达上部特征线。处理完成后的8款正交试验设计方案如图6-7所示。

(二) 问卷设计与语义评价实验

本研究中,此阶段借助外部的网络调研平台"问卷星"网站进行问卷设计,并由受邀的被试登陆相应网址链接,进行语义评价(见图6-8)、网上提交数据。被试提交的数据,可在网上查看、下载(见图6-9)。此阶段共收回有效问卷25份。

图 6-7　对侧面造型的表达进行处理

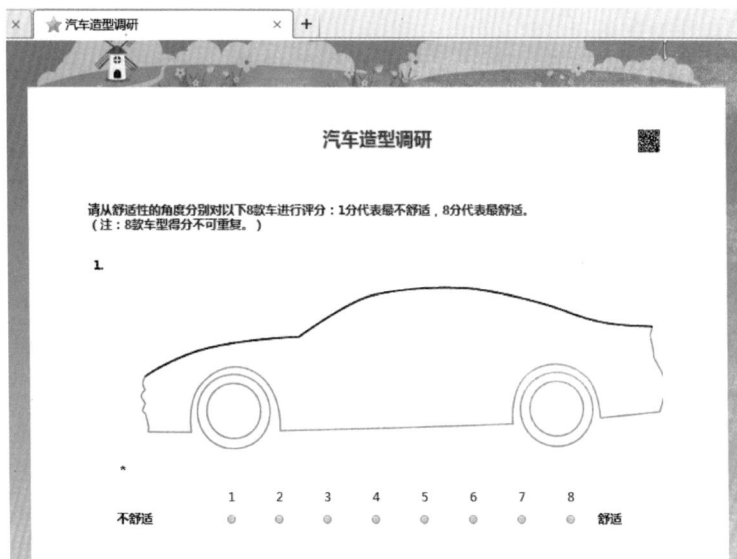

图 6-8　语义评价问卷设计界面示例

图 6-9 数据查看、下载等操作的界面示例

四、设计参考模型的建立

对调研所得数据进行联合分析。在分析所得的结果中,因子水平的效用值如表 6-6 所示,因子的重要程度如表 6-7 所示。

表 6-6 因子水平的效用值

		实用程序估计	标准误
A	平缓	0.575	0.249
	弧曲	—0.575	0.249
B	尖点	—0.300	0.249
	圆弧	0.300	0.249
C	平顶	0.075	0.249
	后溜	—0.075	0.249
D	平盖	—0.333	0.332
	平盖后翘	0.067	0.389
	溜盖	0.267	0.389
（常量）		4.583	0.262

表 6-7 形态因子的重要性

	重要性值
A	30.667
B	20.139
C	17.239
D	31.955

从造型形态因子的重要程度可以看到:从对侧面造型的"舒适"感受的影响而言,行李箱盖中后部轮廓线(因子 D)最重要,另一个较为重要的是发动机罩前中部

轮廓线(因子 A)。其他依次是发动机罩末端与前风窗连接处(因子 B)、车身顶部中段(因子 C),但这两个形态因子的重要性比前两个因子的重要性明显小得多。

从造型形态因子水平的效用值("实用程序估计")可以看到:因子 A 取"平缓"的因子水平、因子 B 取"圆弧"的因子水平、因子 C 取"平顶"的因子水平、因子 D 取"溜盖"的因子水平时,将增加整个侧面造型的"舒适"感。

侧面造型上反映这 4 个主要设计特征,就是"舒适"感较高的侧面造型设计参考模型,为具体方案设计提供指导性方向。依照这一方向开发侧面造型(上部特征线),获得消费者/用户"舒适"评价的可能性更大。

本章注释:

[1] 万晓亮等参与完成本研究中调研与数据提取工作.
[2] 黄定.基于视知觉形式动力理论的轿车车身侧面造型研究[D].上海:上海交通大学,2015.
[3] 同[2]。
[4] 张文彤.SPSS 统计分析高级教程[M].北京:高等教育出版社,2004.

第七章

商用飞机驾驶舱创新与设计策略

第一节 概 述

一、商用飞机及其前景

目前关于"商用飞机"的概念还没有明确的定义。从航空业的用途性质上可以分为军事航空与民用航空,相对应的航空器应分别属于军用航空器与民用航空器。商用飞机主要应用于民用航空领域,而民用航空可以分为"商业航空"与"通用航空"两大组成部分。商业航空是指以航空器进行经营性客、货运输的航空活动。

阿尔特菲尔德指出:"商用飞机研发是指研发出的新飞机主要是要在商业环境下进行人员和货物的运输,而且在这种环境下,研发工作也是以商业方式进行管理的[1]。"由此商用飞机在此可以简单定义为以商业方式开发并以商业方式销售的飞机。本研究中商用飞机研究对象是商业航空范围的支线、干线飞机及通用航空中的公务机及有客舱的私人飞机,包括客运飞机及与之相关的货运飞机。

目前世界上有十多家较为有影响力的商用飞机制造商,其中美国波音公司(以下简称波音)与欧洲空中客车公司(以下简称空客)是世界两大干线客机制造公司,这两家公司的飞机驾驶舱设计对其他生产商有着深远影响。此外还有加拿大的庞巴迪宇航公司(以下简称庞巴迪)、巴西航空工业公司(以下简称巴航工业)等十余家大型的支线客机及通用飞机制造商。此外,中国、俄罗斯等国家都在研发新的干线及支线客机。

我国"十二五"发展规划纲要指出,按照安全、经济、舒适和环保的要求,研制具有国际竞争力的 150 座级 C919 单通道干线飞机。推进 ARJ21 支线飞机的规模化生产和系列化发展,支持新舟系列支线飞机改进改型,研制新型支线飞机,发展大中型喷气公务机和新型通用飞机(含直升机)[2]。

我国商业航空需求的市场容量十分可观,而通用航空也将迎来高速发展阶段。2014 年,波音公司预测中国在未来的 20 年中需要 6 020 架新飞机,占到全球市场总量的 16.4% 及亚太区需求总量的近 45%,预计总价值将达到 8 700 亿美元。中国未来 20 年对窄体客机(90~230 座级)的需求将占主体,需求总量为价值 4 300 亿美元的 4 340 架;对中小型宽体机的需求为 780 架,价值 2 000 亿美元,300~400 座级的中型宽体机需求为 640 架,价值 2 100 亿美元[3]。

在国家政策和市场需求的共同促进下,我国的航空市场将有望逐步发展成为全球领先的市场,巨大的需求将促使我国的航空制造企业研发各类飞机。其中大型商用飞机将是引领中国航空业发展的旗帜,而驾驶舱作为大型飞机的指挥中枢,其重要性也将随着航空市场的发展而逐步引起重视。

二、驾驶舱设计的重要性

首先,飞机不仅是一件产品,更是一个由 450 多万个零件、219 千米的导线等组成的系统。驾驶舱作为这个复杂系统的控制中枢,不仅关系到驾驶舱本身部件及系统的运作,而且对庞大的机体系统有直接影响。

除了飞机本身的系统,人为因素也是驾驶舱设计中的难点和重点。根据权威统计,从 1950 年以来有 60%~70% 的飞机事故是由人为因素导致的[4]。各大飞机设计公司对于驾驶舱的设计都十分慎重,各个模块的适航认证也十分严格。这导致一个情况即对于驾驶舱的造型而言,过多的技术层面约束会限制设计师对驾驶舱造型的自由发挥,使其在舒适度、美观度等指标上降低标准。但商用飞机要在国际市场上进行完全的市场竞争,除了要有先进技术并控制成本外,各部分的造型设计及其传递出的品牌形象也是至关重要的。

另外,驾驶舱作为飞行员的主要工作区域,其造型设计除了需满足操控功能需求之外,还要体现出飞机制造商品牌特征、工业设计水平、交互技术研究等多方面的整合能力。驾驶舱设计不能单纯归结为技术设计问题,还涉及认知心理学、人机工程学、造型美学等工业设计问题。对于新兴制造商,既需要深入研究现有成熟机型的设计风格,又不能模仿或者抄袭竞争厂家的产品,因此只能在广泛研究现有案例的基础上,才能发展出独有的造型风格。

三、商用飞机驾驶舱设计现状

早在 1946 年,沃尔特·提格的设计公司就开始参与波音 707 飞机的内饰造型设计[5]。工业设计大师罗维也曾参与波音 707 飞机外部涂装设计。美国宇航局(NASA)的兰利研究中心最早提出"以人为本的驾驶舱设计"的理念,并曾发起活动从白板开始(即没有现有设计约束)设计一个以人为中心的飞机驾驶舱[6]。在1992 年和 1993 年,波音 777 飞机的客舱内饰设计与驾驶舱设计分别获得了美国IDEA 奖[7]。2009 年首飞的波音 787 飞机推出了流线型、整体化驾驶舱。

空客公司由英国、法国、德国和西班牙 4 个国家共同建立,其成立时间虽然相对较短,但欧洲的航空工业基础却十分雄厚。因此空客的成立并非像中国民机工业一样从零开始。空客成立之时,中国也开始研发民用飞机,并成功地制造了一架伟大的飞机"运十",但后来由于种种原因,"运十"并没有发展下去,而空客今天已成为国际两大航空工业巨头之一。空客的成立更多的是整合欧洲分散的航空工业研制单位,集中力量推出可以与美国波音公司、道格拉斯公司(已并入波音)相竞争的产品,因此其驾驶舱设计具备创新的条件与动力。

空客率先采用了侧杆代替沿用了几十年的中央操纵杆,并且用电传操控代替了机械操控,减少了驾驶舱内部的元器件,提高了自动化率,简化了操作流程,减轻了驾驶员的认知负担[8]。2014 年 6 月空客在美国申请了一项专利,提出了未来基于实时显示技术与交互技术的无窗驾驶舱(见图7-1),该驾驶舱可以不设计在飞机前方,而是可以在飞机的任何区域。

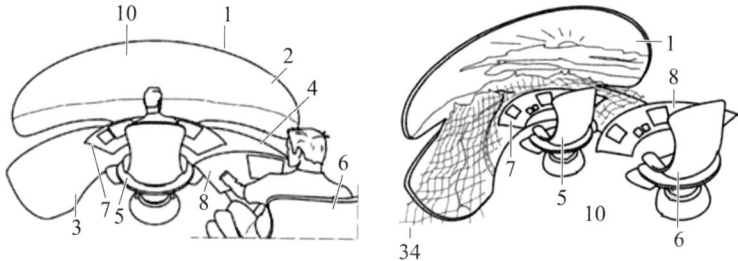

图7-1 空客专利插图[9]

除波音和空客之外,国际上还有巴航工业、庞巴迪、达索飞机制造公司(以下简称达索)等商用飞机制造企业。在驾驶舱造型设计方面,这些企业既受到波音与空客的影响,又有其独特的品牌特征。达索航空的创始人马塞尔·达索曾经说过,漂亮的飞机飞得好("For an aircraft to fly well, it must be beautiful")[10]。这句话指出了造型设计在飞机设计中的重要性,不仅适用于飞机的外形,也适用于飞机内部的造型设计。自然达索公司十分重视飞机的外观及内饰的设计,其公务机在世界上十分畅销。

我国曾研发过大型客机"运十",其驾驶舱造型基本仿造了波音707[11]。但是,当前开发新机型时,如果完全仿造竞争对手的舱内造型设计,则根本无法参与国际市场竞争。中国的大飞机制造项目已被列为国家重大科技专项。目前的商用飞机项目主要有中航工业(AVIC)推出的新舟60及其改进型新舟600,中国商飞(COMAC)正在研发的ARJ—21、C919以及于2015年开工的新型宽体客机[12]。中国商飞现有两款机型的驾驶舱设计已经趋于成熟,但造型特色及品牌定位等方面仍有提升的空间,例如ARJ采用的是中央操纵杆操控,C919采用的是侧杆操控,且两种机型目前在造型设计风格上还没有形成延续性。中国商飞已经意识到工业设计对于商用飞机的重要性,在2013年成立了专门的工业设计部门,介入客舱内饰设计和机体外饰涂装设计。

第二节　代表性驾驶舱的选取

一、驾驶舱图片搜集与整理

　　驾驶舱造型案例的搜集过程主要以互联网为媒介,首先确认目前现役的主要商用飞机型号,然后确认这些型号的飞机分别属于哪家厂商,最后根据厂商发布的信息,找到可靠的驾驶舱造型图片。

　　目前世界上共有数百款处于运营的商用飞机。本研究中范围有所缩减,根据图片收集的情况,最终确定了 12 家公司的 66 款机型作为研究对象。对收集到的所有图片进行命名,并按照厂家分门别类。

　　与驾驶舱设计风格最为密切的是客舱的设计,但有趣的是通过对 66 款机型的研究发现,客舱的工业设计水平要远远高于驾驶舱。这一点在公务机上表现还不太明显,因为公务机面向私人用户,注重各个细节的设计。但民航客机就有所不同,在很多机型上可以明显地看到非常现代豪华的客舱与十分简陋单调的驾驶舱同处一架飞机的情况。客舱设计对适航的要求相对较低,主要考虑的是环境艺术设计,目前已经有较高水平。

　　上述 66 款驾驶舱造型所对应的具体机型如表 7-1 所示。

表 7-1　66 款驾驶舱所属机型型号及在本研究中的编号(V0—V65)

	V1	V2	V3	V4	V5	V6	V7	V8	V9	V35
波音(美国) Boeing	Boeing 707	Boeing 717	Boeing 727	Boeing 737	Boeing 747-8	Boeing 757	Boeing 767	Boeing 777	Boeing 787	MD 83
空客	V11	V12	V13	V14	V15	V16	V17	V18	V19	
(欧洲) Airbus	A300	A300- 600ST	A318	A320	A330	A340	A350	A380	ACJ318	
达索(法国)	V53	V40	V39	V38						
Dassault Aviation	Falcon 900	Falcon 2000	Falcon 2000LX	Falcon 7X						

豪客比奇（美国） Hawker Beechcraft	V43 Hawker 750-2	V44 Hawker 800XP	V45 Hawker 4000						
庞巴迪 （加拿大） Bombardier	V24 CRJ 900	V46 Global 5000	V54 Global 7000	V47 Global 8000	V48 Global XRS	V51 Learjet 45XR	V52 Learjet 60XR	V57 Challenger 300	V58 Challenger 605	V59 Challenger 850
巴航工业 （巴西） Embraer	V10 135BJ	V25 EMB 120	V31 ERJ 135	V26 ERJ 170	V27 ERJ 190	V32 Legacy 500	V34 Legacy 500	V33 Legacy 650	V41 Phenom 100	V42 Phenom 300
湾流（美国） Gulfstream Aerospace	V28 G150	V29 G200	V30 G280	V62 G450	V63 G550					
赛斯纳 （美国）Cessna	V22 C650	V23 C400	V49 Citation XLS	V50 Citation 10	V55 CJ1					
联合飞机制造 （俄罗斯）OAK	V56 Superjet 100	V60 TU 154	V61 TU 204	V0 Il-76						
安东诺夫 （乌克兰） Antonov Airlines	V36 AN 124	V37 AN 225								
中航工业 （中国） AVIC	V64 MA 60	V65 MA 600								
中国商飞 （中国） COMAC	V20 ARJ21	V21 C919								

在驾驶舱造型图片搜集完成之后，运用软件工具对图片进行预处理。首先通过调整画面的色彩饱和度，将色彩影响降低。考虑到要保留一定的真实性，因而没有将图片完全调整成黑白色。然后，去除图片中多余的视觉干扰因素，如窗外景物等。此外，使图片尽量保持相似的角度和亮度。图片处理的一个例子，如图7-2所示。

二、驾驶舱分组任务实验

大部分普通消费者（乘客）没有机会进入驾驶舱参观。而作为被试，驾驶舱的

图7-2　图片处理前(a)、后(b)对比的一个示例

使用者(即飞行员)又难于大量寻找。因此进行了折中,选取了对造型设计或驾驶舱有一定了解的人员30名作为被试,包括高校的设计等专业的在校学生、飞机内饰设计人员、退役空乘人员等。请被试从整体造型考量整个驾驶舱,依据驾驶舱造型的相似性程度来进行分组。

在分组任务实验过程中,被试仍然在本研究团队开发的分组任务程序工具中完成驾驶舱造型相似性的判断及分组任务。生成的数据结果保存在本地电脑上。图7-3展示了被试使用该程序工具进行分组任务过程中一个步骤的情形。

第3轮分组已结束,还剩余4轮

图7-3　分组任务的一个步骤的程序工具界面

三、数据分析

由于可供研究的现役飞机机型数量较大,而源自同一家公司或同一系列的机型本身即有着明显的相似性。如巴航工业的莱格赛系列飞机,其驾驶舱造型的相

似性很高,可以作为一类进行造型研究,只需要挑选出代表机型即可。本研究中采用聚类分析与多维尺度分析相结合的方法,挑选出具有代表性的驾驶舱,确保这些样品可以代表绝大多数机型驾驶舱的造型特征。

进行聚类分析后,最终将 66 款驾驶舱分为 14 组。

从 14 组驾驶舱造型中,挑出 14 款具有代表性的机型驾驶舱,它们可以被认为是彼此之间最不相似即最有特点的案例。但是,有特点并不代表先进,比如有的案例被挑中,更多可能是由于其密集排布的旧式仪表,虽然其造型与众不同、十分有特点,但明显不是本研究希望进行深入研究的理想对象。

因此,进一步借助多维尺度分析,对代表性案例进行判断与再次筛选。得到 66 款驾驶舱在被试认知中的分布图,如图 7-4 所示。

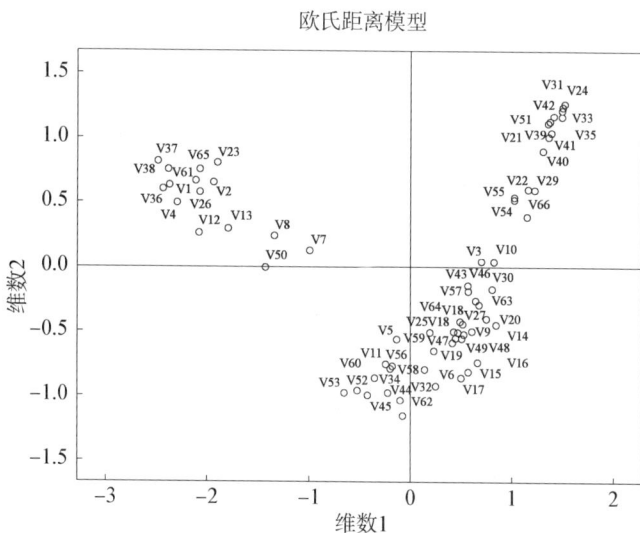

欧氏距离模型

图 7-4　多维尺度分析结果

四、代表性驾驶舱的选取

将聚类分析与多维尺度分析的综合结果作为依据,并兼顾品牌及设计特点多样性,最终挑选出 10 款具有代表性的驾驶舱用于后续研究。这 10 款驾驶舱涵盖

8 家商用飞机制造商,它们在多维尺度分析结果图中的位置如图 7-5 所示(图中还标示了中国商飞 C919、ARJ21 驾驶舱的位置)。

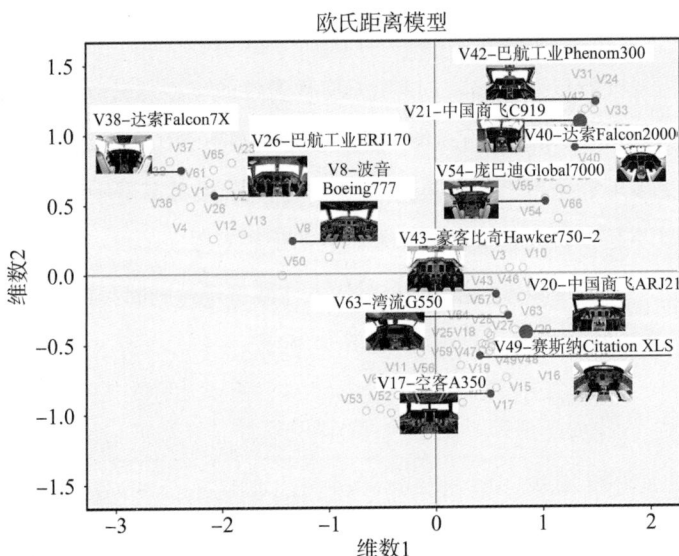

图 7-5　10 款代表性驾驶舱在多维尺度分析图中的位置

第三节　驾驶舱造型特征线提取与分析

一、驾驶舱造型特征线

商用飞机驾驶舱内饰型面均是复杂的自由曲面,但根据汽车造型方面的研究文献来看,即使是极为复杂的有机形态,其基本造型元素仍然可以简化归结为点、线、面等基本造型要素。其中,线具有承上启下的作用,线包含了可以联系点和面的重要的造型信息,在造型特征的表示中比点和面都更有优势[13]。

有研究人员提出了用特征线总结飞机驾驶舱设计特征的方法[14]。根据造型表征线位置和功能的不同,把飞机驾驶舱内饰造型的基本形态和造型结构分为顶

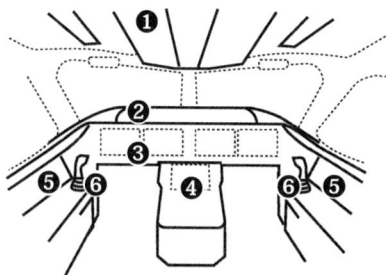

图 7-6 驾驶舱造型六大区域划分 (以 C919
造型样机为例。1. 顶控板;2. 遮光
罩;3. 仪表板;4. 中央控制台;5. 侧
操纵台;6. 操纵杆)

控板(Overhead Panel)、遮光罩(Glare Shield Panel)、仪表板(Instrument Panel)、中央控制台(Central Control Stand)和侧操纵台(Sidewall Control Panel)5 个部分。

在咨询航空专家后,本研究对部分名称进行了微调修改。鉴于操纵杆对驾驶舱的总体造型也比较重要,将操纵杆(Control Stick)单独列出。这样,将驾驶舱总体造型进一步划分为 6 个主要部分,如图 7-6 所示。

上述研究人员还提出驾驶舱造型特征线的提取机制。通过提取飞机驾驶舱内饰造型表征线将其分类为主特征线、过渡特征线和附加特征线,建立基于特征和特征线的飞机驾驶舱内饰造型描述模型,如图 7-7 所示。

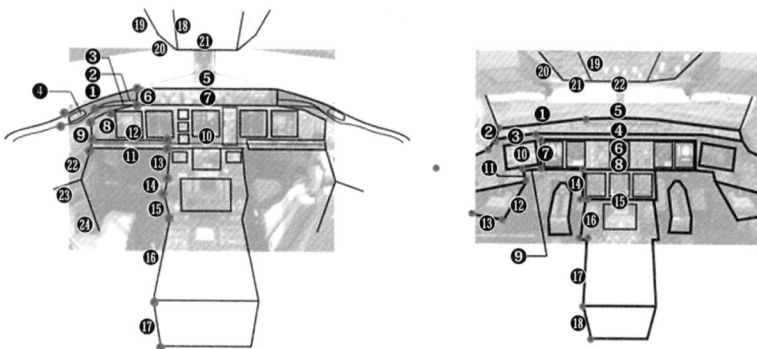

图 7-7 驾驶舱造型特征线提取[15]

二、代表性驾驶舱造型特征线的提取

本研究在进行驾驶舱特征线的提取时,首先是对原始图片进行描摹,用线条图来表现驾驶舱空间。然后对全部线型进行重要程度排序,把从属线型删减,强化重要造型特征线的表达。最后修正透视角度,从而简练、概括地表达出核心设计特征线组成的形体轮廓。图 7-8 所示的是这一过程的一个例子。

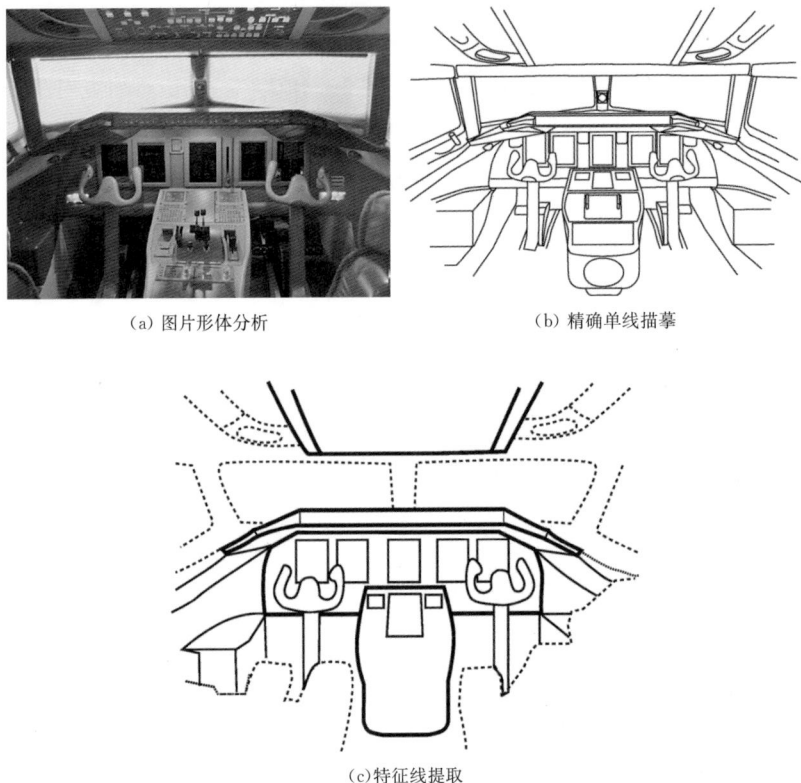

(a) 图片形体分析

(b) 精确单线描摹

(c)特征线提取

图 7-8　代表性驾驶舱造型特征线的提取过程(以中国商飞 ARJ21 为例)

特征线提取是把复杂的驾驶舱造型归纳为线条特征,以简明地表达不同机型的主要造型差异。在特征线的提取过程中,对通用性的部件(如面板按钮等)进行简化处理,重点提取以遮光板为物理中心和视觉中心的 6 个部分的大轮廓特征线。所提取的轮廓特征线可以以最简练的形态概括驾驶舱的整体造型及其风格,可以形成有效的案例参考库,辅助设计师从最简单的线条开始,构思整体驾驶舱的设计风格。

10 款代表性驾驶舱造型及其主要特征线提取的结果,分别如图 7-9 至图 7-18 所示。

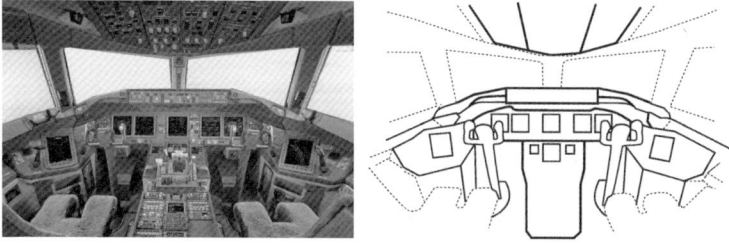

图 7-9　波音 Boeing 777 的驾驶舱主要特征线提取

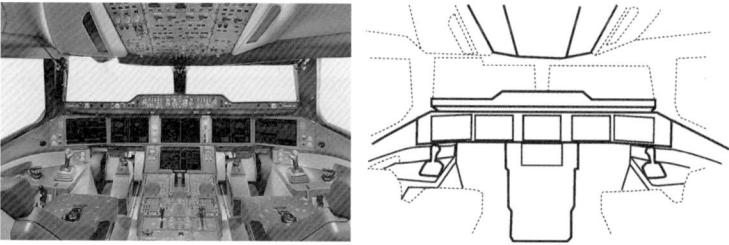

图 7-10　空客 A350 的驾驶舱主要特征线提取

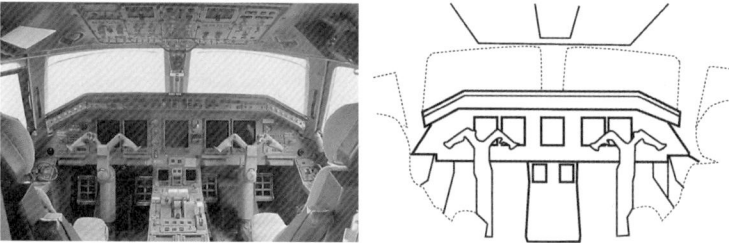

图 7-11　巴航工业 ERJ 170 的驾驶舱主要特征线提取

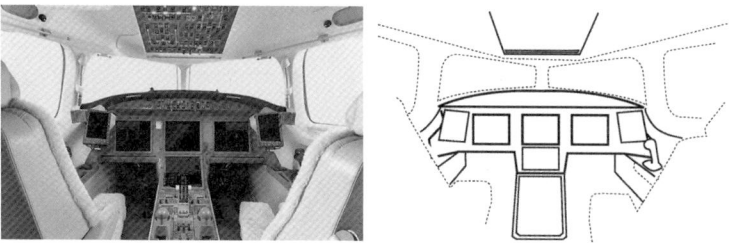

图 7-12　达索 Falcon 7X 的驾驶舱主要特征线提取

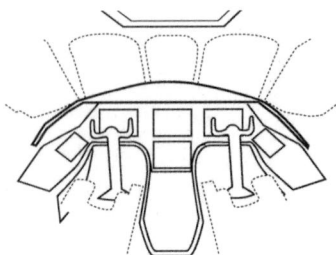

图 7 - 13　达索 Falcon 2000 的驾驶舱主要特征线提取

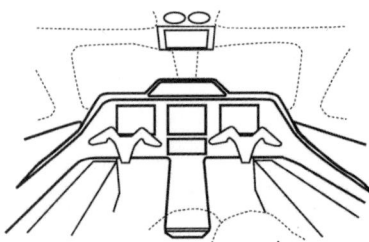

图 7 - 14　巴航工业 PHenom 300 的驾驶舱主要特征线提取

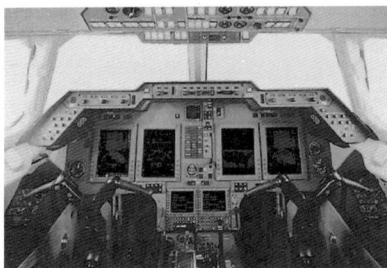

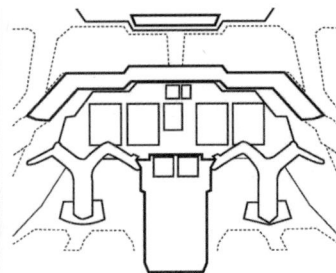

图 7 - 15　豪客比奇 Hawker 750—2 的驾驶舱主要特征线提取

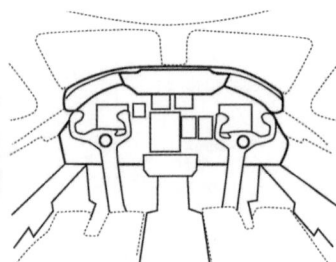

图 7 - 16　赛斯纳 Citation XLS 的驾驶舱主要特征线提取

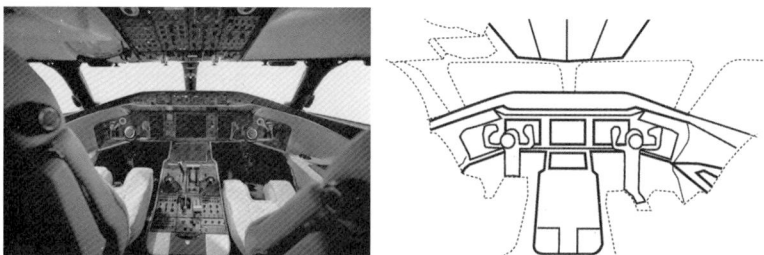

图 7 - 17　庞巴迪 Global 7000 的驾驶舱主要特征线提取

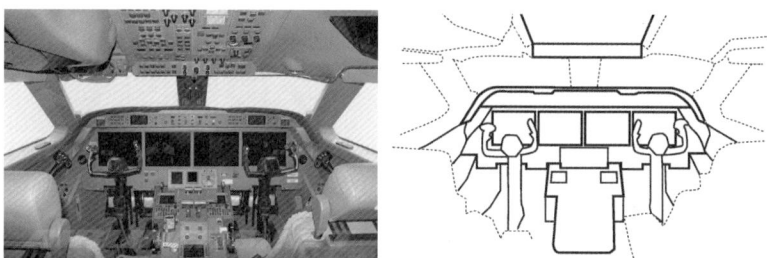

图 7 - 18　湾流 G550 的驾驶舱主要特征线提取

三、驾驶舱特征及其差异的定性分析

(一) 驾驶舱特征分析

上述 10 款代表性驾驶舱的主要特征线图放在一起对比,如图 7 - 19 所示。

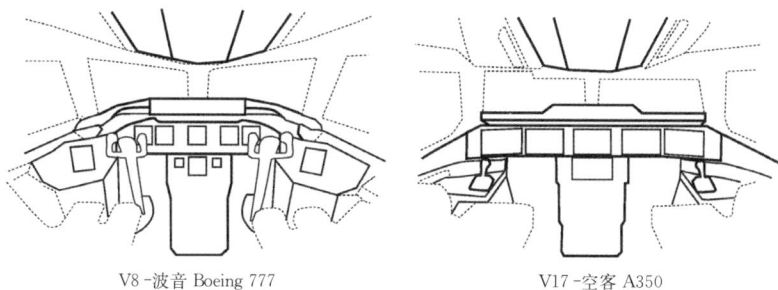

V8 -波音 Boeing 777

V17 -空客 A350

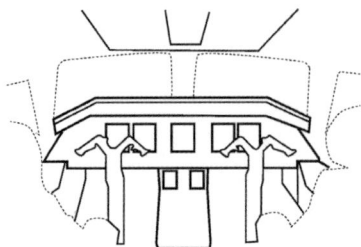

V26-巴航工业 ERJ 170

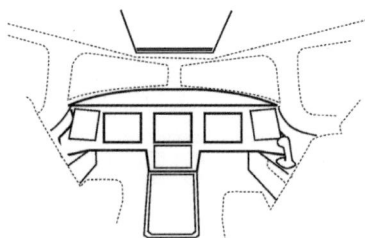

V38-达索 Falcon 7X

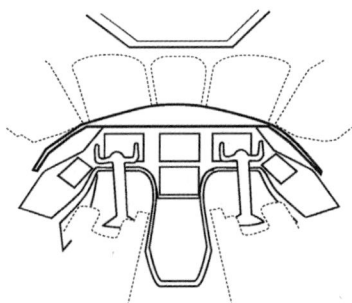

V40-达索 Falcon 2000

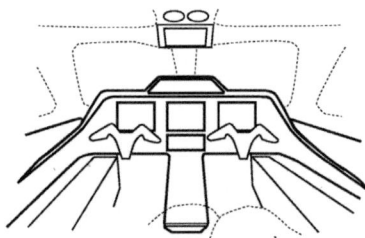

V42-巴航工业 Phenom 300

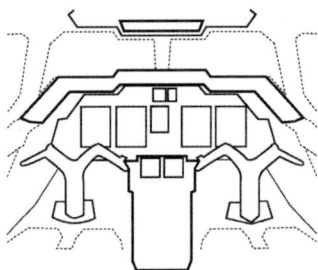

V43-豪客比奇 Hawker 750-2

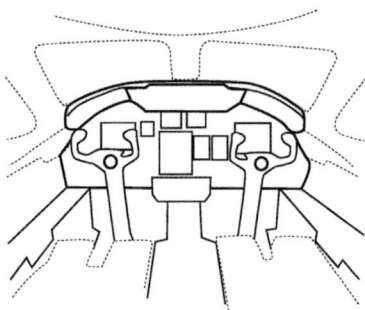

V49-赛斯纳 Citation XLS

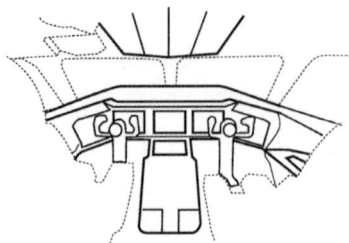

V54-庞巴迪 Global 7000

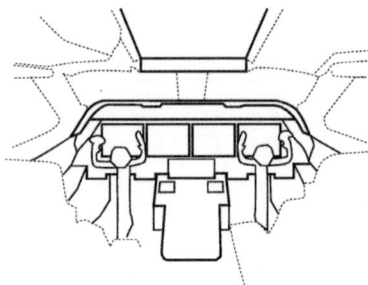

V63-湾流 G550

图 7-19 10 款机型的特征线提取对比图

根据提取的特征线直观显示,并结合不同品牌的多种机型进行判断,观察到驾驶舱设计呈现较强的"大布局趋同,分部件差异"的特点。

(1)大布局趋同:从 10 款代表性机型驾驶舱来看,所有案例均服从 6 个组成部分的划分方式,并且每个区域的使用功能类似。

(2)分部件差异:从代表性驾驶室每个组成部件的造型对比来看,则差异性比较大,因此仅从单个部件的造型特征就基本可以分辨出不同机型的驾驶舱。

以操纵杆为例,可以分为侧杆操控方式与中央驾驶杆操控两种机型。

侧杆操控起于空客,目前渐渐流行,例如巴航工业最新推出的莱格赛(Legacy)500、达索的猎鹰(Falcon)7X、中国商飞研发的 C919 均采用侧杆操控。其优点是腿部空间增大,不会阻挡视线,可达性更好,且在飞机受到撞击时能避免飞行员正面受伤。从特征线提取图来看,采用侧杆操控的机型,驾驶舱整体空间更加简洁,视觉负担明显降低。

目前多数机型仍然在使用中央操纵杆。中央操纵杆的优点是更符合驾驶操控认知习惯,并且正、副驾驶可以随时知道对方的操作从而避免误判。但是从造型上来看,中央操纵杆把驾驶舱空间进行了无序分割,破坏了视觉连续性,增加了认知负担。

部分厂商对操纵杆形态进行了改进,如赛斯纳的奖状野马(Citation Mustang)、巴航工业的飞鸿 300(Phenom 300)只保留了中央操纵杆相似的操控方式,取消了底座以增加腿部空间。类似的改进至少从空间划分的角度来看更加合理。

巴航工业作为最大的支线客机制造商,至少有 3 种不同造型风格的驾驶舱。庞巴迪也有两种以上驾驶舱风格。波音的驾驶舱造型风格变化较小,多种机型驾驶舱保持着类似的造型风格。空客的驾驶舱保持着较高的统一性。其余厂商以小型公务机为主,驾驶舱风格呈现出多样性。

(二)波音、空客驾驶舱特征线的差异分析

空客在 2003 年首次超越波音成为全球第一大客机制造商,并持续了 5 年。此后两家公司进入反复争夺第一的状态。从驾驶舱设计的角度而言,可以总结出两家公司不同的特点(它们也对运营等方面产生影响)。

空客各机型的驾驶舱造型多用简练的几何形与直线条。系列飞机保持了高度的通用性,具有基本相同的驾驶舱布局,宽体飞机和单通道飞机可以由同一群飞行员驾驶,降低了航空公司的人员培训成本。空客新一代采用电传操纵系统的系列飞机保持了高度的通用性,空客的飞机具有基本相同的驾驶舱布局,并具有高度相似的飞行品质和飞行程序。飞行员可以同时执飞空客公司采用电传操纵系统的不同机型。混合机队飞行(Mixed Fleet Flying),宽体飞机和单通道飞机可以由同一群飞行员驾驶,这便于对机组人员进行排班。从 A330 飞机过渡到 A340 飞机的交叉机组认证培训只需 3 天,而从 A340 飞机到 A330 飞机则仅仅需要一天的时间。运营商只需要专注于对两种机型间少量的差异性进行培训。其他竞争机型的改装则需要 25 天的型别等级培训[16]。

波音机型的驾驶舱有较为复杂的结构和很多细小的体块,整体造型更偏有机形态,且 737 系列飞机驾驶舱空间略为窄小。但波音飞机相对风格多样,新机型会更新造型设计,并应用最新的形态设计语言。如波音 787 的驾驶舱,大量采用曲线、弧面等有机形态。

概括而言,空客驾驶舱设计特点表现为简洁的几何形设计、高度的通用性、"后发优势"的应用。波音驾驶舱设计特点表现为有机形态与流线风格、前瞻的设计、"以人为本"的理念。

(三) 中国商飞 C919、ARJ21 驾驶舱特征线分析

中国曾有组装生产麦·道 MD—83 飞机的经验。同级别的 ARJ21 从操纵方式到屏幕显示均受到波音的影响。但是由于 ARJ21 的航电等设备已经大幅度升级,因此驾驶舱整体造型(见图 7-8)也已经发展出更具有现代感的风格:遮光板顶部平直,有利于飞行员参考地平线在飞行过程中配平;遮光板两侧倾斜,有利于起降时观测地面。

C919 驾驶舱(见图 7-6)目前公开展示的是造型样机,正式量产机型驾驶舱还未公布,从目前造型风格来看,操纵方式已经区别于 ARJ21,开始使用侧杆操控,各部件造型采用偏简约的几何形,细节部分采用圆角处理,在顶部的平视显示器(HUD)采用了流线型设计。从其总体造型来说,是较为平均的设计,没有明显的

差异化特征基本是较为成熟的布局。

第四节　语义评价实验

一、商用飞机内饰意象词的收集

通过网络搜集描述商用飞机内饰的意象词词汇，词性为形容词。收集过程：首先大量搜集与飞机驾驶舱及客舱有关的网络内容，然后逐句排查搜集的相关描述性的词汇。对搜集到的词汇进行筛查，删减掉部分不合适的词汇，保留核心词汇。

特别需要指出的是由于飞机驾驶舱面对的不是一般消费者（乘客），航空公司在宣传时主要强调的是客舱的舒适性及先进性等方面，对驾驶舱提及甚少，意象词词汇量不够丰富。但这并非说明能够用来描述驾驶舱意象感受的词汇总数稀少，而是仅仅由于其受众有限导致的媒体关注较少而已。因此，本研究在筛选意象词时，特意加上了描述客舱的部分词汇，由于驾驶舱与客舱同属于飞机内饰的大范畴，只是各有侧重，因此描述客舱的词汇最为接近描述驾驶舱的词汇。此外，本研究倡导驾驶舱与客舱在造型设计的美观度上应得到同等对待。实际上，最新的波音 787 机型就展现了驾驶舱、客舱一体化设计的新探索。因此，在意象词词汇搜集过程中，加入了部分筛选过的描述客舱的词汇。下面的例子具体地说明了意象词筛选的过程。

（1）意象词筛选过程例 1："里尔 70 的驾驶舱内配备佳明公司 G5000 航电套件和新一代的机舱管理系统 Vision Flight Deck，还拥有 4 个纯平显示器，这些先进的航电设备可帮助飞行员更加高效安全地操纵飞机[17]。"

在这段文字中，直接提取词汇"先进"作为意象词。航电设备作为驾驶舱中重要的部分，其意象词可以被用来描述人对驾驶舱的直观感受。

（2）意象词筛选过程例 2："'奖状'CJ4 的航电仪表系统按公务机仪表的高端配置……从实质到外观都洋溢着现代化气息[18]。"

在该段文字中,提取描述整体感的词汇"现代化"。为与整体词汇格式保持一致,经过修正保留文字"现代",默认意象词为"现代的"。虽更换了表述方式,但保留了"现代化"的实际意思。

经过类似的大量文本甄选工作之后,最终收集到了88个意象词。这些意象词只是在本研究力所能及的范围内收集到的,数量上并非具有完全的概况性,应该还会有其他更多的词汇可以应用在本领域。

具体地看,这88个意象词为:精密、领先、安静、全新、前瞻、先进、卓越、宽大、洁净、健康、平稳、顶尖、高效、舒适、私密、奢华、安稳、顺畅、可控、成熟、可靠、便捷、低噪、直观、享受、自由、精美、精准、贴心、尖端、宽敞、灵活、通用、满足、出色、环保、优越、前卫、怡人、休闲、美观、高端、大气、科幻、梦幻、复杂、凌乱、时尚、智能、简洁、柔和、平庸、亮堂、明亮、通透、温馨、通畅、开放、现代、清新、受控、简单、自主、高级、过硬、安全、独特、奢侈、开阔、方便、宁静、严格、宽松、共通、明快、迷人、亲切、震撼、舒展、创新、便利、流畅、沉稳、低调、深邃、雅致、尊贵、超凡。

对这些意象词进行了编号,如表7-2所示。

表7-2　意象词对应的编号

V1	V2	V3	V4	V5	V6	V7	V8	V9	V10
精密	领先	安静	全新	前瞻	先进	卓越	宽大	洁净	健康
V11	V12	V13	V14	V15	V16	V17	V18	V19	V20
平稳	顶尖	高效	舒适	私密	奢华	安稳	顺畅	可控	成熟
v21	v22	v23	v24	v25	v26	v27	v28	v29	v30
可靠	便捷	低噪	直观	享受	自由	精美	精准	贴心	尖端
v31	v32	v33	v34	v35	v36	v37	v38	v39	v40
宽敞	灵活	通用	满足	出色	环保	优越	前卫	怡人	休闲
v41	v42	v43	v44	v45	v46	v47	v48	v49	v50
美观	高端	大气	科幻	梦幻	复杂	凌乱	时尚	智能	简洁
v51	v52	v53	v54	v55	v56	v57	v58	v59	v60
柔和	平庸	亮堂	明亮	通透	温馨	通畅	开放	现代	清新
v61	v62	v63	v64	v65	v66	v67	v68	v69	v70
受控	简单	自在	高级	过硬	安全	独特	奢侈	开阔	方便

v71	v72	v73	v74	v75	v76	v77	v78	v79	v80
宁静	严格	宽松	共通	明快	迷人	亲切	震撼	舒展	创新
v81	v82	v83	v84	v85	v86	v87	v88		
便利	流畅	沉稳	低调	深邃	雅致	尊贵	超凡		

二、代表性意象词的选取

首先，同样采用本研究团队开发的意象词分组任务程序工具，邀请 30 名被试参与本次意象词分组任务实验（见图 7-20 和图 7-21）。实际得到 29 份有效的相似性矩阵数据。

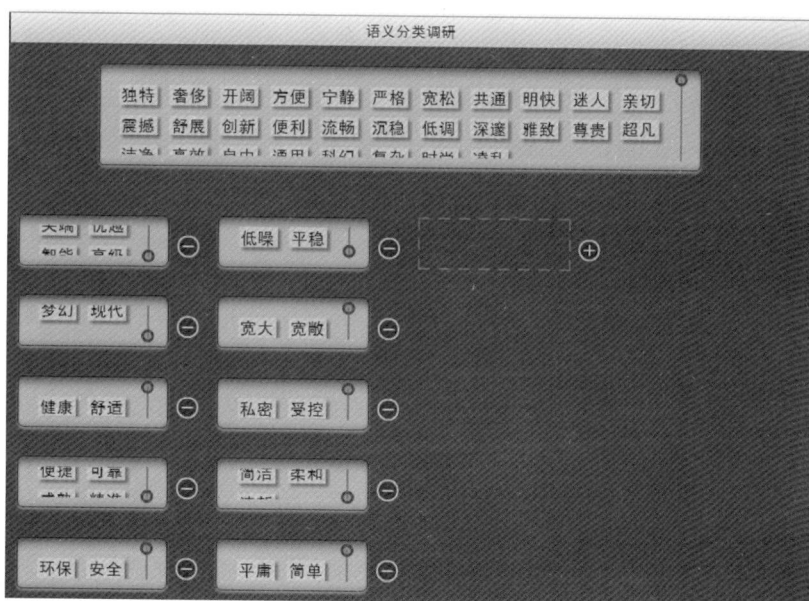

图 7-20　意象词分组任务实验示例

然后，借助统计分析软件进行聚类分析。分析结果中的树状图如图 7-22 所示。

最终，挑选出 9 个代表性意象词词汇，这 9 个词汇分别为 V55-通透、V48-时尚、V88-超凡、V87-尊贵、V76-迷人、V52-平庸、V60-清新、V79-舒展、V61-受

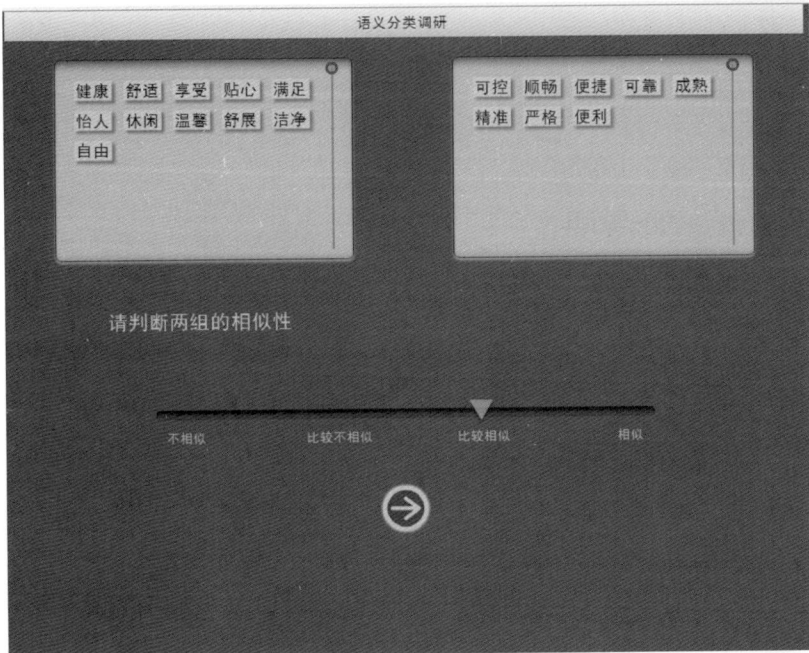

图 7-21 意象词分组任务实验中组间判断图例

控。V52-平庸与 V88-超凡本是一对反义词。因此,以如下 8 个意象词形成意象词词对用于后续语义评价实验:压抑的-通透的、落伍的-时尚的、平庸的-超凡的、廉价的-尊贵的、乏味的-迷人的、陈旧的-清新的、阻滞的-舒展的、难用的-受控的。

三、语义评价实验

在此阶段实验中,使用 8 个代表性意象词词对对 10 款代表性驾驶舱进行语义评价实验。同样,采用了本研究团队开发的语义评价程序工具,邀请 5 名对驾驶舱设计较为了解的被试参与实验。评价过程如图 7-23 所示,语义评价均值结果汇总列于表 7-3 中。

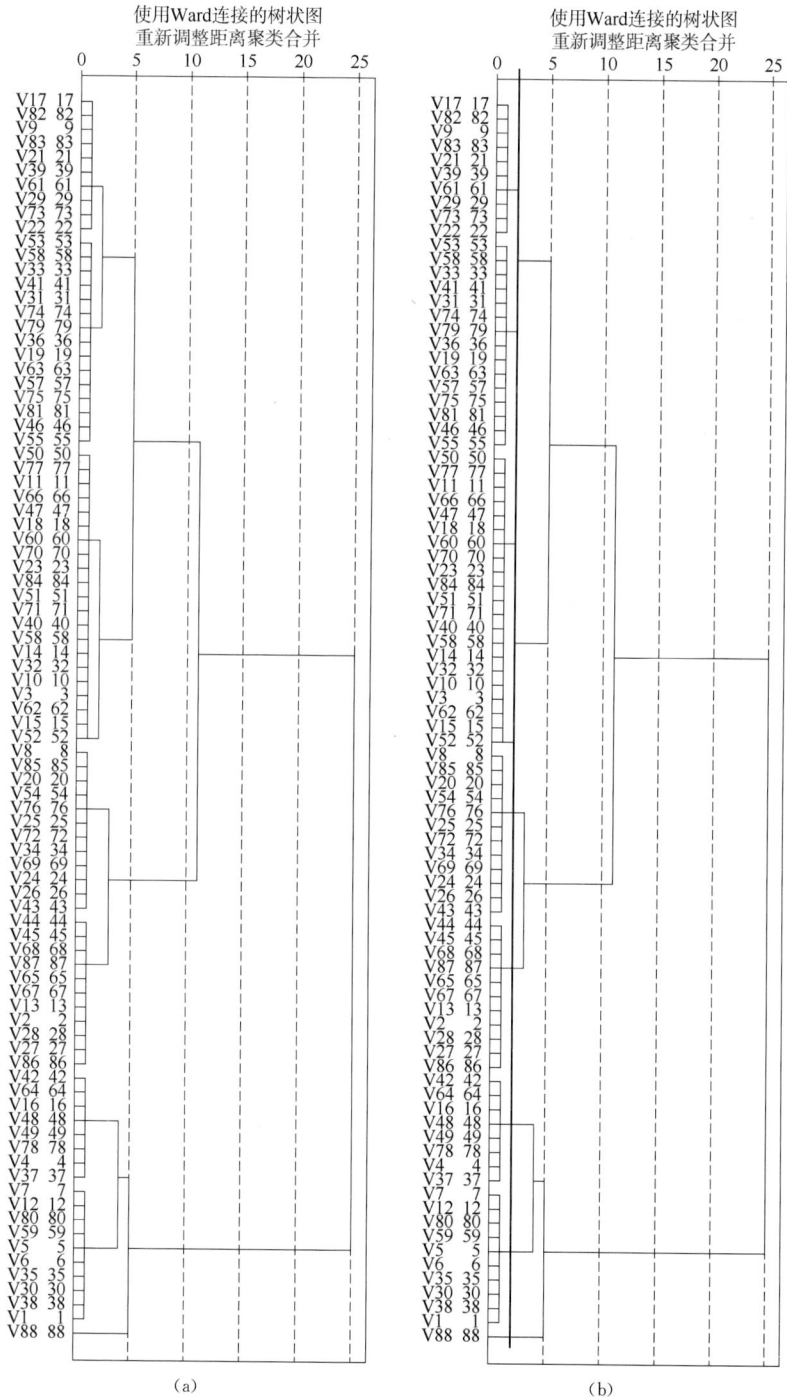

图 7 - 22 聚类分析树状图(a)、在树状图上划线分类(b)

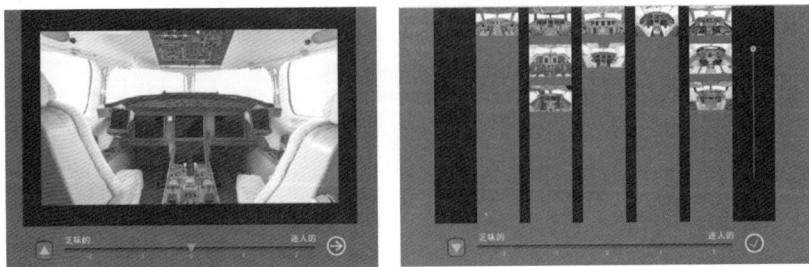

图7-23 语义评价实验过程示例

表7-3 语义评价结果汇总

	Boeing 777	A350	ERJ 170	Falcon 7X	Falcon 2000	Phenom 300	Hawker 750	Citation XLS	Global 7000	G550
压抑的-通透的	−0.4	0.2	−0.8	1.0	1.0	0.4	0.0	0.2	0.2	−0.4
落伍的-时尚的	0.0	0.4	−1.2	1.4	1.4	0.0	−1.2	−0.4	0.4	−0.4
平庸的-超凡的	0.6	1.0	−0.2	1.4	1.2	−0.4	−0.8	−0.4	0.6	−0.2
廉价的-尊贵的	1.0	1.4	0.4	0.6	1.2	−0.4	−0.8	−0.2	0.0	−0.4
乏味的-迷人的	0.8	1.2	−0.6	0.8	0.8	−0.6	−1.2	−0.8	−0.2	−0.8
陈旧的-清新的	0.0	1.4	−1.0	0.8	1.2	−0.2	−1.6	−0.8	−0.2	−0.8
阻滞的-舒展的	0.6	1.4	−1.0	0.8	0.2	−0.4	−1.4	−0.6	−0.2	−0.8
难用的-受控的	0.6	1.2	−0.2	1.0	1.2	−0.2	−1.4	−1.4	0.4	−0.8

第五节　设计参考模型与设计策略

一、一种定性与定量分析相结合的研究

　　不同的驾驶舱有着不同的语义情境。与前面其他几种产品的设计参考模型和设计策略的建立过程有所不同的是,对于驾驶舱创新问题,试图将定性分析与定量研究结合起来提出对策。具体的途径是基于语义评价结果,借助造型驱动平台,采用两个方案组合生成一个方案。即分别挑选在两个不同的代表性意象词上语义评价得分较高的两款驾驶舱造型,通过求取其平均形的方式进行组合,生成新的造型

方案,从而建立反映不同语义要求的设计参考模型,例如,可采用"通透、清新""尊贵、时尚"等不同的搭配。

　　以"尊贵、时尚"组合的意象表达为例。挑选在这两个意象词上对应最为紧密的两款驾驶舱——达索的猎鹰7X与空客的A350(量产版),进行进一步的分析与特征点提取(见图7-24)。根据提取的特征点进行简化与统一,以便于确定坐标、求取平均形。

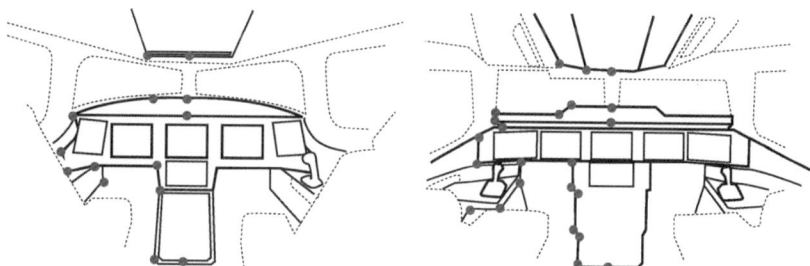

图7-24　达索猎鹰7X与空客A350的驾驶舱主要特征线

二、平均形的求取

　　产品平均形的相关研究是借鉴人类平均脸形的研究发展而来。本研究阶段,对挑选出来的两款驾驶舱造型进行特征线的平均化计算,以求取和生成驾驶舱平均形。方法过程如图7-25所示。

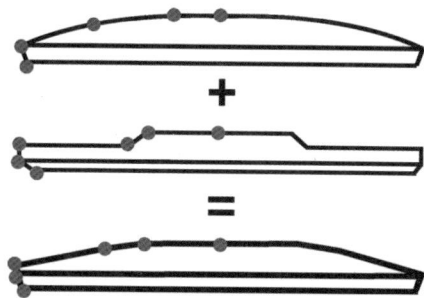

图7-25　驾驶舱特征线平均形的求取示例

三、驾驶舱造型方案生成平台

在对特征线进行拟合处理时，借助图像数据提取软件工具，将特征线图样化，并在平面上确定其坐标系。依据求取的平均形的坐标数值，借助 html5 可视化技术，搭建驾驶舱可视化、参数化驱动的造型方案生成平台。图 7 - 26 所示就是这种造型驱动平台的一个例子，在其中调整主特征线的参数后，可生成并显示不同的驾驶舱造型特征线组合方案。具体运用流程如下：

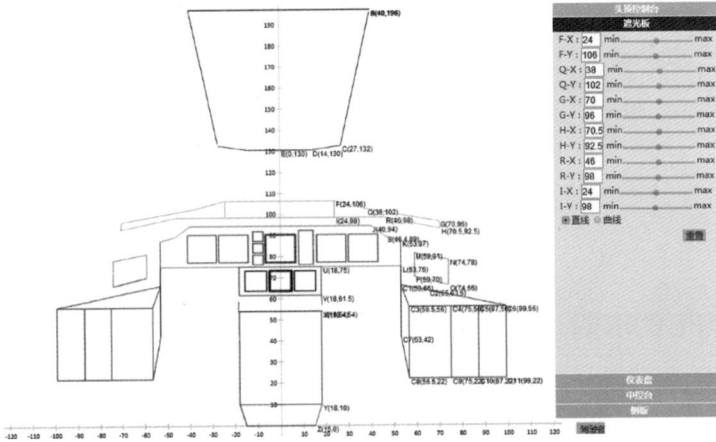

图 7 - 26　驾驶舱可视化参数造型驱动平台的主界面[19]

（1）构建：通过特征点拟合出特征线的表征函数，借助 html5 可视化技术，在 Web 页面描绘特征线图形。

（2）设计：通过调整主特征线参数，生成新的驾驶舱造型特征线。

通过不断调整参数可生成反映不同意象组合的基于特征线的驾驶舱造型的新方案（见图 7 - 27）。而参数的最大、最小约束边界为新方案的生成提供了物理边界范围，可以保证新生成的方案不会产生不可控的人机工效问题。

这些不同的新方案就是反映不同意象组合的设计参考模型的直观表现，为设计师进一步设计驾驶舱造型草图方案提供了设计开发方向。飞机制造商借助设计参考模型及自身定位，能进一步完整地形成自己特定的设计策略。

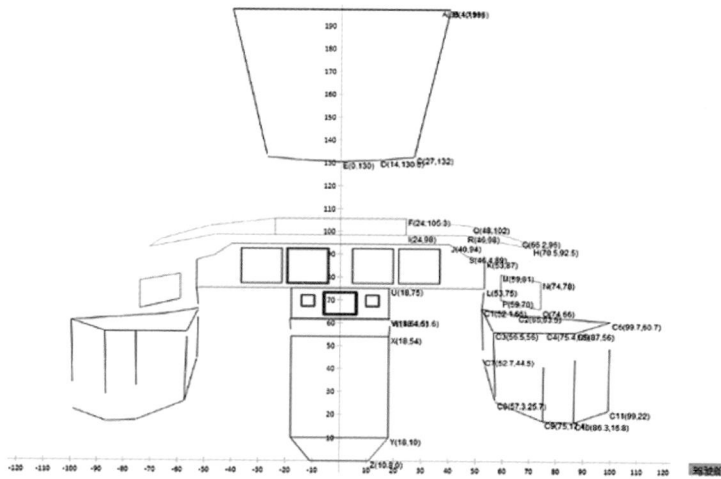

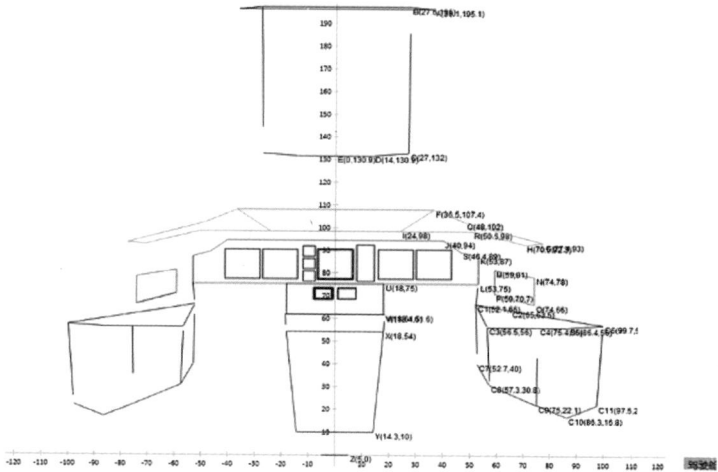

图 7 - 27　调节参数生成新方案特征线[20]

本章注释：

[1] (德)汉斯-亨利奇·阿尔特菲尔德. 商用飞机项目——复杂高端产品的研发管理[M]. 唐长红，等译. 北京：航空工业出版社，2013.

[2] 国家发展和改革委员会. 国家及各地区国民经济和社会发展"十二五"规划纲要[M]. 北京：人民出版社，2011.

[3] Rosemary R S, Gosiaco K G T, Santos M C E D, et al. Product design enhancement using apparent usability and affective quality [J]. Applied Ergonomics，2011，42(3)：511 - 517.

［4］陈迎春.民机驾驶舱人机工效综合仿真理论与方法研究［M］.上海：上海交通大学出版
社,2013.

［5］(英)彭妮·斯帕克.设计百年——20世纪汽车设计的先驱［M］.郭志锋,译.北京：中
国建筑工业出版社,2005.

［6］Michael T P, William H R, Hayes N P, et al. A crew-centered flight deck design
philosophy for high-speed civil transport（HSCT）aircraft［R］. NASA Langley
Technical Report Server, 1995.

［7］http：//www. boeing. com/boeing/commercial/777family/pf/pf_awards. page.

［8］http：//www. airbus. com. cn/cn-aircraft-families/passengeraircraft/a320/commonality/.

［9］Zaneboni J. Aircraft with a cockpit including a viewing surface for piloting which is at
least partially virtual：US, 9302780［P/OL］.（2016 - 4 - 5）http：//www.
freepatentsonline. com/9302780. html.

［10］http：//www. dassault-aviation. com/en/falcon/falcon-philosophy/profile/.

［11］(美)乔·萨特,杰伊·斯宾塞.未了的传奇——波音747的故事［M］.李果,译.北京：
航空工业出版社,2008.

［12］王烨捷,周凯.中国商飞董事长：中俄合作宽体客机明年开工［N］.中国青年报,2014 -
10 - 19.

［13］赵江洪,谭浩,谭征宇,等.汽车造型设计：理论、研究与应用［M］.北京：北京理工大学
出版社,2010.

［14］Jing J, Liu Q, Cai W, et al. Design knowledge framework based on parametric
representation：a case study of cockpit form style design［C］//International Conference
Human Interface and the Management of Information. Springer International
Publishing, 2014.

［15］同［14］.

［16］同［8］.

［17］廖学锋.时间机器——世界公务机选购策略［M］.北京：航空工业出版社,2011.

［18］同［17］.

［19］同［14］.

［20］同［14］.

附录7-1 驾驶舱设计访谈调研简介

在进行驾驶舱造型设计研究之前,除了前期的案例研究外,还应当对飞行员、设计者进行深入的访谈调研。但由于研究条件所限制,飞行员比较难于寻找,因此访谈调研主要针对航空相关人员展开。本研究时间跨度较长,其间有多次接触航空专业人员的机会,灵活方便的访谈法正好有助于采集与驾驶舱设计相关的信息。

访谈对象: 某商用飞机公司员工、航空航天专业教师、航空设计专家、相关企业员工。

访谈目的: 了解与驾驶舱设计相关的用户反馈以及用户体验、人机工程学等方面的需求。

访谈时间: 2013年8月开始,不定期与某高校航空航天学院、某飞机设计研究院及客服公司工业设计所等单位保持联络,其间还在一所大学参观了一架退役的An-24飞机(新舟60飞机的原型机)、一家自动控制系统提供商等,并利用学术会议、讲座、单位合作等机会了解与驾驶舱设计相关的有价值的信息。

附录 7-2　驾驶舱实地测量调研与数据处理简介

在研究和设计商用飞机驾驶舱造型之前,首先需要了解飞机驾驶舱内各个部分的功能、体验实际的造型和舱内感受。商用飞机驾驶舱不同于常见的工业产品,普通人一般是没有接触、体验的。即使是经常坐飞机的乘客也难以进入驾驶舱参观。理论上只有飞行机组成员才有权限进入驾驶舱。

即便对于设计人员,现役飞机的驾驶舱仍然是禁区,各大航空公司都不会允许参观。但在调研阶段,借助参与某课题研究的机会,接触到某航空公司训练中心、某飞机设计研究院、某飞机制造厂等单位。这些单位内有已经退役的飞机作为模拟训练机,也有目前最新的国产商用飞机的造型样机。

为了进一步了解各个机型驾驶舱之间的差异,除了拍照对比外,还进行了驾驶舱主要部件的数据测量工作(见附录图 7-1 和附录图 7-2)。

测量活动一共进行了两次。数据记录主要有两种方式:拍照记录和图纸标

附录图 7-1　国产商用飞机驾驶舱实地调研及数据测量

（a） （b）

附录图 7-2　空客 A320(a)与波音 737(b)驾驶舱实地调研

注。尺寸数据整理的内容主要包括部件名称、线框图位置标示、实物照片、三维模型,三视图尺寸标注如附录图 7-3 所示。

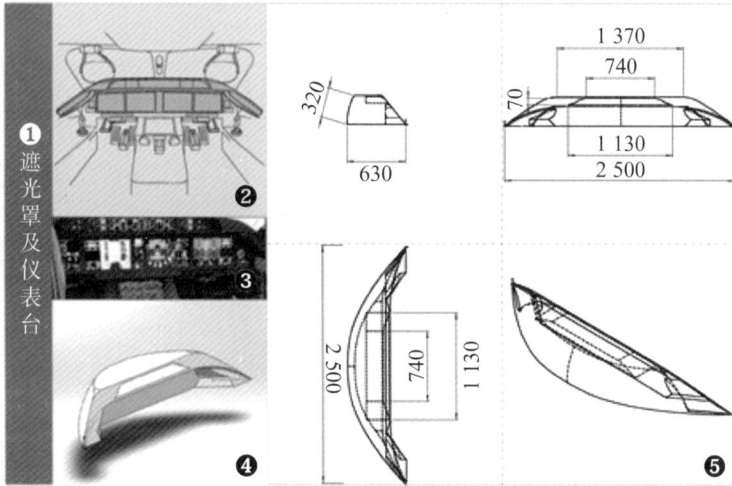

附录图 7-3　测量数据整理示例

第八章

轿车内饰仪表板创新与设计策略

第一节　概　　述

随着人们生活水平、消费能力的提高,家用轿车开始成为家庭必需品。2016年我国汽车产量和销量就已分别达到 2 811.88 万辆和 2 802.82 万辆,其中乘用车产销分别为 2 442.07 万辆和 2 437.69 万辆,同比分别增长 15.50% 和 14.93%[1]。家用轿车的消费开始由"可选消费"转变为"刚性消费",本研究团队的研究表明,轿车产品的造型也成为影响消费者购买决策的一个重要因素[2]。

在汽车造型设计中,内饰设计是一个重要的方面,也是提高汽车产品竞争力的有效手段。有人说,一辆轿车的外形就像诱饵,而轿车内饰则像鱼钩。外形吸引消费者驻足欣赏、蠢蠢欲动,内饰则让人流连忘返、拍板购买。内饰设计成为影响一辆轿车产品成败的重要因素。汽车内饰不仅是完成驾驶任务的功能载体和操作空间,而且其自身造型也承载着消费者/用户的情感体验和心理诉求。

在轿车内饰组成部件中,轿车内饰仪表板是不可或缺的一部分。内饰仪表板包括了轿车内饰中大部分功能部件,又是与驾驶员、副驾驶员直接进行信息交流的重要终端,是内饰中重要的操作热区与视觉热区,既有技术的功能又有艺术的功能,是整车质量的代表之一。

消费者与设计师对产品造型意象认知和风格感受有着明显的差异[3],在汽车设计师和消费者/用户之间架构一个关于轿车内饰造型感知的桥梁非常有必要。

本研究以轿车内饰仪表板造型为对象,探讨不同的两个消费者/用户子群体对轿车内饰仪表板造型的认知以及偏好特性,并分析其差异与共性,形成两套设计参考模型,以期对相关设计有所助益。

本研究的主要研究过程如下。

(1) 前期准备:按照一定的标准,收集内饰仪表板造型图片和情感语义词,根据国家统计局统计年鉴数据中年龄段的划分标准,选取消费者/用户子群体1(25～29岁)和消费者/用户子群体2(30～34岁)。

(2) 实验研究一:基于收集的内饰仪表板造型图片,分别邀请符合消费者/用户子群体1和消费者/用户子群体2年龄要求的被试进行相似性判断实验,获得实验数据;借助聚类分析方法,分别得到针对消费者/用户子群体1和消费者/用户子群体2的代表性内饰仪表板造型。基于收集的感性意象词,邀请25～34岁年龄段的被试消费者进行相似性判断实验,获得实验数据;借助聚类分析方法,得到两个消费者/用户子群体共有的代表性意象词。

(3) 实验研究二:采用形态分析法,进行轿车内饰仪表板造型构成要素的分析,整理出主要造型特征及其相互关系;将这些设计特征和特征关系要素作为项目,通过进一步分析整理出设计特征中的不同设计方向作为项目中的类目。通过正交试验设计,生成具体的内饰仪表板造型设计方案。

(4) 实验研究三:借助语义差分法,分别针对两个消费者/用户子群体进行语义评价实验。使用两个消费者/用户子群体共有的代表性意象词对两个消费者/用户子群体分别选出的内饰仪表板造型方案进行语义评价实验,得到评价分值;再进行回归分析得到回归模型,然后判断意象对造型总体评价的关系和影响作用。

(5) 实验研究四:进行联合分析得到消费者对轿车内饰造型的偏好,进而分别建立针对两个消费者/用户子群体的设计参考模型。

第二节　消费者/用户子群体的选取

从消费者的生活形态研究角度,可将消费者细分为不同的消费者/用户子群体,例如有的研究把中国消费者分为下述 14 个消费者/用户子群体,每一个消费者/用户子群体都有各自不同的价值观、生活形态及社会分层:经济头脑族、求实稳健族、传统生活族、个性表现族、平稳小康族、工作成就族、理智事业族、随社会流族、消费节省族、工作坚实族、平稳求进族、经济时尚族、现实生活族和勤俭生活族[4]。

在汽车产品消费领域有研究表明,汽车消费群体越来越年轻化;以男性消费群体为主导,女性消费群体逐年增加;个人收入是影响汽车消费群体的主要经济因素;学历的差异会造成对高、低档轿车的选择差异;不同的职业文化氛围会影响汽车消费者群体的消费观;参照群体对汽车消费群体的影响作用是与年龄因素有关的,年轻人群容易产生盲目从众的心理;家庭支付能力支配着汽车消费群体的消费意向[5]。

也有研究将人口结构分为 4 个年龄段,通过分析数据,构建了含有人口年龄结构变量的中国居民消费函数模型,其实证研究结果表明,人口年龄结构的变动是引起中国居民消费变化的一个重要因素,并且各年龄段的人口对居民消费也会产生不同的影响[6]。

本研究将消费者/用户子群体的划分标准定为年龄。国家统计局《中国统计年鉴 2016》在统计人口时对年龄的分段标准为:25~29 岁为一个年龄分段,30~34 岁也为一个年龄分段,并且显示 25~29 岁和 30~34 岁的人口数占总人口的比例分别为 9.35% 和 7.38%,在年龄分段中排名第一和第五。此外年鉴中"育龄妇女分年龄、孩次的生育状况"显示,25~29 岁和 30~34 岁年龄段的生育率分别为74.31% 和 45.31%,分别排名为第一和第三,表明在这两个年龄段的人口中,已有超过一半和近一半的人口组成家庭并已生育,他们已经是或将要是汽车市场的消费者/用户。据统计,2016 年 30~39 岁人群已是购车的主力人群,20~29 岁是首次购车最大的潜在人群。本研究选取 25～29 岁和 30～34 岁的年龄段消费者作为消费者/用户子群体对象,分别称为消费者/用户子群体 1 和消费者/用户子群体 2。比较不同年龄段消费者对轿车内饰仪表板造型的认知与差异,形成针对不同年龄段消费者/用户的设计参考模型。

第三节　仪表板样品和意象词的搜集与处理

一、仪表板造型样品的搜集与筛选

本研究中的内饰仪表板造型样品图片的搜集主要是通过相关汽车网站(汽车之家等汽车综合性咨询平台以及品牌汽车官网)、汽车电子杂志、国内外汽车图片网站等。依据以下 3 个标准进行造型样品筛选。

(1) 发动机排量:根据太平洋汽车网 2017 年的轿车销售统计数据,可以看出普通家用轿车销售热度偏高的排量为 1.0 L～2.0 L,较高端家用轿车销售热度偏高的排量为 2.0 L～3.0 L。本研究依照中国的轿车级别划分标准,将筛选标准定为 1.0 L～3.0 L 的发动机排量。

(2) 品牌覆盖率:每个汽车企业旗下都有很多汽车品牌,每个汽车品牌下又涵盖了大量的轿车车型。收集内饰仪表板造型时,品牌覆盖尽量全面,同时着重考虑消费者比较关注的一些品牌以及轿车车型。

(3) 在售车型:进行造型样品收集的时候,将收集对象控制为在售车型,以及近两年虽已经停售,但在二手车市场上还比较活跃的车型。

按照以上 3 个标准,在相关网站以及杂志中进行内饰仪表板造型样品收集。本次造型样品涉及的汽车品牌一共有 55 个(见表 8-1),共 145 个内饰仪表板造型图片。依据样品图片的清晰程度、对比度、拍摄角度的一致性以及造型的相似程度或重复性、品牌覆盖等因素,进行前期筛选,最终得到 97 款造型样品。

表 8-1 造型样本品牌汇总表

奥迪	奔驰	东风本田	宝马	比亚迪	标致	别克	东风日产
丰田	福特	红旗	华泰	江淮	雷克萨斯	雷诺	吉利
力帆	讴歌	马自达	奇瑞	起亚	上海大众	斯柯达	现代
雪铁龙	一汽自主品牌	奔腾	中华	英菲尼迪	雪佛兰	宝骏	荣威
名爵	东风自主品牌	海马	菲亚特	东南	广汽传祺	广汽吉奥	长安
DS	长城	沃尔沃	特斯拉	东风启辰	纳智捷	欧宝	北京汽车
捷豹	双龙	林肯	一汽大众	广州本田	北汽绅宝	铃木	

二、仪表板造型样品图片的处理

内饰设计中造型、色彩、材质和装饰等因素对消费者/用户认知内饰都有很大的影响,本研究中以内饰仪表板造型为主要研究对象,需要去除造型之外的影响因素。

对筛选出来的 97 个造型样品图片进行预处理:①将图片中仪表板造型主体以外的造型要素进行统一化处理。②图片背景用白色替代,并将图片色彩设置为灰度模式。③将图片中涉及品牌以及其他宣传类标识语的部分全部去除。④将处理后的所有样品图片进行随机排序,编码 s0~s96。

图 8-1 是处理前造型样品图片(a)和处理后造型样品图片(b)的对比示例。处理后的图片,将仪表板之外的造型部件去除,单以轮廓线勾勒显示,既突出整个仪表板造型主体,又展示内饰总体环境,便于被试进行造型相似性判断实验。

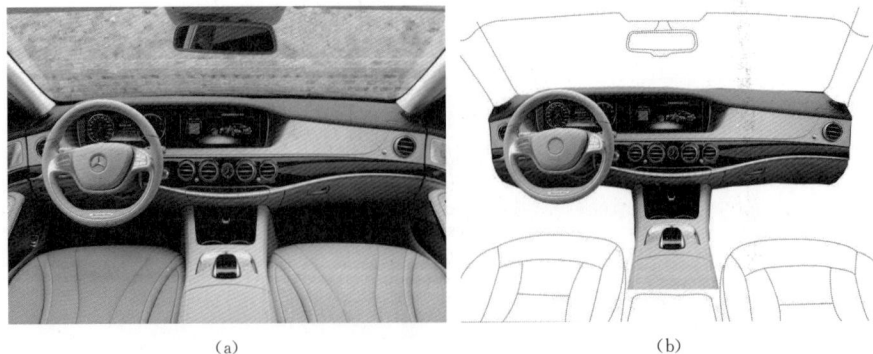

(a)   (b)

图 8-1 处理前和处理后的内饰仪表板造型样品图片

三、意象词的搜集与处理

本研究所搜集的情感意象词来源于汽车相关网站中的测评文章或描述性新闻、汽车广告、车评杂志、车评网站或公众号以及相关文献资料。

内饰仪表板作为内饰的一个部件,其中包含了多个功能分区以及零部件。在收集意象词的过程中,大量收集描述轿车整体内饰、整体仪表板以及其零部件的意象词,共计137个。对收集的词汇加以主观判断,剔除与内饰仪表板造型相关度低、重复以及意义相近或相反的意象词,最后整理并得到56个意象词(见表8-2)。

对最终得到的56个意象词汇进行处理,将每个意象词分别制成一张图片,用于后续进行相似性判断实验。

表8-2　内饰仪表板的意象词

个性的	运动的	精致的	智能的	商务的	流畅的	舒展的	女性的
大胆的	现代的	速度的	轻盈的	完美的	力量的	流行的	理性的
实用的	纤巧的	简洁的	刚劲的	张扬的	清爽的	先进的	安全的
优质的	非凡的	锐利的	精准的	硬朗的	宽敞的	经典的	科技的
奔放的	创新的	大气的	庄重的	易用的	典雅的	惬意的	兴奋的
喜欢的	休闲的	经济的	优美的	坚固的	豪华的	前瞻性的	尊贵的
层次感的	灵动的	粗犷的	协调的	装饰的	越野的	年轻的	诧异的

第四节　代表性仪表板与意象词的选取

一、代表性仪表板造型的选取

(一) 针对消费者/用户子群体 1 的代表性仪表板造型选取

邀请25～29岁的被试进行轿车内饰仪表板造型的相似性判断实验,获得每位被试对仪表板造型相似性判断的结果(一份相似性矩阵数据),共得到30份有效数据,来自男性被试 17 人、女性被试 13 人,被试分别来自不同的专业背景和职业背景,其中学生 19 人,公司白领 11 人。

将 30 份相似性矩阵数据导入 Excel 软件中,求取平均值。仪表板造型相似性判断的实验工具界面如图 8-2 所示。

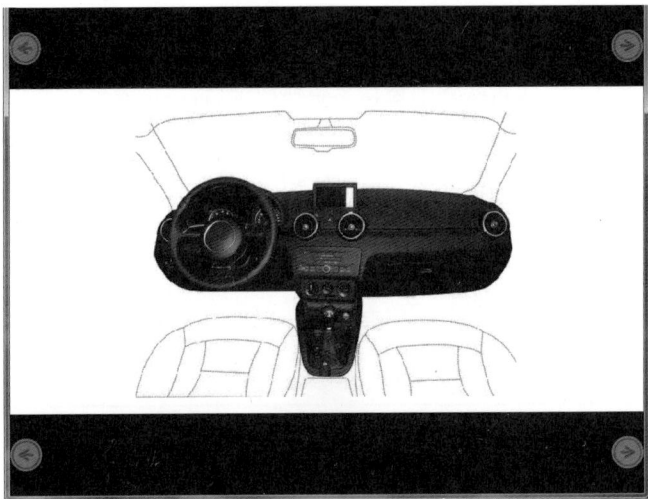

图 8-2 仪表板造型相似性判断的工具界面

以均值化的相似性矩阵数据,进行系统聚类分析。采用"Ward 连接"法,得到如图 8-3 的树状图结果。在树状图上绘制竖直截线,初步分析可以将所有造型样品分为 11 类(左侧截线)、7 类(中间截线)和 6 类(右侧截线)。

表 8-3~表 8-5 分别列出分类数为 11、7、6 时,各个类别中案例的分布情况。

从 3 个表格的案例数以及分组数对比来看,初步将 11 类别这一分类舍弃。

进行"K-均值"聚类分析。表 8-6 列出分类为 7 时,其中每类别案例分布情况;表 8-7 列出分类为 6 时,其中每类别案例分布情况。根据两种分类方式中每类别的案例分布情况,选择分为 7 类较为合适。表 8-8 列出分类为 7 类时,"K-均值"的分类结果以及部分案例到其所在类别的中心的距离值。

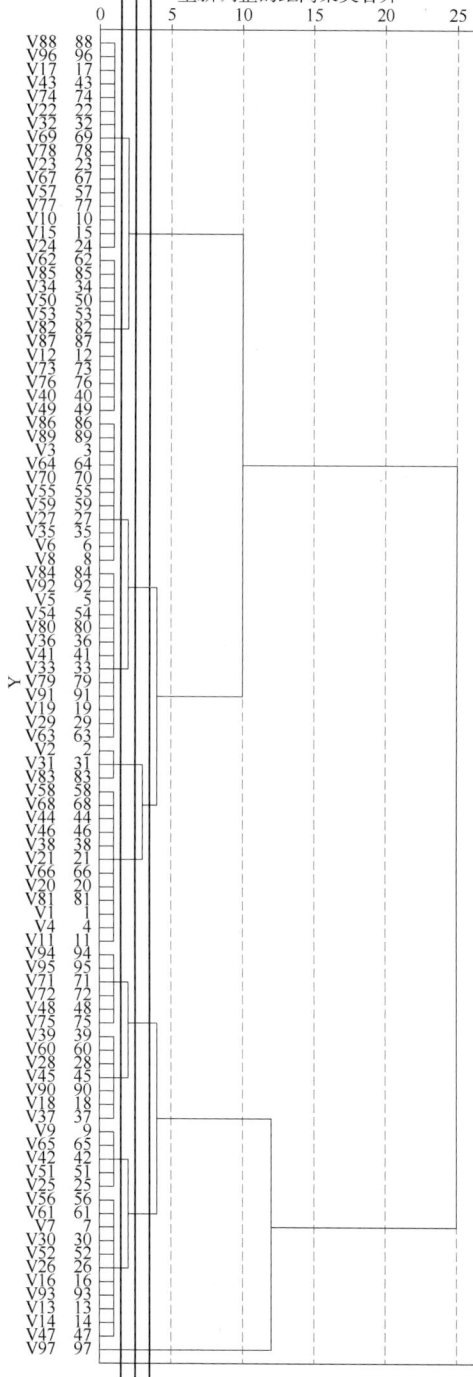

图8-3 树状图

表 8-3　系统聚类为 11 类时的案例数

	类别	案例数
系统聚类	1	16
	2	12
	3	11
	4	13
	5	3
	6	12
	7	6
	8	7
	9	5
	10	11
	11	1
有效		97
缺失		0

表 8-4　系统聚类为 7 类时的案例数

	类别	案例数
系统聚类	1	28
	2	24
	3	3
	4	12
	5	13
	6	16
	7	1
有效		97
缺失		0

表 8-5　系统聚类为 6 类时的案例数

	类别	案例数
系统聚类	1	28
	2	24
	3	15
	4	13
	5	16
	6	1
有效		97
缺失		0

表 8-6 "K-均值"聚类为 7 类时的案例数

	类别	案例数
"K-均值"聚类	1	22
	2	8
	3	9
	4	8
	5	7
	6	20
	7	23
有效		97
缺失		0

表 8-7 "K-均值"聚类为 6 类时的案例数

	类别	案例数
系统聚类	1	37
	2	9
	3	10
	4	7
	5	7
	6	27
有效		97
缺失		0

表 8-8 "K-均值"聚类结果以及部分案例到其所在类别的中心的距离值

案例号	聚类	距离
8	1	0.226
91	1	0.063
5	2	0.269
21	2	0.126
3	3	0.365
44	3	0.083
1	4	0.655
47	4	0.102
26	5	0.115
38	5	0.348
29	6	0.147
94	6	0.065
31	7	0.165
87	7	0.072

通过对比每个类别中各案例的距离值,得到 7 个类别中的代表性样品,即编号分别为 s91、s21、s44、s47、s26、s94、s87 的内饰仪表板造型。将这 7 款代表性样品与品牌和型号相对应,分别是科鲁兹、奔驰 R 级、帕萨特、观致 3、日产阳光、双龙主席、奔腾 B90。这 7 款代表性内饰仪表板造型图片如图 8-4 所示。

编号 s91　科鲁兹

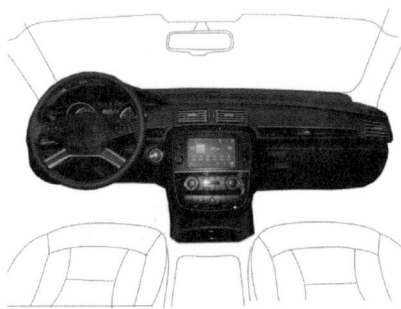

编号 s21　奔驰 R 级

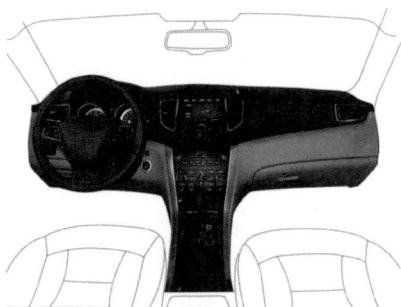

编号 s44　帕萨特

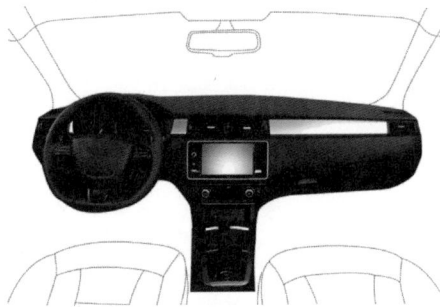

编号 s47　观致 3

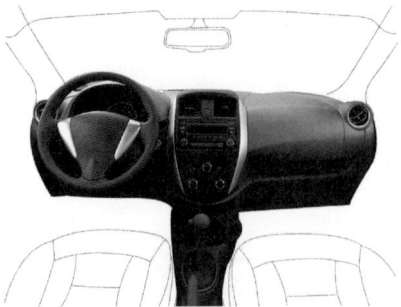

编号 s26　日产阳光

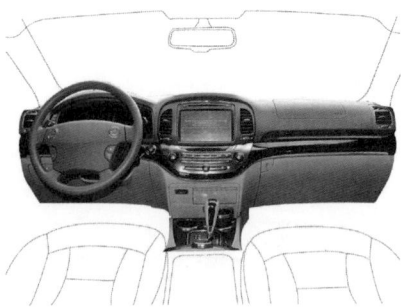

编号 s94　双龙主席

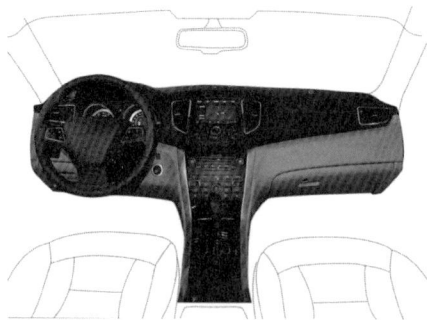

编号 87 奔腾 B90

图 8-4 7 款代表性造型样品

(二) 针对消费者/用户子群体 2 的代表性仪表板造型选取

邀请 30～34 岁的被试,进行轿车内饰仪表板造型的相似性判断实验,共得到 30 份有效数据,分别来自 16 名男性被试和 14 名女性被试,包括学生 7 人和公司白领及社会人士 23 人,他们有着不同的专业和职业背景。

将 30 份相似性矩阵数据的平均值进行系统聚类分析。采用"Ward 连接"法和欧氏距离计算方法,得到如图 8-5 的树状图结果。在树状图上绘制竖直截线,初步分析可以将 97 款内饰仪表板造型样品分为 9 类(左侧截线)和 7 类(右侧截线)。

表 8-9 所示为将样品分为 7 类时,其中每类别包含的案例数目;表 8-10 所示为将样品分为 9 类时,其中每类别包含的案例数目。

再进行"K-均值"聚类分析。表 8-11 所示为将样品分为 7 类时,其中每类别包含的案例数目;表 8-12 所示为将样品分为 9 类时,其中每类别包含的案例数目;根据两种分类方式中案例分布情况,选择分为 7 类较为合适。表 8-13 所示为将 97 款造型分类为 7 类时,部分案例到其所在类别的中心的距离值。

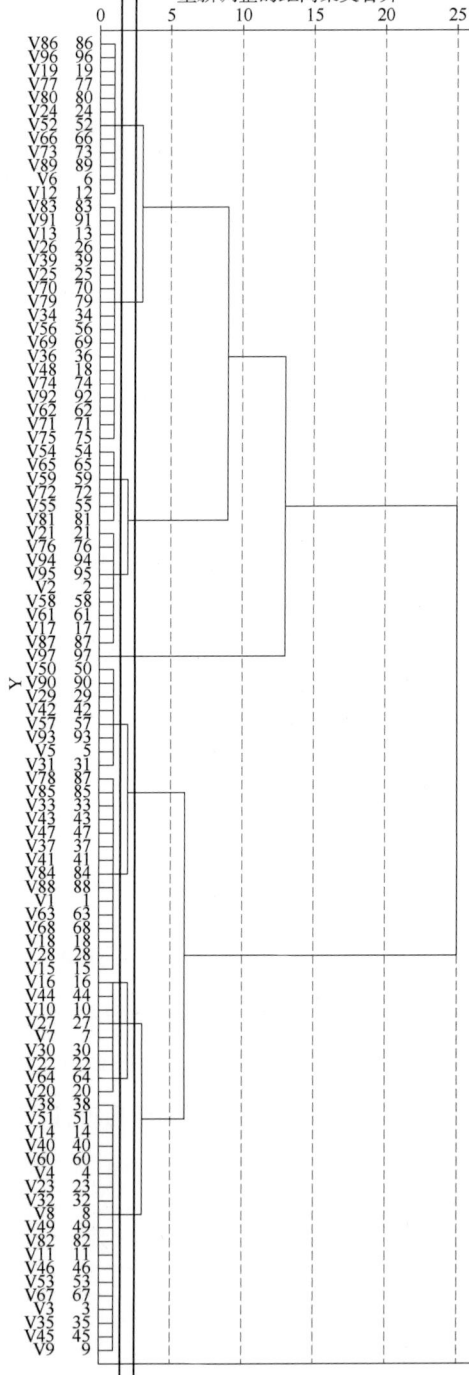

图 8-5 树状图

表8-9 系统聚类为7类时的案例数

	类别	案例数
系统聚类	1	12
	2	18
	3	15
	4	1
	5	23
	6	9
	7	19
有效		97
缺失		0

表8-10 系统聚类为9类时的案例数

	类别	案例数
系统聚类	1	12
	2	18
	3	6
	4	9
	5	1
	6	8
	7	15
	8	9
	9	19
有效		97
缺失		0

表8-11 "K-均值"聚类为7类时的案例数

	类别	案例数
"K-均值"聚类	1	9
	2	15
	3	15
	4	17
	5	10
	6	17
	7	14
有效		97
缺失		0

表 8-12 "K-均值"聚类为 9 类时的案例数

	类别	案例数
	1	13
	2	12
	3	8
	4	11
系统聚类	5	9
	6	11
	7	12
	8	12
	9	9
有效		97
缺失		0

表 8-13 "K-均值"聚类分析结果中部分案例到其所在类别的中心的距离值

案例	类别	距离
1	1	0.649
97	1	0.067
4	2	0.338
95	2	0.059
3	3	0.386
79	3	0.063
8	4	0.237
89	4	0.068
6	5	0.282
92	5	0.062
5	6	0.310
94	6	0.069
24	7	0.132
77	7	0.069

通过对比每类别中各案例的距离值,得到 7 个类别中的代表性样品,编号分别为 s97、s95、s79、s89、s92、s94、s77 的内饰仪表板造型。将这 7 款代表性样品与品牌和型号相对应,分别是奔腾 B70、三菱蓝瑟、起亚 K5、斯柯达速派、英菲尼迪 Q70、双龙主席、比亚迪 G5。这 7 款代表性仪表板造型如图 8-6 所示。

编号 s97　奔腾 B70

编号 s95　三菱蓝瑟

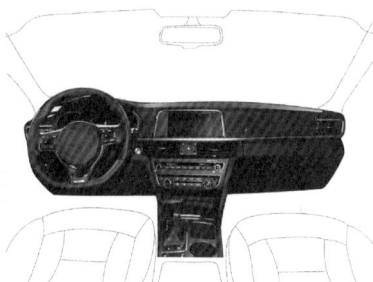

编号 s79　起亚 K5

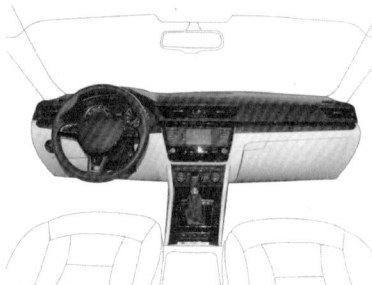

编号 s89　斯柯达速派

编号 s92　英菲尼迪 Q70

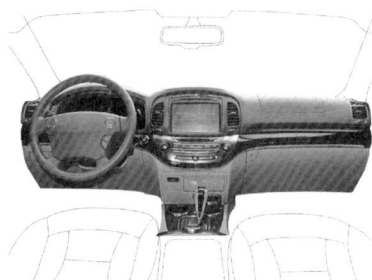

编号 s94　双龙主席

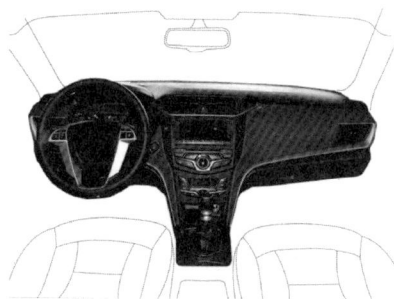

编号 s77　比亚迪 G5

图 8-6　7 款代表性样品

二、代表性意象词的选取

借助意象词含义相似性判断工具,进行意象词含义相似性判断实验。工具界面如图 8-7 所示。

图 8-7 意象词含义相似性判断的工具界面

邀请来自不同专业背景的被试进行意象词含义相似性判断实验,共得到 40 份有效数据,其中来自 25～29 岁年龄段的被试的实验数据为 20 份,被试中男性 11人、女性 9 人;来自 30～34 岁年龄段的被试的实验数据为 20 份,被试中男性、女性各 10 人。

求得均值化相似性矩阵数据,进行系统聚类分析。采用"Ward 连接"法和欧氏距离计算方法,得到如图 8-8 所示的树状图结果。在树状图上绘制竖直截线,初步分析可以将所有的意象词分为 9 类(左侧截线)和 6 类(右侧截线)。

表 8-14 所示为分类为 6 时,其中每类别案例的分布情况;表 8-15 所示为分类为 9 时,其中每类别案例的分布情况。从这两个表格看到,这两种分组情况中,每类别案例的分布情况差别不大,但是 6 类的分类结果有点粗糙,作为备选方案,接下来要借助"K-均值"聚类分析进行分组,并选出代表性意象词。

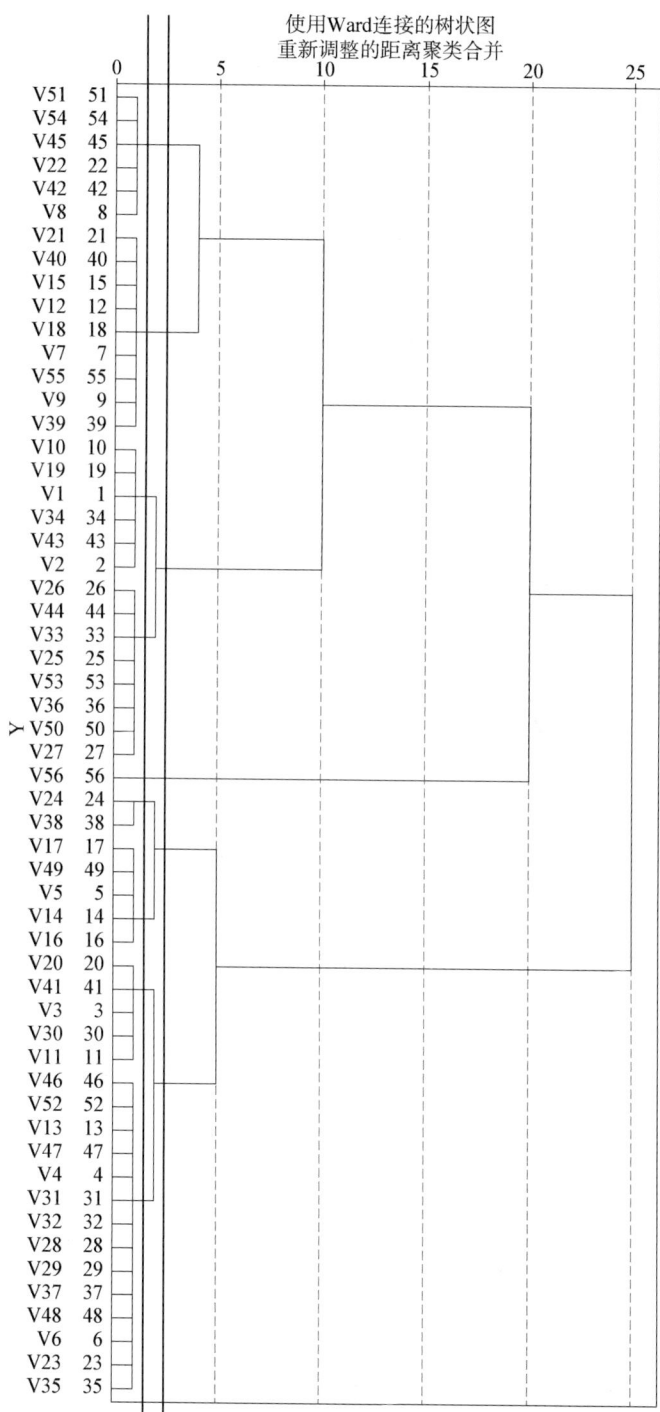

图 8-8　树状图

进行"K-均值"聚类分析。分别进行两次聚类分析,第一次将组数设定为6,第二次将组数设定为9。表8-16所示为分类为6时,其中每类别案例的分布情况;表8-17所示为分类为9时,其中每类别案例的分布情况。根据两种分类情况中每类别案例的分布情况,选择9类较为合适。表8-18所示为分类为9时,"K-均值"聚类分析的分类结果以及部分案例到其所在类别的中心的距离值。

表8-14 系统聚类为6类时的案例数

	类别	案例数
	1	6
	2	9
	3	14
系统聚类	4	1
	5	7
	6	19
有效		56
缺失		0

表8-15 系统聚类为9类时的案例数

	类别	案例数
	1	6
	2	9
	3	6
	4	8
系统聚类	5	1
	6	2
	7	5
	8	5
	9	14
有效		56
缺失		0

表 8-16 "K-均值"聚类为 6 类时的案例数

	类别	案例数
"K-均值"聚类	1	11
	2	12
	3	8
	4	9
	5	7
	6	9
有效		56
缺失		0

表 8-17 "K-均值"聚类为 9 类时的案例数

	类别	案例数
"K-均值"聚类	1	5
	2	6
	3	7
	4	6
	5	6
	6	6
	7	7
	8	8
	9	5
有效		56
缺失		0

表 8-18 "K-均值"聚类分析结果中部分案例到其所在类别的中心的距离值

案例	类别	距离
1	1	0.594
50	1	0.071
4	2	0.283
48	2	0.068
2	3	0.386
52	3	0.063
19	4	0.146
45	4	0.073
5	5	0.260

案例	类别	距离
44	5	0.082
46	5	0.082
9	6	0.182
41	6	0.073
3	7	0.334
49	7	0.066
6	8	0.247
51	8	0.710
31	9	0.110
37	9	0.081

对"K-均值"聚类分析结果进行汇总,列出每类别中具体包含的意象词,如表8-19所示(加粗字体显示的是各类别中到所在类别的中心距离值最小的意象词)。对比各类别中案例到所在类别的中心距离值,选取各类别中具有最小距离值的意象词案例,初步得到9个类别中的代表性意象词,编号分别为50、48、52、45、44、46、41、49、51、37的意象词,它们分别对应的是"层次感的""前瞻性的""粗犷的""优美的""经济的""坚固的""兴奋的""尊贵的""灵动的""庄重的"等意象。

表8-19　意象词聚类结果

类别	意象词名称
1	个性的、流行的、非凡的、**层次感的**、协调的
2	智能的、现代的、先进的、科技的、创新的、**前瞻性的**
3	运动的、速度的、力量的、刚劲的、硬朗的、**粗犷的**、越野的
4	简洁的、清爽的、惬意的、**优美的**、装饰的、年轻的
5	商务的、理性的、实用的、安全的、**经济的**、**坚固的**
6	大胆的、张扬的、诧异的、锐利的、奔放的、**兴奋的**
7	精致的、完美的、优质的、精准的、典雅的、豪华的、**尊贵的**
8	流畅的、舒展的、女性的、轻盈的、纤巧的、喜欢的、悠闲的、**灵动的**
9	宽敞的、经典的、大气的、**庄重的**、易用的

对比各类别中所有的意象词汇,考虑到"经济的""坚固的""尊贵的"并不能完全概括其所在类别中的意象词含义,因此将"经济的"和"坚固的"概括为"经济的",

"尊贵的"替换为"精致的";"层次感的""兴奋的"两个意象词不易被被试理解,将"层次感的"替换为"有层次感的","兴奋的"替换为"令人兴奋的";增加一个"喜欢的"意象词汇,来表达消费者/用户子群体对内饰仪表板造型的总体喜爱程度。

最终确定的代表性意象词为"有层次感的""有前瞻性的""粗犷的""优美的""经济的""令人兴奋的""精致的""灵动的""喜欢的""庄重的",如表8-20所示。

表8-20 代表性意象词

类别	意 象 词	代表性意象词
1	个性的、流行的、非凡的、层次感的、协调的	有层次感的
2	智能的、现代的、先进的、科技的、创新的、前瞻性的	有前瞻性的
3	运动的、速度的、力量的、刚劲的、硬朗的、粗犷的、越野的	粗犷的
4	简洁的、清爽的、惬意的、优美的、装饰的、年轻的	优美的
5	商务的、理性的、实用的、安全的、经济的、坚固的	经济的
6	大胆的、张扬的、诧异的、锐利的、奔放的、兴奋的	令人兴奋的
7	精致的、完美的、优质的、精准的、典雅的、豪华的、尊贵的	精致的
8	流畅的、舒展的、女性的、轻盈的、纤巧的、喜欢的、悠闲的、灵动的	灵动的、喜欢的
9	宽敞的、经典的、大气的、庄重的、易用的	庄重的

第五节　形态分析与正交试验设计

一、形态分析

本研究团队的相关研究发现,消费者对轿车内饰仪表板造型的心理认知空间具有两个明显的维度,可将其归纳为整体造型特征维度以及功能性分区造型特征维度。前者反映在造型中整体面的分割、仪表板的总体比例、造型中边线曲直及其转接等设计特征方面;后者表现在中控台造型特征的差异。此外,对于轿车内饰中方向盘、显示屏等功能性造型,并未在知觉图中发现其造型变化方面的明确分布特点[7]。

邀请具有工业设计背景的设计人员进行内饰仪表板造型要素的定性分析。虽然上述研究表明方向盘没有比较明确的造型特征维度,但是方向盘在内饰造型中占据比较重要的位置,因此,在进行形态分析时将其加入。借助形态分析法,最终得到 6 个项目、13 个类目,如表 8-21 所示。

前 4 个项目"整体长宽比例""整体造型划分侧重""整体仪表板的层次""特征线的运用",表示整体造型特征维度;后 2 个项目"中控台的功能区划分""方向盘功能区造型",表示功能性分区造型特征维度。

表 8-21 形态分析结果

项　目	类　目
1　整体长宽比例	1　偏薄
	2　偏厚
2　整体造型划分侧重	1　横向两部分
	2　横向三部分
	3　纵向"I"字型
3　整体仪表板的层次	1　较少
	2　较多
4　特征线的运用	1　曲线为主
	2　直线为主
5　中控台的功能区划分	1　相对整体
	2　相对独立
6　方向盘功能区造型	1　相对复杂
	2　相对单一

二、正交试验设计方案

借助正交试验设计方法,可有效降低造型组合数目,满足实验需求。以形态分析中得到的 6 个项目,即"整体长宽比例""整体造型划分侧重""整体仪表板的层次""特征线的运用""中控台的功能区划分""方向盘功能区造型",以及 13 个类目,生成并得到 16 个正交试验设计方案。各正交试验设计方案的形态构成,如表 8-22 所示。

表 8 - 22　正交试验设计方案

样品 ID	卡片 ID	整体长宽比例	整体造型划分侧重	整体仪表板的层次	特征线的运用	中控台的功能区划分	方向盘整体造型
s51	1	偏厚	横向两部分	较少	曲线为主	相对独立	相对单一
s28	2	偏薄	横向两部分	较多	直线为主	相对独立	相对复杂
s17	3	偏薄	纵向"I"字型	较多	曲线为主	相对整体	相对单一
s21	4	偏薄	横向两部分	较多	直线为主	相对整体	相对单一
s94	5	偏厚	横向三部分	较多	曲线为主	相对整体	相对单一
s85	6	偏厚	横向两部分	较少	曲线为主	相对整体	相对复杂
s48	7	偏厚	横向三部分	较多	曲线为主	相对独立	相对复杂
s56	8	偏薄	横向两部分	较少	曲线为主	相对整体	相对复杂
s33	9	偏薄	横向两部分	较少	曲线为主	相对独立	相对单一
s90	10	偏厚	横向两部分	较多	直线为主	相对整体	相对单一
s24	11	偏厚	纵向"I"字型	较少	直线为主	相对独立	相对单一
s18	12	偏薄	纵向"I"字型	较多	曲线为主	相对独立	相对复杂
s44	13	偏薄	横向三部分	较少	直线为主	相对独立	相对单一
s64	14	偏厚	纵向"I"字型	较少	直线为主	相对整体	相对复杂
s27	15	偏厚	横向两部分	较多	直线为主	相对独立	相对复杂
s50	16	偏薄	横向三部分	较少	直线为主	相对整体	相对复杂

对现有 97 款造型进行分析和判断,得到每款造型的形态构成结果。然后,比对正交试验设计方案,在这 97 款造型中选出能够对应正交试验设计方案的造型,结果如图 8 - 9 所示(对编号为 s18、s27、s33、s50、s56、s90 的造型在某些类目上经过适当修改,以对应和满足正交试验方案结果)。对比依据仪表板造型相似性判断实验得到的分类结果,可看到这 16 款造型也具有一定代表性。

第六节　语义评价实验与数据分析

一、针对消费者/用户子群体 1 的语义评价实验

在语义评价实验中,邀请 25～29 岁的被试,分别从各个代表性意象词的角度,对 16 款正交试验设计方案对应的仪表板造型逐一进行语义评价。记录每位被试

图8-9　正交试验设计方案对应的造型样品

在每个意象词下对 16 款造型的评价分值(图 8-10 所示为一位被试的语义评价分值记录示例)。共得到有效语义评价数据 30 份,分别来自 16 位男性被试、14 位女性被试;这 30 位被试中,9 人具有设计专业背景。

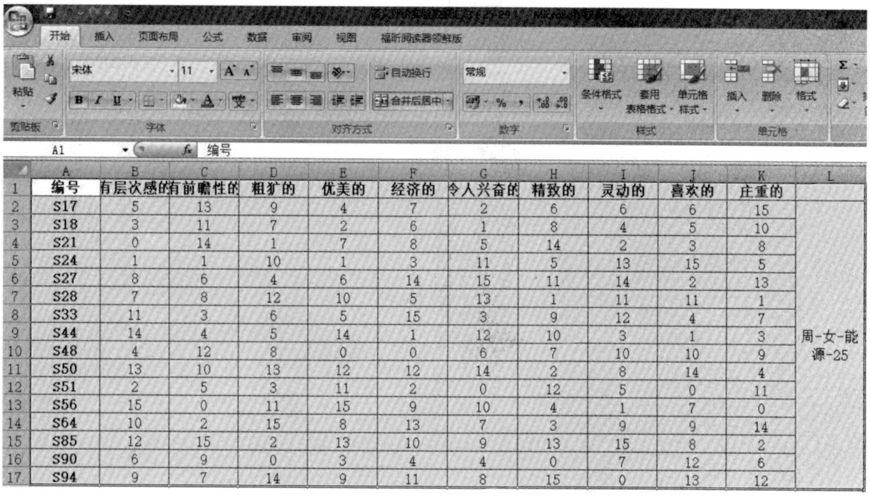

编号	有层次感的	有前瞻性的	粗犷的	优美的	经济的	令人兴奋的	精致的	灵动的	喜欢的	庄重的	
S17	5	13	9	4	7	2	6	6	6	15	
S18	3	11	7	2	6	1	8	4	5	10	
S21	0	14	1	7	8	5	14	2	3	8	
S24	1	1	10	1	3	11	5	13	15	5	
S27	8	6	4	6	14	15	11	14	2	13	
S28	7	8	12	10	5	13	1	11	11	1	
S33	11	3	6	5	15	3	9	12	4	7	
S44	14	4	5	14	1	12	10	3	1	3	周-女-能源-25
S48	4	12	8	0	0	6	7	10	10	9	
S50	13	10	13	12	12	14	2	8	14	4	
S51	2	5	3	11	2	0	12	5	0	11	
S56	15	0	11	15	9	10	4	1	7	0	
S64	10	2	15	8	13	7	3	9	9	14	
S85	12	15	2	13	10	9	13	15	8	2	
S90	6	9	0	3	4	4	0	7	12	6	
S94	9	7	14	9	11	8	15	0	13	12	

图 8-10 一位被试的语义评价分值记录

二、数据分析与结论

借助语义评价实验所得的评价分值数据,进行多元线性回归分析,判断"有层次感的""有前瞻性的""粗犷的""优美的""经济的""令人兴奋的""精致的""灵动的""庄重的"等意象词是否对"喜欢的"意象具有统计学意义上的影响关系。

回归分析结果中,方差分析结果如图 8-11 所示。可以看到 $P<0.001$,表明分析结果具有统计学意义。

系数结果如图 8-12 所示。可以看到回归模型常数项为 2.108,"有层次感的""优美的""精致的"等 3 个意象词(自变量)的 P 值均为 $P<0.001$,表明这 3 个意象词对"喜欢的"意象词(因变量)具有显著的影响作用;三者影响作用的大小大致相当,"优美的"影响作用略大、"精致的"次之、"有层次感的"略小。由此可以得到如下的回归模型($P<0.001$):

Anova[g]

模型		平方和	df	均方	F	Sig.
1	回归	1 354.519	1	1 354.519	73.197	0.000[a]
	残差	8 845.481	478	18.505		
	总计	10 200.000	479			
2	回归	2 009.664	2	1 004.832	58.521	0.000[b]
	残差	8 190.336	477	17.171		
	总计	10 200.000	479			
3	回归	2 310.754	3	770.251	46.473	0.000[c]
	残差	7 889.246	476	16.574		
	总计	10 200.000	479			
4	回归	2 505.171	4	626.293	38.661	0.000[d]
	残差	7 694.829	475	16.200		
	总计	10 200.000	479			
5	回归	2 622.166	5	524.433	32.804	0.000[e]
	残差	7 577.834	474	15.987		
	总计	10 200.000	479			
6	回归	2 695.064	6	449.177	28.309	0.000[f]
	残差	7 504.936	473	15.867		
	总计	10 200.000	479			

a. 预测变量：(常量)，精致的；
b. 预测变量：(常量)，精致的，优美的；
c. 预测变量：(常量)，精致的，优美的，有层次感的；
d. 预测变量：(常量)，精致的，优美的，有层次感的，令人兴奋的；
e. 预测变量：(常量)，精致的，优美的，有层次感的，令人兴奋的，有前瞻性的；
f. 预测变量：(常量)，精致的，优美的，有层次感的，令人兴奋的，有前瞻性的，粗犷的；
g. 因变量：喜欢的。

图 8-11 方差分析结果

系数[a]

模型		非标准化系数		标准系数	t	Sig.	B 的 95.0% 置信区间		相关性			共线性统计量	
		B	标准误差	试用版			下限	上限	零阶	偏	部分	容差	VIF
6	(常量)	2.108	0.636		3.315	0.001	0.858	3.358					
	精致的	0.196	0.044	0.196	4.418	0.000	0.109	0.283	0.364	0.199	0.174	0.794	1.260
	优美的	0.198	0.043	0.198	4.579	0.000	0.113	0.283	0.360	0.206	0.181	0.832	1.202
	有层次感的	0.157	0.040	0.157	3.901	0.000	0.078	0.236	0.244	0.177	0.154	0.958	1.044
	令人兴奋的	0.141	0.043	0.141	3.298	0.001	0.057	0.225	0.300	0.150	0.130	0.851	1.175
	有前瞻性的	0.113	0.042	0.113	2.720	0.007	0.031	0.194	0.250	0.124	0.107	0.903	1.108
	粗犷的	−0.086	0.040	−0.086	−2.143	0.033	−0.165	−0.007	−0.149	−0.098	−0.085	0.968	1.033

a. 因变量：喜欢的。

图 8-12 系数结果(部分)

"喜欢的"(仪表板造型)＝2.108＋0.196×"精致的"(仪表板造型)＋0.198×"优美的"(仪表板造型)＋0.157×"有层次感的"(仪表板造型)。

图8-13所示为回归分析中复相关系数(R)以及决定系数(R方)的值分别为0.514和0.264,可知得到的回归模型中线性回归关系还算密切,通过回归模型得到的结论具有一定代表性。

模型汇总[g]

模型	R	R方	调整R方	标准估计的误差	德宾-沃森
1	0.364[a]	0.133	0.131	4.302	
2	0.444[b]	0.197	0.194	4.144	
3	0.476[c]	0.227	0.222	4.071	
4	0.496[d]	0.246	0.239	4.025	
5	0.507[e]	0.257	0.249	3.998	
6	0.514[f]	0.264	0.255	3.983	2.231

a. 预测变量：(常量),精致的;
b. 预测变量：(常量),精致的,优美的;
c. 预测变量：(常量),精致的,优美的,有层次感的;
d. 预测变量：(常量),精致的,优美的,有层次感的,令人兴奋的;
e. 预测变量：(常量),精致的,优美的,有层次感的,令人兴奋的,有前瞻性的;
f. 预测变量：(常量),精致的,优美的,有层次感的,令人兴奋的,有前瞻性的,粗犷的;
g. 因变量：喜欢的。

图8-13　模型摘要结果

以上分析结果显示,对于消费者/用户子群体1,对"喜欢的"意象有显著影响作用的是"有层次感的""优美的""精致的"等意象;影响作用略大的是"优美的",其次是"精致的"和"有层次感的"意象;三者对"喜欢的"意象都具有正面的影响。这说明对消费者/用户子群体1的被试而言,越能引起他(她)们"优美的""精致的"和"有层次感的"感受的仪表板造型,就越可能引起他(她)们的"喜欢的"感受,即对仪表板造型的好感。

三、针对消费者/用户子群体2的语义评价实验

邀请30~34岁的被试,进行语义评价实验。记录每位被试在每个意象词下对16款造型的评价分值(图8-14所示为一位被试的语义评价分值记录示例)。共得

到有效语义评价数据 31 份,分别来自 14 位男性被试、17 位女性被试,这 31 位被试中,5 人具有设计专业背景。

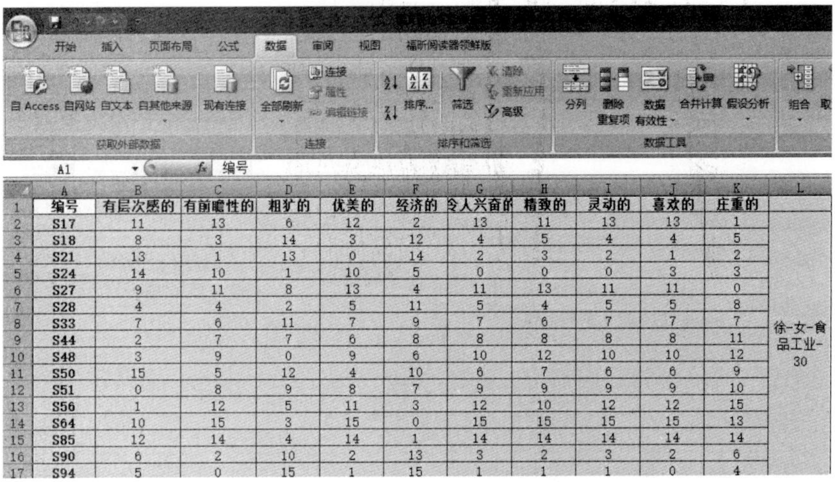

编号	有层次感的	有前瞻性的	粗犷的	优美的	经济的	令人兴奋的	精致的	灵动的	喜欢的	庄重的	
S17	11	13	6	12	2	13	11	13	13	1	
S18	8	3	14	3	12	4	5	4	4	5	
S21	13	1	13	0	14	2	3	2	1	2	
S24	14	10	1	10	5	0	0	0	3	3	
S27	9	11	8	13	4	11	13	11	11	0	
S28	4	4	2	5	11	5	4	5	5	8	
S33	7	6	11	7	9	7	6	7	7	7	
S44	2	7	7	6	8	8	8	8	8	11	徐-女-食品工业-30
S48	3	9	0	9	6	10	12	10	10	12	
S50	15	5	12	4	10	6	7	6	6	9	
S51	0	8	9	8	7	9	9	9	9	10	
S56	1	12	5	11	3	12	10	12	12	15	
S64	10	15	3	15	0	15	15	15	15	13	
S85	12	14	4	14	1	14	14	14	14	14	
S90	6	2	10	2	13	3	2	3	2	6	
S94	5	0	15	1	15	1	1	1	0	4	

图 8-14　一位被试的语义评价分值记录

四、数据分析与结论

借助语义评价实验所得的评价分值数据进行多元线性回归分析,判断对于消费者/用户子群体 2 而言,"有层次感的""有前瞻性的""粗犷的""优美的""经济的""令人兴奋的""精致的""灵动的""庄重的"等意象词是否对"喜欢的"意象具有统计学意义上的影响关系。

回归分析结果中,方差分析结果如图 8-15 所示。可以看到 $P < 0.001$,表明分析结果具有统计学意义。

系数结果如图 8-16 所示。可以看到回归模型常数项为 0.651,"优美的""令人兴奋的""庄重的"等 3 个意象词(自变量)的 P 值均为 $P < 0.001$,表明这 3 个意象词对"喜欢的"意象词(因变量)具有显著的影响作用;其中"令人兴奋的"意象的影响作用突出,"优美的"和"庄重的"意象的影响作用基本相同。由此可以得到如下的回归模型($P < 0.001$):

Anova[f]

模型		平方和	df	均方	F	Sig.
1	回归	2 491.022	1	2 491.022	152.885	0.000[a]
	残差	8 048.978	494	16.293		
	总计	10 540.000	495			
2	回归	3 380.312	2	1 690.156	116.380	0.000[b]
	残差	7 159.688	493	14.523		
	总计	10 540.000	495			
3	回归	3 780.248	3	1 260.083	91.714	0.000[c]
	残差	6 759.752	492	13.739		
	总计	10 540.000	495			
4	回归	4 032.448	4	1 008.112	76.063	0.000[d]
	残差	6 507.552	491	13.254		
	总计	10 540.000	495			
5	回归	4 149.277	5	829.855	63.628	0.000[e]
	残差	6 390.723	490	13.042		
	总计	10 540.000	495			

a. 预测变量：(常量)，令人兴奋的；
b. 预测变量：(常量)，令人兴奋的，精致的；
c. 预测变量：(常量)，令人兴奋的，精致的，优美的；
d. 预测变量：(常量)，令人兴奋的，精致的，优美的，庄重的；
e. 预测变量：(常量)，令人兴奋的，精致的，优美的，庄重的，灵动的；
f. 因变量：喜欢的。

图 8 - 15   方差分析结果

系数[a]

模型		非标准化系数		标准系数	t	Sig.	B 的 95.0% 置信区间		相关性			共线性统计量	
		B	标准误差	试用版			下限	上限	零阶	偏	部分	容差	VIF
5	(常量)	0.651	0.423		1.537	0.125	-0.181	1.482					
	令人兴奋的	0.295	0.040	0.295	7.388	0.000	0.216	0.373	0.486	0.317	0.260	0.778	1.286
	精致的	0.144	0.044	0.144	3.290	0.001	0.058	0.229	0.439	0.147	0.116	0.650	1.538
	优美的	0.176	0.040	0.176	4.371	0.000	0.097	0.256	0.426	0.194	0.154	0.760	1.316
	庄重的	0.175	0.039	0.175	4.499	0.000	0.098	0.251	0.365	0.199	0.158	0.821	1.218
	灵动的	0.124	0.041	0.124	2.993	0.003	0.043	0.205	0.391	0.134	0.105	0.721	1.387

a. 因变量：喜欢的。

图 8 - 16   系数结果(部分)

"喜欢的"(仪表板造型)＝0.651＋0.295×"令人兴奋的"(仪表板造型)＋0.176×"优美的"(仪表板造型)＋0.175×"庄重的"(仪表板造型)。

图8-17所示为回归分析中复相关系数(R)以及决定系数(R方)的值分别为0.627和0.394,可知得到的回归模型中线性回归关系还算密切,通过回归模型得到的结论具有一定代表性。

模型汇总[f]

模型	R	R 方	调整 R 方	标准估计的误差	德宾-沃森
1	0.486[a]	0.236	0.235	4.037	
2	0.566[b]	0.321	0.318	3.811	
3	0.599[c]	0.359	0.355	3.707	
4	0.619[d]	0.383	0.378	3.641	
5	0.627[e]	0.394	0.387	3.611	2.210

a. 预测变量:(常量),令人兴奋的;
b. 预测变量:(常量),令人兴奋的,精致的;
c. 预测变量:(常量),令人兴奋的,精致的,优美的;
d. 预测变量:(常量),令人兴奋的,精致的,优美的,庄重的;
e. 预测变量:(常量),令人兴奋的,精致的,优美的,庄重的,灵动的;
f. 因变量:喜欢的。

图8-17　模型摘要结果

以上分析结果显示,对于消费者/用户子群体2,对"喜欢的"意象有显著影响作用的是"令人兴奋的""优美的""庄重的"意象;影响作用突出的是"令人兴奋的"意象,"优美的"和"庄重的"意象具有大小相当的影响作用;三者对"喜欢的"意象都具有正面的影响。这说明对消费者/用户子群体2的被试而言,越能引起他(她)们"令人兴奋的"感受以及"优美的""庄重的"感受的仪表板造型,就越可能引起他(她)们的"喜欢的"感受,即对仪表板造型的好感。

五、两个消费者/用户子群体意象认知的异同点分析

从消费者/用户子群体1的意象认知回归分析结果可以看出,对25～29岁年龄段被试的"喜欢的"意象感受,有显著影响的意象词为"优美的""精致的""有层次感的"($P<0.001$),后者的偏回归系数分别为0.198、0.196、0.157,均为正面影

响;从消费者/用户子群体 2 的意象认知回归分析结果可以看出,对 30~34 岁年龄段被试的"喜欢的"意象感受,有显著影响的意象词为"令人兴奋的""优美的""庄重的"($P<0.001$),后者的偏回归系数分别为 0.295、0.176、0.175,均为正面影响。

对两个消费者/用户子群体的意象认知进行对比分析,可看到其共性与差异:①对于两个子群体,对"喜欢的"意象具有显著影响的意象,都含有"优美的"意象,且都为正面影响;对于消费者/用户子群体 1,"优美的"的影响程度相对而言是最大的,而对于消费者/用户子群体 2,"优美的"影响程度不是最大的。②对于消费者/用户子群体 1,对"喜欢的"意象有显著影响的,除了"优美的"意象,还有"有层次感的""精致的"等两个意象。③对于消费者/用户子群体 2,对"喜欢的"意象有显著影响的,除了"优美的"意象,还有"令人兴奋的"(影响程度相对突出)、"庄重的"等两个意象。

第七节　设计参考模型

一、消费者/用户子群体的设计特征偏好

(一) 消费者/用户子群体 1 的设计特征偏好

前面已发现,对消费者/用户子群体 1 的"喜欢的"意象评价,有显著影响作用的为"有层次感的""优美的""精致的"等 3 个意象。以下使用联合分析法,分别探讨这 3 个意象对应的仪表板造型的设计特征组合。此处所指的设计特征在联合分析法中被称为因子及其因子水平,对应为形态分析中的项目和类目。

对"优美的"意象评价数据进行联合分析,结果如图 8-18 所示。

从图 8-18 所示的分析结果可以看到,因子 B(即形态分析中的"2　整体造型划分侧重")的相对重要性值最高,为 26.681%。因子 A(即形态分析中的"1　整体长宽比例")的相对重要性值为 14.544%,因子 C(即形态分析中的"3　整体仪表板的层次")的相对重要性值为 18.023%,因子 D(即形态分析中的"4　特征线的运用")的相对重要性值为 14.025%,因子 E(即形态分析中的"5　中控台的功能区划分")的相对重要性值为 17.110%,因子 F(即形态分析中的"6　方向盘功能区造

实用程序		实用程序估计	标准误
A	偏薄	−0.083	0.205
	偏厚	0.083	0.205
B	横向两部分	−0.200	0.273
	横向三部分	−0.067	0.321
	纵向"I"字型	0.267	0.321
C	较少	−0.067	0.205
	较多	0.067	0.205
D	曲线为主	−0.200	0.205
	直线为主	0.200	0.205
E	相对整体	−0.258	0.205
	相对独立	0.258	0.205
F	相对复杂	0.025	0.205
	相对单一	−0.025	0.205
(常数)		8.550	0.216

重要性值	
A	14.544
B	26.681
C	18.023
D	14.025
E	17.110
F	9.618

平均重要性得分

图 8-18 效用值(实用程序估计)和因子的相对重要性("优美的"意象)

型")的相对重要性值为 9.618%。

比较全部 6 个因子的相对重要性,可以看出,因子 B(设计特征),即形态分析中的项目"2 整体造型划分侧重",是 6 个设计特征中对仪表板造型传达出"优美的"感受最为重要的设计特征。

联合分析结果中 除了反映出各个因子(即形态分析中的项目)的重要性值之外,还显示了每个因子水平(即形态分析中的类目)的"实用程序估计"值(即因子水平的效用值)。一个因子水平的效用值为正值时,表示此因子水平对造型意象产生正向的作用,此时效用值越大,产生的正向作用越大;反之,一个因子水平的效用值为负值时,表示此因子水平对造型意象产生负向的作用,此时效用值的绝对值越大,产生的负向作用越大。

因此,对仪表板造型能传达"优美的"造型感受而言,因子 A("整体长宽比例")应取"偏厚"的因子水平(设计特征);因子 B("整体造型划分侧重")应取"纵向'I'字型"的因子水平(设计特征);因子 C("整体仪表板的层次")应取"较多"的因子水平(设计特征);因子 D("特征线的运用")应取"直线为主"的因子水平(设计特征);因子E("中控台的功能区划分")应取"相对独立"的因子水平(设计特征);因子F("方向盘功能区造型")应取"相对复杂"的因子水平(设计特征)。

对于消费者/用户子群体1而言,将各因子水平所代表的设计特征重新整合成仪表板造型,如下的设计特征组合整合而成的仪表板造型,更具有和传达"优美的"造型感受:整体长宽比例"偏厚"、整体造型划分侧重"纵向'I'字型"、整体仪表板的层次"较多"、特征线的运用"直线为主"、中控台的功能区划分"相对独立"、方向盘功能区造型"相对复杂"。

对"精致的"意象评价数据进行联合分析,结果如图8-19所示。

实用程序		实用程序估计	标准误
A	偏薄	−0.308	0.330
A	偏厚	0.308	0.330
B	横向两部分	0.211	0.440
B	横向三部分	−0.639	0.516
B	纵向"I"字型	0.428	0.516
C	较少	0.279	0.330
C	较多	−0.279	0.330
D	曲线为主	−0.346	0.330
D	直线为主	0.346	0.330
E	相对整体	−0.250	0.330
E	相对独立	0.250	0.330
F	相对复杂	−0.037	0.330
F	相对单一	0.037	0.330
(常数)		8.447	0.348

重要性值	
A	12.742
B	26.642
C	16.339
D	17.306
E	13.694
F	13.277

平均重要性得分

图8-19 效用值和因子的相对重要性("精致的"意象)

从图8-19所示的分析结果可以看到,因子B(即形态分析中的"2 整体造型划分侧重")的相对重要性值最高,为26.642%。因子A(即形态分析中的"1 整体长宽比例")的相对重要性值为12.742%,因子C(即形态分析中的"3 整体仪表板的层次")的相对重要性值为16.339%,因子D(即形态分析中的"4 特征线的运用")的相对重要性值为17.306%,因子E(即形态分析中的"5 中控台的功能区划分")的相对重要性值为 13.694%，因子 F（即形态分析中的"6 方向盘功能区造型"）的相对重要性值为 13.277%。

比较全部 6 个因子的相对重要性，可以看出，因子 B（设计特征）即形态分析中的项目"2 整体造型划分侧重"，也是 6 个设计特征中对仪表板造型传达出"精致的"感受最为重要的设计特征。

观察联合分析结果中每个因子水平的效用值，可以发现对仪表板造型能传达"精致的"造型感受而言，因子 A（"整体长宽比例"）应取"偏厚"的因子水平（设计特征）；因子 B（"整体造型划分侧重"）应取"纵向'I'字型"的因子水平（设计特征）；因子 C（"整体仪表板的层次"）应取"较少"的因子水平（设计特征）；因子 D（"特征线的运用"）应取"直线为主"的因子水平（设计特征）；因子 E（"中控台的功能区划分"）应取"相对独立"的因子水平（设计特征）；因子 F（"方向盘功能区造型"）应取"相对单一"的因子水平（设计特征）。

对于消费者/用户子群体 1 而言，将各因子水平所代表的设计特征重新整合成仪表板造型，如下的设计特征组合整合而成的仪表板造型，更能具有和传达"精致的"造型感受：整体长宽比例"偏厚"、整体造型划分侧重"纵向'I'字型"（其次，"横向两部分"）、整体仪表板的层次"较少"、特征线的运用"直线为主"、中控台的功能区划分"相对独立"、方向盘功能区造型"相对单一"。

对"有层次感的"意象评价数据进行联合分析，结果如图 8-20 所示。

从图 8-20 所示的分析结果中可以看到，因子 B（即形态分析中的"2 整体造型划分侧重"）的相对重要性值最高，为 24.384%。因子 A（即形态分析中的"1 整体长宽比例"）的相对重要性值为 14.068%，因子 C（即形态分析中的"3 整体仪表板的层次"）的相对重要性值为 16.139%，因子 D（即形态分析中的"4 特征线的运用"）的相对重要性值为 16.926%，因子 E（即形态分析中的"5 中控台的功能区划分"）的相对重要性值为 10.455%，因子 F（即形态分析中的"6 方向盘功能区造型"）的相对重要性值为 18.028%。

比较全部 6 个因子的相对重要性，可以看出，因子 B（设计特征）即形态分析中的项目"2 整体造型划分侧重"，同样是 6 个设计特征中对仪表板造型传达出"有层次感的"感受最为重要的设计特征。

实用程序		实用程序估计	标准误
A	偏薄	−0.033	0.202
	偏厚	0.033	0.202
B	横向两部分	0.167	0.269
	横向三部分	0.025	0.316
	纵向"I"字型	−0.192	0.316
C	较少	−0.083	0.202
	较多	0.083	0.202
D	曲线为主	−0.367	0.202
	直线为主	0.367	0.202
E	相对整体	0.171	0.202
	相对独立	−0.171	0.202
F	相对复杂	0.329	0.202
	相对单一	−0.329	0.202
（常数）		8.458	0.213

重要性值	
A	14.068
B	24.384
C	16.139
D	16.926
E	10.455
F	18.028

平均重要性得分

图 8-20　效用值和因子的相对重要性（"有层次感的"意象）

观察联合分析结果中每个因子水平的效用值，可以发现对仪表板造型能传达"有层次感的"造型感受而言，因子 A（"整体长宽比例"）应取"偏厚"的因子水平（设计特征）；因子 B（"整体造型划分侧重"）应取"横向两部分"的因子水平（设计特征）；因子 C（"整体仪表板的层次"）应取"较多"的因子水平（设计特征）；因子 D（"特征线的运用"）应取"直线为主"的因子水平（设计特征）；因子 E（"中控台的功能区划分"）应取"相对整体"的因子水平（设计特征）；因子 F（"方向盘功能区造型"）应取"相对复杂"的因子水平（设计特征）。

对于消费者/用户子群体 1 而言，将各因子水平所代表的设计特征重新整合成仪表板造型，如下的设计特征组合整合而成的仪表板造型，更具有和传达"有层次感的"造型感受：整体长宽比例"偏厚"、整体造型划分侧重"横向两部分"（其次，"横向三部分"）、整体仪表板的层次"较多"、特征线的运用"直线为主"、中控台的功能区划分"相对整体"、方向盘功能区造型"相对复杂"。

(二) 消费者/用户子群体 2 的设计特征偏好

对消费者/用户子群体 2 的"喜欢的"意象评价,前面已发现有显著影响作用的为"优美的""令人兴奋的""庄重的"等 3 个意象。以下使用联合分析法分别探讨这 3 个意象对应的仪表板造型的设计特征组合。

对"令人兴奋的"意象评价数据进行联合分析,结果如图 8-21 所示。

<table>
<tr><td colspan="2">实用程序</td><td>实用程序估计</td><td>标准误</td></tr>
<tr><td rowspan="2">A</td><td>偏薄</td><td>−0.315</td><td>0.245</td></tr>
<tr><td>偏厚</td><td>0.315</td><td>0.245</td></tr>
<tr><td rowspan="3">B</td><td>横向两部分</td><td>0.247</td><td>0.326</td></tr>
<tr><td>横向三部分</td><td>−0.261</td><td>0.382</td></tr>
<tr><td>纵向"I"字型</td><td>0.013</td><td>0.382</td></tr>
<tr><td rowspan="2">C</td><td>较少</td><td>−0.069</td><td>0.245</td></tr>
<tr><td>较多</td><td>0.069</td><td>0.245</td></tr>
<tr><td rowspan="2">D</td><td>曲线为主</td><td>−0.319</td><td>0.245</td></tr>
<tr><td>直线为主</td><td>0.319</td><td>0.245</td></tr>
<tr><td rowspan="2">E</td><td>相对整体</td><td>−0.036</td><td>0.245</td></tr>
<tr><td>相对独立</td><td>0.036</td><td>0.245</td></tr>
<tr><td rowspan="2">F</td><td>相对复杂</td><td>−0.113</td><td>0.245</td></tr>
<tr><td>相对单一</td><td>0.113</td><td>0.245</td></tr>
<tr><td colspan="2">(常数)</td><td>8.438</td><td>0.258</td></tr>
</table>

重要性值	
A	15.544
B	26.796
C	14.519
D	14.832
E	13.906
F	14.403

平均重要性得分

图 8-21　效用值和因子的相对重要性("令人兴奋的"意象)

从图 8-21 所示的分析结果中可以看到,因子 B(即形态分析中的"2　整体造型划分侧重")的相对重要性值最高,为 26.796%。因子 A(即形态分析中的"1　整体长宽比例")的相对重要性值为 15.544%,因子 C(即形态分析中的"3　整体仪表板的层次")的相对重要性值为 14.519%,因子 D(即形态分析中的"4　特征线的运用")的相对重要性值为 14.832%,因子 E(即形态分析中的"5　中控台的功能区划分")的相对重要性值为 13.906%,因子 F(即形态分析中的"6　方向盘功能区造型")的相对重要性值为 14.403%。

比较全部 6 个因子的相对重要性的值,可见因子 B(设计特征),即形态分析中的项目"2 整体造型划分侧重",是6个设计特征中对仪表板造型传达出"令人兴奋的"感受最为重要的设计特征。

观察联合分析结果中每个因子水平的效用值,可以发现对仪表板造型能传达"令人兴奋的"造型感受而言,因子A("整体长宽比例")应取"偏厚"的因子水平(设计特征);因子B("整体造型划分侧重")应取"横向两部分"的因子水平(设计特征);因子C("整体仪表板的层次")应取"较多"的因子水平(设计特征);因子D("特征线的运用")应取"直线为主"的因子水平(设计特征);因子E("中控台的功能区划分")应取"相对独立"的因子水平(设计特征);因子F("方向盘功能区造型")应取"相对单一"的因子水平(设计特征)。

对于消费者/用户子群体2而言,将各因子水平所代表的设计特征重新整合成仪表板造型,如下的设计特征组合整合而成的仪表板造型,更能具有和传达"令人兴奋的"造型感受:整体长宽比例"偏厚"、整体造型划分侧重"横向两部分"(其次,"纵向'I'字型")、整体仪表板的层次"较多"、特征线的运用"直线为主"、中控台的功能区划分"相对独立"、方向盘功能区造型"相对单一"。

对"庄重的"意象评价数据进行联合分析,结果如图8-22所示。

实用程序		实用程序估计	标准误
A	偏薄	0.157	0.264
	偏厚	−0.157	0.264
B	横向两部分	−0.032	0.352
	横向三部分	−0.016	0.413
	纵向"I"字型	0.048	0.413
C	较少	0.480	0.264
	较多	−0.480	0.264
D	曲线为主	−0.367	0.264
	直线为主	0.367	0.264
E	相对整体	−0.153	0.264
	相对独立	0.153	0.264
F	相对复杂	−0.407	0.264
	相对单一	0.407	0.264
(常数)		8.508	0.278

重要性值	
A	13.893
B	30.778
C	16.587
D	12.469
E	12.753
F	13.520

平均重要性得分

图8-22 效用值和因子的相对重要性("庄重的"意象)

从图 8-22 所示的分析结果可以看到,因子 B(即形态分析中的"2　整体造型划分侧重")的相对重要性值最高,为 30.778%。因子 A(即形态分析中的"1　整体长宽比例")的相对重要性值为 13.893%,因子 C(即形态分析中的"3　整体仪表板的层次")的相对重要性值为 16.587%,因子 D(即形态分析中的"4　特征线的运用")的相对重要性值为 12.469%,因子 E(即形态分析中的"5　中控台的功能区划分")的相对重要性值为 12.753%,因子 F(即形态分析中的"6　方向盘功能区造型")的相对重要性值为 13.520%。

比较全部 6 个因子的相对重要性的值,可见因子 B(设计特征)即形态分析中的项目"2　整体造型划分侧重",也是 6 个设计特征中对仪表板造型传达出"庄重的"感受最为重要的设计特征。

观察联合分析结果中每个因子水平的效用值,可以发现对仪表板造型能传达"庄重的"造型感受而言,因子 A("整体长宽比例")应取"偏薄"的因子水平(设计特征);因子 B("整体造型划分侧重")应取"纵向'I'字型"的因子水平(设计特征);因子 C("整体仪表板的层次")应取"较少"的因子水平(设计特征);因子 D("特征线的运用")应取"直线为主"的因子水平(设计特征);因子 E("中控台的功能区划分")应取"相对独立"的因子水平(设计特征);因子 F("方向盘功能区造型")应取"相对单一"的因子水平(设计特征)。

对于消费者/用户子群体 2 而言,将各因子水平所代表的设计特征重新整合成仪表板造型,如下的设计特征组合整合而成的仪表板造型,更能具有和传达"庄重的"造型感受:整体长宽比例"偏薄"、整体造型划分侧重"纵向'I'字型"、整体仪表板的层次"较少"、特征线的运用"直线为主"、中控台的功能区划分"相对独立"、方向盘功能区造型"相对单一"。

对"优美的"意象评价数据进行联合分析,结果如图 8-23 所示。

从图 8-23 所示的分析结果可以看到,因子 B(即形态分析中的"2　整体造型划分侧重")的相对重要性值最高,为 26.592%。因子 A(即形态分析中的"1　整体长宽比例")的相对重要性值为 13.654%,因子 C(即形态分析中的"3　整体仪表板的层次")的相对重要性值为 16.072%,因子 D(即形态分析中的"4　特征线的运用")的相对重要性值为 14.735%,因子 E(即形态分析中的"5　中控台的功能区划

实用程序			
		实用程序估计	标准误
A	偏薄	−0.258	0.177
A	偏厚	0.258	0.177
B	横向两部分	0.011	0.236
B	横向三部分	−0.263	0.277
B	纵向"I"字型	0.253	0.277
C	较少	0.488	0.177
C	较多	−0.488	0.177
D	曲线为主	−0.165	0.177
D	直线为主	0.165	0.177
E	相对整体	−0.250	0.177
E	相对独立	0.250	0.177
F	相对复杂	−0.214	0.177
F	相对单一	0.214	0.177
(常数)		8.497	0.187

重要性值	
A	13.654
B	26.592
C	16.072
D	14.735
E	13.649
F	15.298

平均重要性得分

图 8-23　效用值和因子的相对重要性("优美的"意象)

分")的相对重要性值为 13.649%,因子 F(即形态分析中的"6　方向盘功能区造型")的相对重要性值为 15.298%。

比较全部 6 个因子的相对重要性的值,可见因子 B(设计特征)即形态分析中的项目"2　整体造型划分侧重",同样是 6 个设计特征中对仪表板造型传达出"优美的"感受最为重要的设计特征。

观察联合分析结果中每个因子水平的效用值,可以发现对仪表板造型能传达"优美的"造型感受而言,因子 A("整体长宽比例")应取"偏厚"的因子水平(设计特征);因子 B("整体造型划分侧重")应取"纵向'I'字型"的因子水平(设计特征);因子 C("整体仪表板的层次")应取"较少"的因子水平(设计特征);因子 D("特征线的运用")应取"直线为主"的因子水平(设计特征);因子 E("中控台的功能区划分")应取"相对独立"的因子水平(设计特征);因子 F("方向盘功能区造型")应取"相对单一"的因子水平(设计特征)。

对于消费者/用户子群体 2 而言,将各因子水平所代表的设计特征重新整合成仪表板造型,如下的设计特征组合整合而成的仪表板造型,更能具有和传达"优美的"造型感受：整体长宽比例"偏厚"、整体造型划分侧重"纵向'I'字型"(其次，"横向两部分")、整体仪表板的层次"较少"、特征线的运用"直线为主"、中控台的功能区划分"相对独立"、方向盘功能区造型"相对单一"。

二、针对消费者/用户子群体的设计参考模型

(一) 针对消费者/用户子群体 1 的设计参考模型

在前面相应的回归分析中已经发现，对消费者/用户子群体 1 而言，对轿车内饰仪表板造型的"喜欢的"意象评价有显著影响作用的 3 个意象，分别是"优美的""精致的""有层次感的"。在联合分析中，也分别得到了每个因子的相对重要性值、各因子的每个因子水平的效用值与意象感受在设计构成上的对应关系。综合考虑这些结果，可以形成符合消费者/用户子群体 1 的喜好感和偏好的仪表板造型设计参考模型。

对消费者/用户子群体 1 而言，"优美的""精致的""有层次感的"这 3 种感受对其造型喜好评价都具有正向影响。因此，要加强仪表板造型在消费者/用户子群体 1 心目中的喜好评价，就要加强仪表板造型的优美感、精致感和有层次感。

此外，联合分析结果显示，形态分析中的项目"2　整体造型划分侧重"(即因子 B 这一设计特征)是表达仪表板造型的优美感、精致感和有层次感最突出的、最重要的设计特征。同时，该设计特征在"优美的""精致的""有层次感的"等意象上的取形，反映出明确的一致性指向，即整体造型划分侧重"偏厚"。

进一步综合考虑其他 5 个因子的相对重要性程度及其各自对应的因子水平的效用值，归纳出对于消费者/用户子群体 1 的设计参考模型(如表 8 - 23 所示)：整体长宽比例"偏厚"、整体造型划分侧重"横向两部分"(或"纵向'I'字型")、整体仪表板的层次"较多"、特征线的运用"直线为主"、中控台的功能区划分"相对独立"、方向盘功能区造型"相对复杂"。以这样的设计特征组合构成仪表板造型，可以加强在"优美的""精致的""有层次感的"等意象上的正向感受，提升消费者/用户子群体 1 对仪表板造型的"喜欢的"感受。

表8-23 针对消费者/用户子群体1的设计参考模型

项 目	消费者子群体1(25～29岁年龄段)
整体长宽比例	偏厚
整体造型划分侧重	横向两部分(或纵向"I"字型)
整体仪表板的层次	较多
特征线的运用	直线为主
中控台的功能区划分	相对独立
方向盘功能区造型	相对复杂

(二)针对消费者/用户子群体2的设计参考模型

对消费者/用户子群体2而言,在相应的回归分析中已经发现,对其轿车内饰仪表板造型的"喜欢的"意象评价有显著影响作用的3个意象,分别是"令人兴奋的""庄重的""优美的"。在联合分析中,也分别得到了每个因子的相对重要性值、各因子的每个因子水平的效用值与意象感受在设计构成上的对应关系。综合考虑这些结果,可以形成符合消费者/用户子群体2的喜好感和偏好的仪表板造型设计参考模型。

对消费者/用户子群体2而言,"令人兴奋的""庄重的""优美的"这3种感受对其造型喜好评价都具有正向影响。因此,要加强仪表板造型在消费者/用户子群体2心目中的喜好评价,就要加强仪表板造型的令人兴奋感、庄重感和优美感。

此外,对消费者/用户子群体2而言,联合分析结果显示,"2 整体造型划分侧重"(即因子B这一设计特征)是表达仪表板造型的令人兴奋感、庄重感和优美感最突出的、最重要的设计特征。同时,该设计特征在"令人兴奋的""优美的"两个意象上的取形,反映出整体造型划分侧重"偏厚"的一致指向。

进一步综合考虑其他5个因子的相对重要性程度及其各自对应的因子水平的效用值,归纳出对于消费者/用户子群体2的设计参考模型(见表8-24):整体长宽比例"偏厚"、整体造型划分侧重"纵向'I'字型"、整体仪表板的层次"较少"、特征线的运用"直线为主"、中控台的功能区划分"相对独立"、方向盘功能区造型"相对单一"。以这样的设计特征组合构成仪表板造型,总体而言,可以加强在"令人兴奋的""优美的""庄重的"等意象上的正向感受,提升消费者/用户子群体2对仪表板造型的"喜欢的"感受。

表 8-24 针对消费者/用户子群体 2 的设计参考模型

项　目	消费者/用户子群体 2(30～34 岁年龄段)
整体长宽比例	偏厚
整体造型划分侧重	纵向"I"字型
整体仪表板的层次	较少
特征线的运用	直线为主
中控台的功能区划分	相对独立
方向盘功能区造型	相对单一

三、两个设计参考模型的异同点分析

对比分别针对两个消费者/用户子群体的上述两个设计参考模型,可看到它们两者之间存在一定差异,而在某些设计特征上又有相同的造型构成。

两者在下列形态分析项目(或因子)上具有相同的造型构成或取形特性要求:①在"1　整体长宽比例"项目上,都取形"偏厚"的设计特征。②在"4　特征线的运用"项目上,都取形"直线为主"的设计特征。③在"5　中控台的功能区划分"项目上,都取形"相对独立"的设计特征。

两者在下列形态分析项目(或因子)上,具有差异甚至完全相反的造型构成或取形特性要求:①在"2　整体造型划分侧重"项目上,针对消费者/用户子群体 1 的设计参考模型,以取形"横向两部分"的设计特征为主,也可取形"纵向'I'字型"的设计特征。针对消费者/用户子群体 2 的设计参考模型,则取形"纵向'I'字型"的设计特征。②在"3　整体仪表板的层次"项目上,针对消费者/用户子群体 1 的设计参考模型,取形"较多"的设计特征,而针对消费者/用户子群体 2 的设计参考模型,则取形"较少"的设计特征。③在"6　方向盘功能区造型"项目上,针对消费者/用户子群体 1 的设计参考模型,取形"相对复杂"的设计特征,而针对消费者/用户子群体 2 的设计参考模型,则取形"相对单一"的设计特征。

本章注释:

[1] 2017 年我国汽车整车行业发展现状和产销量分析[DB/OL].(2017-6-28)http://

www. chyxx. com/industry/201706/536434. html.

［2］杨帆. 轿车造型对消费者购买决策的影响研究［D］. 上海：上海交通大学，2016.

［3］Shang H H，Ming C C，Chien C C. A semantic differential study of designers' and users' product form perception ［J］. International Journal of Industrial Ergonomics. 2000(25)：375 - 391.

［4］吴垠. 关于中国消费者分群范式(China-Vals)的研究［J］. 南开管理评论，2005(2)：9 - 15.

［5］贺晓禾. 对汽车消费群体消费行为的研究分析［D］. 太原：山西大学，2014.

［6］张江山. 人口年龄结构对居民消费的影响［D］. 扬州：扬州大学，2010.

［7］刘春荣，解洋. 消费者对轿车内饰仪表板造型的认知特性研究［J］. 包装工程，2019(2)：138 - 142.

附录 8-1　97 款内饰仪表板造型样品图片（预处理后）

1	2	3	4
5	6	7	8
9	10	11	12
13	14	15	16
17	18	19	20

21	22	23	24
25	26	27	28
29	30	31	32
33	34	35	36
37	38	39	40

41	42	43	44
45	46	47	48
49	50	51	52
53	54	55	56
57	58	59	60

61	62	63	64
65	66	67	68
69	70	71	72
73	74	75	76
77	78	79	80

81	82	83	84
85	86	87	88
89	90	91	92
93	94	95	96
97			

第九章

轿车前视和后视造型匹配创新与设计策略

第一节 概 述

轿车前视造型是人们对轿车造型进行视觉感知的焦点区域,也是左右人们对造型认知的核心因素之一。在轿车外观造型设计中,前视造型是设计重点之一。由于后视方向是前视方向的对应视角,轿车的后视造型和前视造型有着紧密的呼应和对比联系,两者间的匹配性,对消费者对于轿车整体造型的审美认知具有重要影响。

在轿车外观造型设计过程中,主要从前视图、侧视图(主视图)、后视图、顶视图等正视视角以及前 45°、后 45°等透视视角进行设计方案构思和表达。设计师在进行方案设计时往往更重视前视和侧视的造型,容易忽视后视、顶视的造型设计,从而很容易影响整车不同角度造型匹配和设计美感。在轿车造型创新设计过程中,如何实现轿车前视造型和后视造型之间的匹配性,平衡好两者之间的协同与变化关系,从而借助匹配、协调前视和后视的造型有效提升轿车产品的美感、认知度和品质感,是一个值得研究而又有挑战的问题。

一、轿车造型匹配及其衡量标准

匹配,也可以称为相配或搭配,是指两个事物按适当的标准或比例加以配合或分配。"匹配"一词在不同的领域有着不同的意思,它既是数学语言,又是计算机方面的术语,其含义复杂多变。在设计领域,匹配的含义更为复杂,原因首先在于影响匹配效果的因素较多,这些因素不仅包含事物本身内部因素的匹配,还包含事物与外部因素的匹配。其次,匹配的评判标准更为复杂:在设计中的匹配不仅包含相似的概念,而且还包含美学原则的应用、人对事物的感性认知匹配等。在造型设计中,匹配指的是如果某物设计的颜色、造型、材质等元素与另一事物的相同、相似或者有联系、呼应的关系,或者当两个事物的设计搭配在一起时具有令人愉悦的外观,则两者的造型就是匹配的。

造型特征反映在实体特征、风格意象特征和文化特征等方面。本研究中使用下面 3 个标准来衡量轿车造型设计是否匹配。

(一) 轿车造型特征相似性

在这里,造型的相似性主要指的是造型实体特征元素的相似程度,比如某轿车前视和后视的造型中都采用了大面积的六边形且有棱角的造型要素,并且前大灯和尾灯的轮廓、灯带形状的设计相似,那么可以认为这两个造型是相似的。

(二) 轿车造型风格意象呼应性

两个对象的造型特征包含相似或配套的元素,比如都采用了流线型或曲线设计,从而带给人相似的心理意象认知;或者造型设计采用了相似的理念,比如都采用了简洁的设计风格,就可以认为两者的造型是相联系或者相呼应的。相似性与呼应性的区别在于,前者更偏向于客观的造型特征相似或者相同,后者则更偏向于造型给人的感性认知即风格意象上的相似程度。

（三）轿车造型搭配审美性

狭义的造型匹配仅包含相似和呼应性,即如果两个造型符合前两个标准中的任意一条或者两条,那么就可以认为这两个造型是匹配的。但广义的造型匹配应引入美学搭配原则作为评判标准,比如 A、B 两个造型都采用了直线的、锋利的设计元素,但 B 造型增添了一些曲线的局部设计元素以增加造型的变化和趣味性。在这种情况下,虽然两个造型之间的相似性和呼应性有所降低,但如果 A、B 两者搭配起来能够让人感到变化之美和愉悦,具有审美价值,那么 A、B 造型依然可以被认为是匹配的。

以上 3 个衡量标准中,造型特征相似性和风格意象呼应性是最主要的标准,对造型的匹配程度和质量起决定性作用,造型搭配审美性则是辅助性的但又起微妙作用的衡量标准。

二、形式美法则与轿车造型匹配

形式美法则是人类在创造美和美的形式的过程中总结得到的美学经验和规律,主要用于指导事物的外观因素和组合关系的设计。研究、探索和掌握形式美的法则和规律可以提升人们对美的敏感度,从而更好地创造美的形式和内容高度一致的事物。形式美法则主要包括比例、对称、稳定、韵律等 10 个方面的内容。在造型设计中,这些法则都能得到相应的应用。

（1）比例与尺度。轿车造型的比例主要是指整车比例以及局部造型之间的比例,例如前视和后视造型的宽高比、侧视的长高比、进气格栅在前脸中的面积占比等。

（2）对称与均衡。轿车造型的对称与均衡主要是指视觉感官上的稳重感和秩序感。平衡是一种动态的理念,例如体育运动、动物飞行和奔跑、水的流动等展现的动态。平衡的构成需要具有动态。因此,轿车造型的平衡需要带给人们有序的动态美感。

（3）稳定与轻巧。物体的视觉重心位置与视觉认知中的稳定感密切相关。颜色或明暗分布也会影响视觉重心。如果要使轿车造型给人以稳定感,则需要使视觉重心降低,这样就能使轿车造型看起来更加安定。

(4)节奏与韵律。节奏是音乐中音频节拍的变化和重复。在造型设计中,可通过重复和重叠元素(例如点、线、面、灯光和颜色)来表达节奏和美感。节奏感的表达一般包括循环、渐变、连续和交错等形式。

(5)统一与变化。轿车造型从各个角度观看或各部分的造型要素如果协调、统一,那么就能给人带来整体感、畅快感。但如果只有统一的造型要素,但缺乏变化,则容易使人感到乏味,降低美感。

(5)调和与对比。如果造型要素之间有过大的差异,那么需要通过过渡性设计来调和。对比是通过突出造型要素之间的差异来增加生动性与活力。

(7)过渡与呼应。通过圆角、棱线等造型要素进行过渡特征设计,以增强造型的整体感、协调感和灵活性。呼应则是造型要素之间的相互照应和关联,用于增强统一感。

(8)比拟。在轿车造型设计中,比拟的手法通常表现为,在对自然界中事物加以抽象概括和升华后,将其特征应用于设计中,从而使造型更加生动。最典型的比拟手法就是仿生设计,如轿车前脸的表情设计。

(9)单纯与和谐。在轿车造型中追求简洁明快的风格,在单纯的形体风格中体现和谐性。

(10)静感和动感。在轿车造型中,动感、力量感、安全感和稳重感是比较常见的设计风格。通常在外观造型中追求动感的较多,而在内饰设计中多追求安全感、稳定感和舒适感。

在上述形式美法则中,统一与变化、调和与对比、过渡与呼应等多条法则与造型协调性问题直接相关。借鉴这3条法则的具体描述,可对前述的造型搭配审美性这一衡量标准进行具体定义,即造型搭配审美性就是指造型匹配中的对比与变化性。

造型特征相似性、风格意象呼应性、造型匹配对比与变化性之间,存在着辩证关系。首先,相似性与呼应性是造型匹配程度的基本衡量标准,运用这两个衡量标准可判断造型是否匹配。其次,对比与变化性是造型匹配程度的深入衡量标准,运用这个衡量标准可评价造型匹配的优劣。最后,相似性、呼应性、对比与变化性之间存在着相互影响的关系。当相似性与呼应性越强,则对比与变化性越弱;反之亦然。因此,如果两个造型相匹配而且匹配设计是优化解时,那么这两个造型之间应该具有较强的相似性、呼应性,并且同时存在一定量的对比与变化性。

由此,对造型匹配的3条衡量标准之间的关系,可以进一步描述如下:①当两个造型符合相似性和呼应性中的某一条或同时两条标准时,可以认为这两个造型是匹配的。②当两个造型符合相似性和呼应性中的某一条或同时两条标准,且具有适当的对比与变化性时,可以认为这两个造型是匹配设计优化解。

对于形式美的其他法则,如比拟、节奏等,可以提炼出一些风格意象和造型特征的分类和评价指标,比如比例尺寸、稳定性、静感、动感、简洁等。但由于这些内容与造型匹配没有直接关联,且可以归入造型特征相似性、风格意象呼应性等衡量标准中,因此不作为主要考量。

第二节　轿车造型特征解构与特征线定义

一、轿车造型特征的解构

造型主要是指被创造物体的视觉形象是功能、风格、情感和文化的载体。产品造型通过外观形状、色彩和其他元素使人们产生联想,从而影响人们对产品的整体印象。造型是一个包含多个维度和元素的概念,通常可分为造型实体、实体对应的心理情感意象和文化传达3个层面[1][2]。其中,造型实体具有物理属性,通常包含点、线、面、体等几何要素。

特征是一种特殊的标志或符号,具有识别性、显著性和独特性[3]。对轿车产品而言,轿车造型特征作为视觉识别的基本单位,必须具备唯一性、完整性和最小性[4]。造型特征是消费者/用户进行造型感知和识别的重要元素,须具有差异性和唯一性。任何造型特征本身必须完整,才能成为视觉模式识别和整体造型认知的基本单位。造型特征在视觉识别模式中都是不可继续拆分的,具备最小性。轿车造型特征解构有多种方式,最主要的有按照轿车部件拆分、按照特征线拆分和按照点、线、面拆分等3种方式。

按照特征线拆分方式进行轿车造型特征解构时,用线来表达造型,既能准确完整地传达大部分的造型内容,又能简化造型,方便分析和研究。同时在轿车设计过程中,线是草图的主要构成部分和形体表达手段,设计师通过线来完成轿车造型的最初方案设计,因此用线来描述轿车造型是常见的一种造型解构方法。

轿车外观造型包括前视、后视、侧视和顶视 4 个基本面造型,它们作为轿车结构的主要控制面,构成了轿车的整车造型和主体风格,因此 4 个面上的造型特征可以用于描述轿车的整体造型。

这种造型特征线划分方法的优势在于能够对造型信息进行简化,突出关键信息和造型要素的关联性,便于分析。而缺点在于过于平面化,会损失面和体的造型信息,在表达真实的造型时有一定的失真。

二、轿车造型特征线的定义

(一) 轿车前视造型特征线分析与定义

1. 前视造型特征线的定义

对轿车前视造型,归纳、提取 20 条特征线,分别描述为顶盖轮廓线、侧窗轮廓线、侧围轮廓线、前围轮廓线、车底线、进气口下沿线、前风窗下沿线、进气口上沿线、引擎盖棱线(一)、引擎盖棱线(二)、前保险杠上沿线、前大灯外侧沿线、前大灯上沿线、前大灯内侧沿线、前大灯下沿线、格栅上沿线、格栅侧沿线、格栅下沿线、雾灯上沿线、雾灯下沿线,并分别对应标记为前视特征线(A)、(B)、(C)、(D)、(E)、(F)、(G)、(H)、(I)、(J)、(K)、(L)、(M)、(N)、(O)、(P)、(Q)、(R)、(S)、(T),如图 9-1 所示。

2. 前视造型特征面的划分

基本面包括前风窗、前大灯、引擎盖、进气格栅、前保险杠正面;衔接面包括顶盖、A柱、引擎盖两侧、引擎盖到侧围的转折面、前保险杠上沿面、进气口转折面;补差面包括进气口、雾灯。

3. 前视造型体征的划分

主要包括车身宽高比例,以及前大灯、雾灯、进气格栅、进气口等局部部件。

特征线标记符	特征线描述
(A)	顶盖轮廓线
(B)	侧窗轮廓线
(C)	侧围轮廓线
(D)	前围轮廓线
(E)	车底线
(F)	进气口下沿线
(G)	前风窗下沿线
(H)	进气口上沿线
(I)	引擎盖棱线(一)
(J)	引擎盖棱线(二)
(K)	前保险杠上沿线
(L)	前大灯外侧沿线
(M)	前大灯上沿线
(N)	前大灯内侧沿线
(O)	前大灯下沿线
(P)	格栅上沿线
(Q)	格栅侧沿线
(R)	格栅下沿线
(S)	雾灯上沿线
(T)	雾灯下沿线

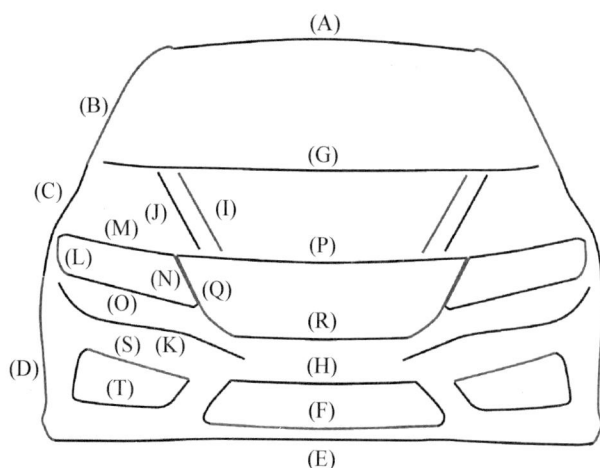

图 9-1 轿车前视造型特征线的定义、标记与描述

（二）轿车后视造型特征线分析与定义

1. 后视造型特征线的定义

对轿车后视造型归纳、提取为 21 条特征线，分别描述为顶盖轮廓线、侧窗轮廓线、肩部轮廓线、侧围轮廓线、侧面车底线、车底线、后风窗下沿线、行李箱盖转折线、行李箱盖上沿线、行李箱盖侧沿线、行李箱盖下沿线、尾灯外侧沿线、尾灯上沿线、尾灯下沿线、尾灯内侧沿线、牌照区上沿线、牌照区侧沿线、牌照区下沿线、后保险杠底部线、后保险杠上沿线、后保险杠下沿线，并对应标记为后视特征线（a）、（b）、（c）、（d）、（e）、（f）、（g）、（h）、（i）、（j）、（k）、（l）、（m）、（o）、（q）、（p）、（r）、（s）、（t）、（u）、（v），如图 9 - 2 所示。

特征线标记符	特征线描述
（a）	顶盖轮廓线
（b）	侧窗轮廓线
（c）	肩部轮廓线
（d）	侧围轮廓线
（e）	侧面车底线
（f）	车底线
（g）	后风窗下沿线
（h）	行李箱盖转折线
（i）	行李箱盖上沿线
（j）	行李箱盖侧沿线
（k）	行李箱盖下沿线
（l）	尾灯外侧沿线
（m）	尾灯上沿线
（o）	尾灯下沿线
（q）	尾灯内侧沿线
（p）	牌照区上沿线
（r）	牌照区侧沿线
（s）	牌照区下沿线
（t）	后保险杠底部线
（u）	后保险杠上沿线
（v）	后保险杠下沿线

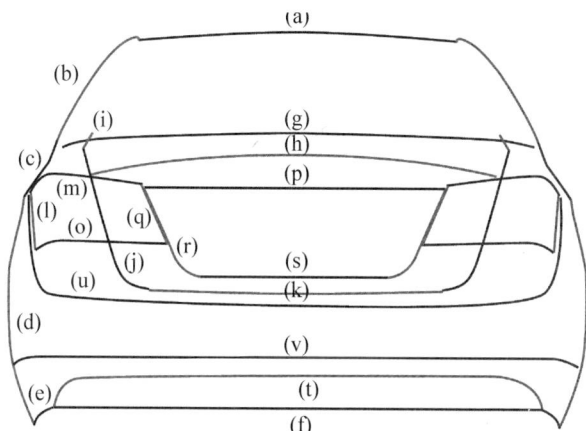

图 9-2　轿车后视造型特征线的定义、标记与描述

2. 后视造型特征面的划分

基本面包括后风窗、行李箱盖上沿面和正面、尾灯、后保险杠正面；衔接面包括顶盖、行李箱盖两侧、侧围面、后保险杠上沿面、C柱；补差面包括牌照区。

3. 后视造型体征的划分

主要包括车身宽高比例以及尾灯、行李箱盖、后保险杠等局部部件。

第三节　轿车前视和后视造型匹配评价基础模型

采用层次分析法搭建轿车前视和后视造型匹配评价的基础模型。层次分析法的一般过程，首先将复杂问题进行分解，然后基于相对标度测量和评价分解得到要素的重要程度，最后进行两两对比得到每层要素的权重。

前面已确立轿车前视和后视造型匹配衡量的 3 条标准，即造型特征相似性、风格意象呼应性和造型搭配审美性。这 3 个主要因素又分别由若干个未知子因素构成（见图 9-3），子因素之间的关系将在后续的消费者/用户研究实验中得出，这里暂不涉及权重计算。由于只涉及 3 个主要因素，使用单层次模糊综合评价的方法。

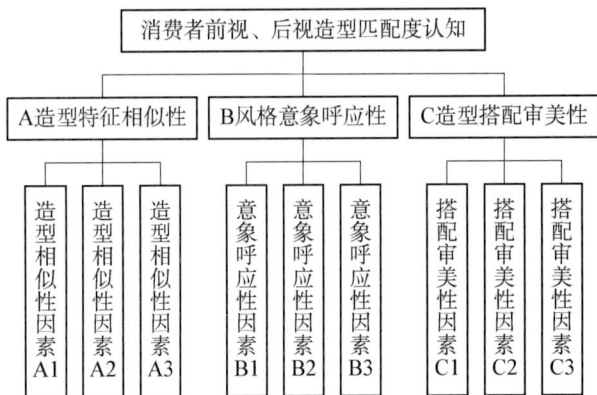

图 9-3 消费者对轿车前视、后视造型匹配认知的层次结构图示意

确定了要素后,需要通过数值判断矩阵来确定权重。创建数值判断矩阵的具体做法是基于 1~9 阶标度法,将要素两两对比并赋值,从而将认知判断加以量化。在这 3 个要素中,造型特征相似性比风格意象呼应性略微重要,赋值为 3/2;造型特征相似性比造型搭配审美性稍微重要,赋值为 3;风格意象呼应性比造型搭配审美性略微重要,赋值为 3/2。

这样,得到判断矩阵 $\boldsymbol{D}$ 为

$$\boldsymbol{D} = \begin{bmatrix} AA & AB & AC \\ BA & BB & BC \\ CA & CB & CC \end{bmatrix} = \begin{bmatrix} 1 & 3/2 & 3 \\ 2/3 & 1 & 3/2 \\ 1/3 & 2/3 & 1 \end{bmatrix}$$

基于矩阵 $\boldsymbol{D}$ 进行层次单排序,即计算特征根和特征向量。首先将矩阵的 3 列数据进行归一化处理,即分别求出 3 列的和,然后将矩阵每项的值除以对应列的和,得到新的规范化矩阵 $\boldsymbol{E}$:

$$\boldsymbol{E} = \begin{bmatrix} 0.500 & 0.474 & 0.545 \\ 0.333 & 0.316 & 0.273 \\ 0.167 & 0.211 & 0.182 \end{bmatrix}$$

将矩阵 $\boldsymbol{E}$ 的每一行分别求和,得到 3 个特征向量分别为 1.519,0.922,

0.560。再将 3 个特征向量归一化,求出 3 个因素的权重 W 分别是:$W_A = 50.6\%$,$W_B = 30.7\%$,$W_C = 18.6\%$。

最后进行矩阵一致性检验。首先计算最大特征根:

$$\lambda_{\max} = \frac{\sum EW_i}{nW_i}(n = 3,\ i = 1,\ 2,\ 3)$$

根据公式求得最大特征根为 3.009。此后基于最大特征根,计算一致性指标 CI,平均随机一致性指标 RI 和随机一致性比率 CR。其中 CI 为

$$CI = \frac{\lambda_{\max} - n}{n - 1} = \frac{3.009\,2 - 3}{3 - 1} = 0.004\,6$$

RI 的值可以根据表 9-1 查阅得到,3 阶矩阵的 $RI = 0.58$。进而将 CI 和 RI 相除,得到 $CR = 0.007\,9$。当 CR 小于 0.01 时,可以认为判断矩阵具有良好的一致性。因此,所求得的权重有效。

表 9-1　1～9 阶矩阵平均随机一致性指标

阶数	1	2	3	4	5	6	7	8	9
RI	0.00	0.00	0.58	0.90	1.12	1.24	1.32	1.41	1.45

于是可得到轿车前视和后视造型匹配评价的基础模型为:

前视、后视造型匹配程度 = 0.506×(造型特征相似性程度) + 0.307×(风格意象呼应性程度) + 0.186×(造型搭配审美性程度),其中,造型特征相似性、风格意象呼应性、造型搭配审美性等 3 个方面程度衡量与计算方式,将在后续逐一地展开分析。

第四节　消费者/用户调研的被试选取

在我国,轿车已经由地位和财富的象征转变为日常生活必需的消费品和交通工具,消费者购买轿车时所看重的因素也在不断变化。同时,在我国轿车产品消费

中,主力消费群体的年龄、地区、性别等特征也发生了一定的变化。

（1）从年龄角度来看,20～40 岁的人群是轿车市场的主力消费群体。根据2016 年的统计数据,在 30～40 岁的人群中,有超过一半的人已购买了汽车;而在20～30 岁的人群中,虽然已购车者所占比例较小,但有超过 40% 的人非常关注汽车,是极具潜力的消费群体;在超过 40 岁的人群中,由于对轿车的需求量降低,因此购车的人较少(见图 9-4)。根据 2017 年的统计数据,"80 后"消费者中有接近一半的人已购买了汽车,"90 后"则有约 26% 的人有购车行为[5]。

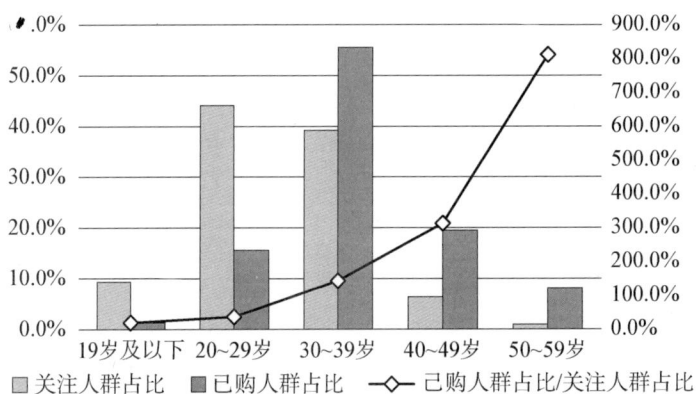

图 9-4　2016 年的潜在购车群体

（2）从地区角度来看,消费"下沉"趋势明显。虽然大城市的限制措施(限购、限行、牌照限制等)使得消费者对轿车的购买欲望受到抑制,导致轿车销量增长速度下降,但总体来说大城市的轿车消费维持在一个较高的水平。与此同时,在中、小城市中,由于相对宽松的购车政策以及居民收入的增加,轿车销量大幅提升。

（3）从性别角度来看,男性消费者依然占据消费群体的主要地位。不过,根据2015—2016 年汽车消费的统计情况,女性消费者对轿车消费的贡献已超过 30%,虽然相比以前已有大幅度增长,但女性消费者的消费潜力仍十分巨大。

基于上述现状,本研究选择 20～40 岁的城市人群作为被试,并且控制被试的男女比例各在 50% 左右。

第五节　造型样品和意象词的搜集与处理

一、造型样品的图片搜集与处理

根据相关数据,我国轿车市场份额主要集中在紧凑型轿车和中型轿车中,两者约占80%的市场份额[6]。因此,在车型选择方面,确定排量在1.4 L～2.5 L的三厢轿车作为研究对象。此外,在品牌选择方面,将目前活跃在我国轿车市场上的绝大部分品牌加以考虑,涵盖国产、日、德、美、韩、法等六大系轿车产品。选取的32个轿车产品品牌如表9-2所示。在产品上市的时间方面,选取2016—2018年在售的较新车型。

表9-2　选取的轿车造型样品的品牌

北京奔驰	北京现代	比亚迪	长安福特	长安马自达	长安自主品牌	长城	东风本田
东风标致	东风日产	东风雪铁龙	东风自主品牌	东风雷诺	东风起亚	广汽本田	广汽丰田
广汽自主品牌	观致	华晨宝马	奇瑞	上汽大众	上汽通用别克	上汽通用雪佛兰	上汽通用五菱
上汽MG	上汽荣威	一汽奥迪	一汽大众	一汽丰田	一汽红旗	一汽马自达	一汽自主品牌

轿车造型样品的前视和后视角度的图片是从国内主要汽车资讯服务网站和企业官网上搜集的。这些照片并不太会是从标准的前视或后视角度拍摄的,因此,在筛选图片时,出于减少实验误差的考虑,选择尽量接近前视图和后视图拍摄角度的图片;同时,尽可能选择清晰的、车身色彩明度适中的、无曝光过度或曝光不足的图片。经过筛选,最终搜集到129款车型的前视和后视造型样品(图片)。

随后,对这129张造型图片进行统一的处理,具体包括:去除造型照片的背景,用白色替代;对品牌标志以及牌照等进行模糊化或者去除的处理;将图片幅面调整为统一的大小,并且使用相同的造型高度,将造型主题放置在图片幅面的中间位置;将照片处理为黑白图片,同时,进行微调,以保障造型形体能被清晰辨认;对地面上的阴影进行一致的修饰;最后,在图片右下角,将图片分别以 P1、P2、P3……P127、P128、P129 进行编号标注(见图 9-5、图 9-6),并用 Excel 表格记录下每个编号对应的车型信息。经过处理后的图片更能突出轿车造型的主体特征,有利于在后续消费者/用户调研中让被试进行造型认知和评判。

P67

图 9-5 轿车前视造型图片处理结果示例

P28

图 9-6 轿车后视造型图片处理结果示例

二、造型样品的初步筛选

同一个轿车品牌的多种车型往往有比较相似的外观造型。采取如下步骤对 129 款车型的前视和后视造型样品进行初步筛选,以移除相似的造型,也有利于后续的调研工作。

邀请 10 位有设计专业背景的 20～30 岁被试(5 位为男性被试、5 位为女性被试),分别进行前视造型、后视造型的相似性判断实验。共得到对前视造型、后视造型进行相似性判断的各 10 份相似性矩阵数据。

以均值化相似性矩阵数据进行系统聚类分析,分析并设定前视造型、后视造型合适的分组数分别为 7 组、9 组。再分别进行"K-均值"聚类分析,分别得到前视造型、后视造型每组包含的具体样品以及各组中每个样品到所在组的中心的距离值。

对比各组的每个样品到所在组的中心的距离值,选出前 60% 的、到所在组中心的距离值较小的造型样品。这样,分别得到前视造型 76 款、后视造型 80 款。将这些样品图片随机编号,前视造型样品图片分别编为 F1、F2、F3 …… F74、F75、F76,后视造型样品图片分别编为 R1、R2、R3 …… R78、R79、R80。

三、意象词的搜集

在造型设计中,意象词主要是指人们对于造型的感知印象的词语描述。本研究中,意象词将用于轿车造型的风格意象呼应性匹配研究。

从汽车资讯网站、汽车造型研究文献、汽车品牌官网、汽车商城、汽车论坛等途径搜集用于描述轿车造型的意象词。在搜集的过程中,尽量保证意象词含义涵盖较为全面。最终归纳、整理出 91 个意象词,如表 9 - 3 所示。

表 9 - 3 91 个意象词

主题	次级主题	意 象 词
审美意象	外观	时尚的、传统的、现代的、圆润的、流畅的、流线型的、锐利的、饱满的、阳刚的、硬朗的、锋利的、曲线的、生硬的、霸气的、大气的、气派的、洋气的
	情感	Q版的、可爱的、温暖的、严肃的、沉静的、有亲和力的、张扬的、亲切的、温润的、静谧的、浪漫的、奔放的、活泼的、优雅的、典雅的、耀眼的、柔和的、随性的
	功能	休闲的、商务的、有趣的
	工艺	精细的、有质感的、精致的、别致的、细腻的
造型意象	安全	有力量的、安全的、敦实的
	尺寸和重量	厚重的、灵巧的、轻盈的、小巧的、轻快的、纤巧的、稳重的
效用意象	识别度	独一无二的、前卫的、独特的、平凡的、有创意的、个性的、大众化的、内敛的、低调的、朴实的
	工效学	舒适的、灵活的、复杂的、简洁的
	价格	贵族的、雍容的、高档的、廉价的、高贵的、奢华的、高端的
	设计元素和原则	和谐的、有韵律的、动感的、立体感强的
	设计风格和理念	抽象的、几何感的、复古的、未来的、古典的、怀旧的、科技感的、有艺术感的、炫酷的、粗犷的、大方的、自然的、清新的

第六节 代表性造型样品的选取

一、代表性前视造型样品的选取

邀请 20~40 岁、具有不同行业背景的被试，在本研究团队开发的软件工具（见图 9-7）中进行前视造型相似性判断实验。每个被试根据自己对造型相似性程度的认知和判断，使用该工具完成对 76 款前视造型样品的分组任务。最后共得到有效数据 33 份，分别来自 17 位男性被试、16 位女性被试。

图 9-7 前视造型特征相似性判断实验工具的界面

求得均值化的相似性矩阵数据，以此进行系统聚类分析（Ward 连接选项），得到树状图（见图 9-8），根据观察和分析进行初步判定，将分组数设定为 6、9 或 11。

当设定分组数为 6 时，每组的样品分布如表 9-4 所示。当设定分组数为 9 时，每组的样品分布如表 9-5 所示。当设定分组数为 11 时，每组的样品分布如表 9-6 所示。可观察到，当分组数为 6 时，除了有一组内样品数量较多，另一组内样品数量较少以外，其他各组内样品数量非常相近。当分组数为 9 或 11 时，分组内样品数量的差异较大。因此，最终使用 6 组的分组数。

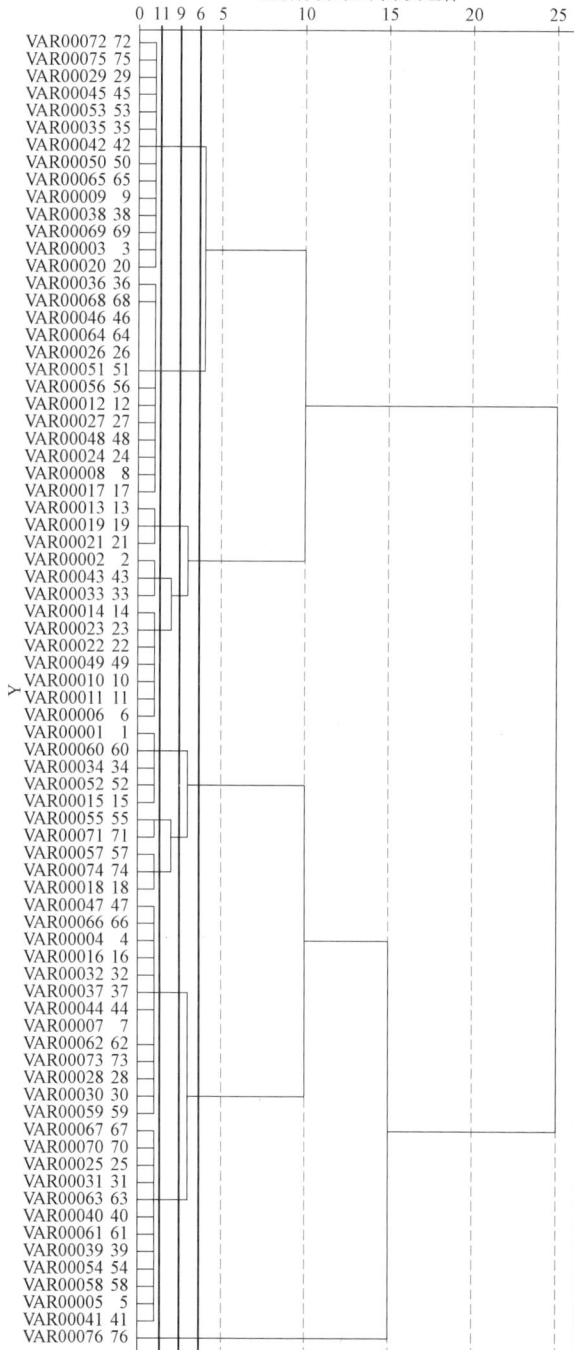

图9-8　前视造型系统聚类分析的树状图

表 9-4 分组数为 6 时的系统聚类分析结果

表 9-4　分组数为 6 时的系统聚类分析结果

组别	样品数	具 体 样 品
1	14	72、75、29、45、53、35、42、50、65、9、38、69、3、20
2	13	36、68、46、64、26、51、56、12、27、48、24、8、17
3	13	13、19、21、2、43、33、14、23、22、49、10、11、6
4	10	1、60、34、52、15、55、71、57、74、18
5	25	47、66、4、16、32、37、44、7、62、73、28、30、59、67、70、25、31、63、40、61、39、54、58、5、41
6	1	76

表 9-5　分组数为 9 时的系统聚类分析结果

组别	样品数	具 体 样 品
1	14	72、75、29、45、53、35、42、50、65、9、38、69、3、20
2	13	36、68、46、64、26、51、56、12、27、48、24、8、17
3	3	13、19、21
4	10	2、43、33、14、23、22、49、10、11、6
5	5	1、60、34、52、15
6	5	55、71、57、74、18
7	13	47、66、4、16、32、37、44、7、62、73、28、30、59
8	12	67、70、25、31、63、40、61、39、54、58、5、41
9	1	76

表 9-6　分组数为 11 时的系统聚类分析结果

组别	样品数	具 体 样 品
1	14	72、75、29、45、53、35、42、50、65、9、38、69、3、20
2	13	36、68、46、64、26、51、56、12、27、48、24、8、17
3	3	13、19、21
4	3	2、43、33
5	7	14、23、22、49、10、11、6
6	5	1、60、34、52、15
7	2	55、71
8	3	57、74、18
9	13	47、66、4、16、32、37、44、7、62、73、28、30、59
10	12	67、70、25、31、63、40、61、39、54、58、5、41
11	1	76

然后,进行"K-均值"聚类分析,分析时设定分组数为6,并选择距离度量为欧氏距离。得到每个分组具体包含的样品以及每组中每个样品到所在组中心的距离值。所得到的6个分组中所包含的样品数分别为16个、11个、12个、12个、11个、14个。各个分组具体包含的样品的编号和样品到其所在组的中心的距离值,分别如表9-7至表9-12所示。

表9-7 前视造型"K-均值"聚类分析的第一组结果

样品	距离值	样品	距离值
F1	0.592	F54	0.084
F3	0.371	F59	0.087
F4	0.321	F61	0.079
F5	0.292	F67	0.074
F16	0.153	F70	0.069
F18	0.152	F71	0.075
F30	0.122	F76	0.074
F34	0.105	第一组:共计16个样品	
F41	0.104		

表9-8 前视造型"K-均值"聚类分析的第二组结果

样品	距离值	样品	距离值
F10	0.179	F46	0.088
F11	0.173	F51	0.095
F13	0.159	F56	0.076
F14	0.156	F68	0.062
F32	0.107	F75	0.069
F37	0.093	第二组:共计11个样品	

表9-9 前视造型"K-均值"聚类分析的第三组结果

样品	距离值	样品	距离值
F19	0.156	F48	0.084
F21	0.154	F50	0.106
F24	0.138	F52	0.095
F27	0.126	F62	0.075
F38	0.114	F69	0.089
F43	0.109	第三组:共计12个样品	
F44	0.086		

表 9-10 前视造型"K-均值"聚类分析的第四组结果

样品	距离值	样品	距离值
F15	0.155	F57	0.086
F20	0.139	F60	0.067
F25	0.130	F64	0.096
F39	0.070	F73	0.076
F45	0.099	F74	0.055
F47	0.093	第四组：共计 12 个样品	
F55	0.089		

表 9-11 前视造型"K-均值"聚类分析的第五组结果

样品	距离值	样品	距离值
F6	0.275	F36	0.134
F7	0.248	F42	0.098
F23	0.112	F49	0.093
F26	0.114	F65	0.122
F28	0.073	F72	0.096
F29	0.083	第五组：共计 11 个样品	

表 9-12 前视造型"K-均值"聚类分析的第六组结果

样品	距离值	样品	距离值
F2	0.069	F35	0.094
F8	0.220	F40	0.090
F9	0.193	F53	0.086
F12	0.159	F58	0.115
F17	0 149	F63	0.446
F22	0.127	F66	0.060
F31	0.073	第六组：共计 14 个样品	
F33	0.097		

　　然后，根据分组中每个样品到所在组的中心的距离值大小，选取每组的代表性造型样品。这里选择出每组中距离值较小的 3 个样品，6 个分组中的代表性造型样品编号分别为：第一组——F70、F67、F76，第二组——F68、F75、F56，第三组——F62、F48、F44，第四组——F74、F60、F39，第五组——F28、F29、F49，第六组——F66、F2、F31。

F70–东风雪铁龙
C5 2013款

F67–一汽大众捷达

F76–东风本田思域

F68–广汽丰田
凯美瑞2016款

F56–东风日产阳光

F75–长安福特福克斯

F62–上汽通用雪佛兰
爱唯欧2014款

F44–华晨宝马3系

F48–北京奔驰C级
2016款 C 350eL 2.0T

F74–广汽传祺
GA3S视界2014款

F39–广汽传祺GA5

F60–比亚迪秦

F28–长安福特
金牛座2017款

F29–上汽通用别克君威

F49–长安福特嘉年华

F66–东风雪铁龙
爱丽舍2016款

F2–长安悦翔V5

F31–一汽丰田威驰

图9-9　代表性前视造型样品

这样共计选取 18 款具有代表性的前视造型样品,如图 9 - 9 所示。它们将被用于后续的语义评价实验,其中有 6 款造型样品的距离值最小、造型最具代表性,将用于后续的前视和后视造型匹配实验。这 6 款造型样品对应的车型分别为 F70 -东风雪铁龙 C5、F68 -广汽丰田凯美瑞、F62 -上汽通用雪佛兰爱唯欧、F74 -广汽传祺 GA3S 视界、F28 -长安福特金牛座和 F66 -东风雪铁龙爱丽舍。

二、代表性后视造型样品的选取

邀请 20～40 岁、具有不同行业背景的被试进行后视造型相似性判断实验。实验同样在造型相似性判断软件工具中进行。每个被试使用该工具完成对 80 款后视造型样品的分组任务。最后共得到有效数据 39 份,分别来自 20 位男性被试、19 位女性被试。

求出均值化的相似性矩阵数据,进行系统聚类分析,得到树状图结果,如图 9 - 10 所示。初步判断分组数可为 6、7 或 12。

在树状图上画上分组截线,可观察到当分组数分别为 6、7 或 12 时,各组内样品分布分别如表 9 - 13 至表 9 - 15 所示。比较 3 种分组方式下各组内样品分布的均匀程度,确认 7 组是最合适的分组数。

表 9 - 13　分组数为 6 时的系统聚类分析结果

组别	样品数	具 体 样 品
1	5	74、79、67、73、78
2	26	41、64、16、40、71、17、18、60、72、42、61、29、50、58、3、24、35、59、62、12、26、25、69、5、9、15
3	1	80
4	15	22、55、8、66、70、20、54、4、45、75、30、43、46、1、21
5	14	33、49、2、13、31、68、77、10、53、63、47、48、11、19
6	19	44、76、14、38、36、57、34、28、65、52、56、32、27、51、6、37、39、7、23

使用Ward连接的谱系图
重新标度的距离聚类组合

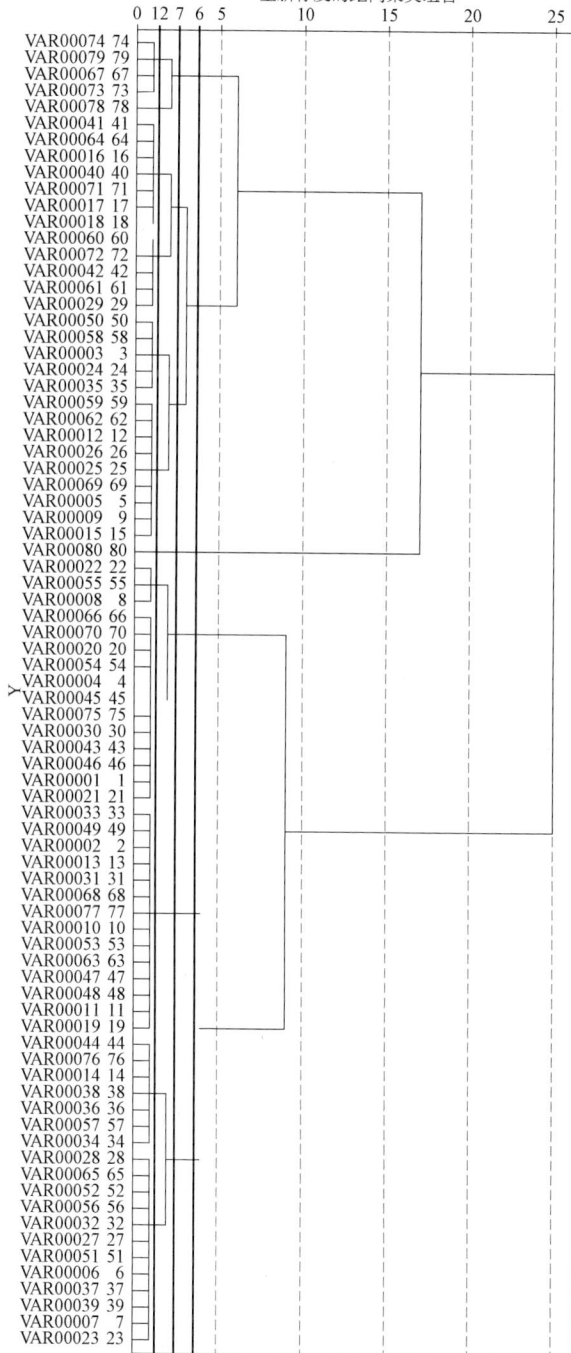

图9-10　后视造型系统聚类分析的树状图

表9-14　分组数为 7 时的系统聚类分析结果

组别	样品数	具 体 样 品
1	5	74、79、67、73、78
2	12	41、64、16、40、71、17、18、60、72、42、61、29
3	13	50、58、3、24、35、59、62、12、26、25、69、5、9、15
4	1	80
5	15	22、55、8、66、70、20、54、4、45、75、30、43、46、1、21
6	14	33、49、2、13、31、68、77、10、53、63、47、48、11、19
7	19	44、76、14、38、36、57、34、28、65、52、56、32、27、51、6、37、39、7、23

表9-15　分组数为 12 时的系统聚类分析结果

组别	样品数	具 体 样 品
1	4	74、79、67、73
2	1	78
3	7	41、64、16、40、71、17、18
4	5	60、72、42、61、29
5	5	50、58、3、24、35
6	8	59、62、12、26、25、69、5、9、15
7	1	80
8	3	22、55、8、
9	12	66、70、20、54、4、45、75、30、43、46、1、21
10	14	33、49、2、13、31、68、77、10、53、63、47、48、11、19
11	7	44、76、14、38、36、57、34
12	12	28、65、52、56、32、27、51、6、37、39、7、23

　　然后,进行"K-均值"聚类分析。分析时设定分组数为 7。分析结果中,每个分组内包含的样品数量分别为 11 个、13 个、9 个、12 个、12 个、10 个、13 个。具体样品编号及每个样品到所在组中心的距离值如表9-16 至表9-22 所示。

表9-16　后视造型"K-均值"聚类分析的第一组结果

样品	距离值	样品	距离值
R2	0.432	R11	0.191
R5	0.271	R72	0.073
R7	0.222	R73	0.068
R9	0.202	R74	0.071

样品	距离值	样品	距离值
R78	0.059	R80	0.063
R79	0.069	第一组：共计 11 个样品	

表 9-17　后视造型"K-均值"聚类分析的第二组结果

样品	距离值	样品	距离值
R6	0.234	R44	0.09
R13	0.167	R45	0.081
R14	0.152	R46	0.076
R22	0.141	R48	0.079
R34	0.105	R56	0.061
R37	0.091	R57	0.088
R43	0.090	第二组：共计 13 个样品	

表 9-18　后视造型"K-均值"聚类分析的第三组结果

样品	距离值	样品	距离值
R1	0.628	R55	0.069
R4	0.296	R64	0.094
R39	0.108	R70	0.086
R50	0.081	R77	0.077
R54	0.092	第三组：共计 9 个样品	

表 9-19　后视造型"K-均值"聚类分析的第四组结果

样品	距离值	样品	距离值
R8	0.242	R51	0.093
R19	0.145	R65	0.083
R20	0.136	R68	0.098
R21	0.132	R75	0.063
R31	0.118	R76	0.083
R32	0.105	第四组：共计 12 个样品	
R41	0.076		

表9-20 后视造型"K-均值"聚类分析的第五组结果

样品	距离值	样品	距离值
R3	0.342	R42	0.094
R10	0.199	R59	0.079
R12	0.174	R67	0.072
R15	0.155	R69	0.061
R17	0.142	R71	0.074
R36	0.111	第五组：共计12个样品	
R40	0.091		

表9-21 后视造型"K-均值"聚类分析的第六组结果

样品	距离值	样品	距离值
R24	0.126	R49	0.072
R27	0.121	R61	0.087
R28	0.112	R63	0.069
R29	0.078	R66	0.115
R30	0.111	第六组：共计10个样品	
R47	0.090		

表9-22 后视造型"K-均值"聚类分析的第七组结果

样品	距离值	样品	距离值
R16	0.155	R38	0.107
R18	0.151	R52	0.087
R23	0.130	R53	0.091
R25	0.120	R58	0.072
R26	0.128	R60	0.105
R33	0.067	R62	0.065
R35	0.101	第七组：共计13个样品	

然后,选出每组内距离值较小的3个样品作为代表性造型样品。7个分组中的代表性样品分别是第一组——R78、R80、R73,第二组——R56、R46、R48,第三组——R55、R77、R50,第四组——R75、R41、R65,第五组——R69、R67、R71,第六组——R63、R49、R29,第七组——R62、R33、R58。

这样共选取21款代表性后视造型样品,如图9-11所示。它们将用于后续的语义评价实验。其中,有 7 个样品距离值最小,因此最具代表性,将用于后续的匹配排序实验。这 7 个样品对应的车型分别为 R78-荣威 350 2015 款、R56-上汽通用雪佛兰爱唯欧 2014 款、R55-东风雪铁龙爱丽舍 2016 款、R75-上汽荣威 950 2015 款、R69-广汽丰田雷凌 2016 款、R63-一汽红旗 H7 2015 款和 R62-东风日产 LANNIA 蓝鸟 2016 款。

此外,为了方便后期的造型匹配实验,还整理出 7 款最具代表性的后视造型相应车型所对应的前视造型作为参照样品,并分别编号为 FR78、FR56、FR55、FR75、FR69、FR63、FR62,如图 9-12 所示。其中,FR56-上汽通用雪佛兰爱唯欧和 FR55-东风雪铁龙爱丽舍同时还是前视造型的代表性样品。

R78-荣威 350 2015 款   R56-上汽通用雪佛兰爱唯欧2014款   R55-东风雪铁龙爱丽舍2016款   R75-上汽荣威950 2015款

R69-广汽丰田雷凌2016款   R63-一汽红旗H7 2015款   R62-东风日产LANNIA蓝鸟2016款   R73-奇瑞 艾瑞泽7

R80-长安悦翔V7   R46-广汽传祺GA3   R48-北京奔驰C级2016款 C 350 eL   R50-一汽马自达睿翼

R77-一汽大众迈腾   R41-广汽传祺GA8   R65-一汽奔腾B70   R67-上汽荣威550

R71-东风雪铁龙C5   R29-上汽通用别克君越   R49-上汽MG锐行   R33-一汽马自达6

R58-奇瑞艾瑞泽3

图9-11　代表性后视造型样品

FR78-荣威　　　FR56/F62-上汽通用雪　　FR55/F66-东风雪铁龙　　FR75-上汽荣威
350 2015款　　佛兰爱唯欧2014款　　　爱丽舍2016款　　　　950 2015款

FR69-广汽丰田　　　FR63-一汽红旗　　　FR62-东风日产LANNIA
雷凌2016款　　　　　H7 2015款　　　　　蓝鸟2016款

图9-12　最具代表性的7款后视造型相应车型的前视造型

第七节　代表性意象词的选取

使用意象词含义相似性判断软件工具,对前期搜集、整理的91个意象词词汇进行含义相似性判断实验。被试对象仍然邀请20～40岁的轿车产品消费主力人群进行调研,不限专业和行业背景。最终共得到有效数据24份,分别来自男性被试14份、女性被试10份。

求出均值化的意象词含义相似性矩阵数据,进行系统聚类分析。分析时使用Ward连接方法。得到的树状图结果(见图9-13),以竖直截线初步分组,将分组数设定为7(右侧截线)或者11(左侧截线)可能是合适的。

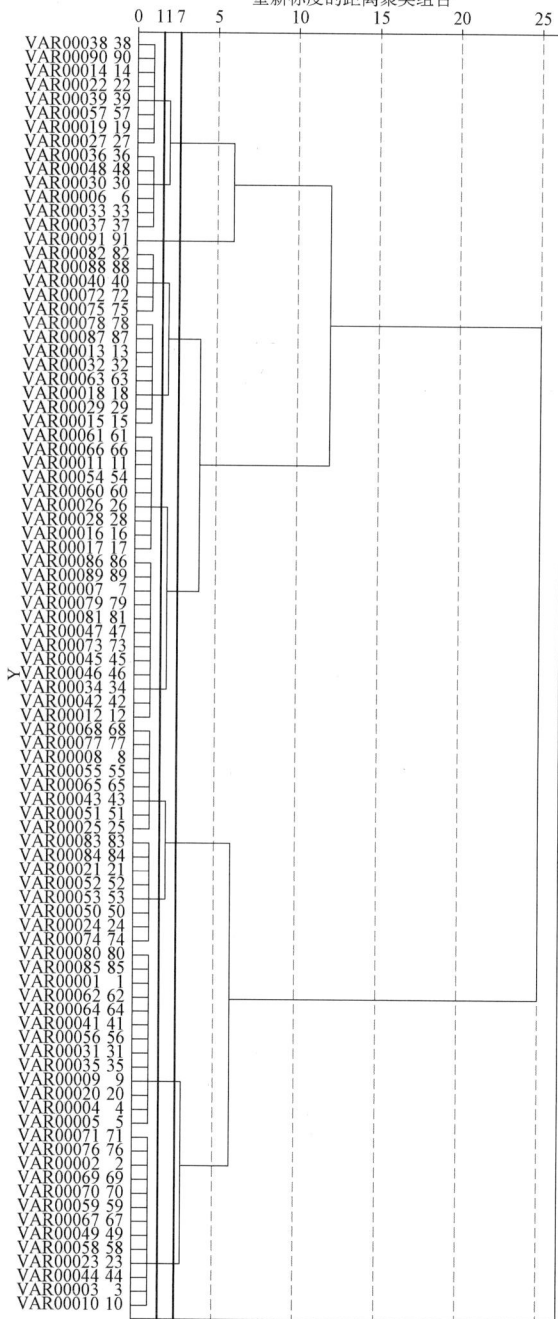

使用Ward连接的谱系图
重新标度的距离聚类组合

图 9 - 13　树状图

当分组数为 7、11 时,每组样品分布情况分别如表 9-23、表 9-24 所示。当分组数为 11 时,每组内意象词数量分布相对来说更加均匀,因此将分组数设定为 11 组是最合适的。

表 9-23　分组数为 7 时的系统聚类分析结果

组别	样品数	具体样品
1	14	38、90、14、22、39、57、19、27、36、48、30、6、33、37
2	1	91
3	13	82、88、40、72、75、78、87、13、32、63、18、29、15
4	21	61、66、11、54、60、26、28、16、17、86、89、7、79、81、47、73、45、46、34、42、12
5	16	68、77、8、55、65、43、51、25、83、84、21、52、53、50、24、74
6	13	80、85、1、62、64、41、56、31、35、9、20、4、5
7	13	71、76、2、69、70、59、67、49、58、23、44、3、10

表 9-24　分组数为 11 时的系统聚类分析结果

组别	样品数	具体样品
1	9	38、90、14、22、39、57、19、27
2	5	36、48、30、6、33、37
3	1	91
4	5	82、88、40、72、75
5	8	78、87、13、32、63、18、29、15
6	9	61、66、11、54、60、26、28、16、17
7	12	86、89、7、79、81、47、73、45、46、34、42、12
8	8	68、77、8、55、65、43、51、25
9	8	83、84、21、52、53、50、24、74
10	13	80、85、1、62、64、41、56、31、35、9、20、4、5
11	13	71、76、2、69、70、59、67、49、58、23、44、3、10

然后,进行"K-均值"聚类分析。设定分组数为 11,得到每组包含的词汇数量以及各组内每个词汇到所在组的中心的距离值(表 9-25 所示为第一组结果)。各组内词汇数量分别为 16 个、11 个、9 个、8 个、5 个、6 个、6 个、6 个、9 个、5 个、10 个。整理出每个组具体包含的词汇和距离值排序,如表 9-26 所示。

表 9-25　意象词 K-均值聚类分析的第一组结果

样品	意象词具体词汇	距离值
5	安全的	0.248
7	复古的	0.206
10	传统的	0.159
11	平凡的	0.156
13	生硬的	0.145
14	大众化的	0.142
15	厚重的	0.138
17	怀旧的	0.154
18	内敛的	0.126
34	有亲和力的	0.109
38	静谧的	0.096
44	沉静的	0.100
58	朴实的	0.100
65	温润的	0.074
80	低调的	0.070
81	稳重的	0.066
第一组：共计 16 个样品		

表 9-26　意象词词汇的分组与组内距离值排序结果

组别	词汇数	距离值排序（从小到大）
1	16	稳重的、低调的、温润的、静谧的、沉静的、朴实的、有亲和力的、内敛的、厚重的、大众化的、生硬的、怀旧的、平凡的、传统的、复古的、安全的
2	11	轻盈的、灵巧的、纤巧的、小巧的、轻快的、灵活的、活泼的、有趣的、清新的、可爱的、Q版的
3	9	精致的、精细的、优雅的、典雅的、细腻的、舒适的、大方的、气派的、古典的
4	8	硬朗的、阳刚的、敦实的、严肃的、和谐的、休闲的、廉价的、商务的
5	5	简洁的、随性的、柔和的、温暖的、自然的
6	6	奢华的、高贵的、高档的、雍容的、贵族的、复杂的
7	6	圆润的、饱满的、有韵律的、曲线的、亲切的、粗犷的
8	6	有力量的、抽象的、张扬的、大气的、洋气的、高端的
9	9	立体感强的、动感的、几何感的、别致的、有艺术感的、流畅的、时尚的、流线型的、浪漫的

组别	词汇数	距离值排序（从小到大）
10	5	霸气的、耀眼的、锐利的、锋利的、有质感的
11	10	独一无二的、独特的、个性的、前卫的、未来的、科技感的、奔放的、有创意的、现代的、炫酷的

根据距离的远近初步选出距离值最小的意象词为代表性意象词：组1为稳重的，组2为轻盈的和灵巧的（距离值相同），组3为精致的，组4为硬朗的，组5为简洁的，组6为奢华的，组7为圆润的，组8为有力量的，组9为立体感强的，组10为霸气的，组11为独一无二的。

在第二组中出现了两个距离最近的并列词语。该组的意象词大致包含两类含义，第一类是对产品重量的描述词，第二类是对产品使用灵活度的描述词。其中，"轻盈的"和"灵巧的"分别可以代表这两种含义。但"轻盈的"既有重量轻方面的含义，又含有灵活方面的含义；而"灵巧的"只有灵活度方面的含义。因此，"轻盈的"更能概括第二组的意象词含义。

在第九组中，距离值最小的意象词为"立体感强的"，但该组中有相当数量的词汇含有动态的、流动的含义，例如"动感的""流畅的""流线型的"，而"立体感强的"并不能很好地概括这层含义，因此选择排在第二的"动感的"一词。

在第十一组中"独一无二的"一词没有明确的含义指向性，在不同人的造型认知中含义会有较大的区别，并且该组中的词汇包含特别的、时尚的两层含义，"独一无二的"一词并不能有效地对此进行概括。因此选择"前卫的"一词。

这样，最后确定的代表性意象词：组1为稳重的、组2为轻盈的、组3为精致的、组4为硬朗的、组5为简洁的、组6为奢华的、组7为圆润的、组8为有力量的、组9为动感的、组10为霸气的、组11为前卫的。

为了方便后续使用意象词进行语义评价实验，把意象词整理为含义相反的意象词词对，整理时，尽量从前期搜集、整理出的轿车意象中选择反义词。最终确定的11对意象词词对为稳重的-活泼的、轻盈的-敦实的、精致的-粗糙的、硬朗的-曲线的、简洁的-复杂的、奢华的-廉价的、圆润的-锋利的、力量感强的-力量感弱的、动感的-沉静的、霸气的-内敛的、前卫的-传统的。将这11对意象词词对依次编号

为 $x1$、$x2$、$x3$ …… $x9$、$x10$、$x11$。

第八节　造型特征相似性定量分析

将最具代表性的 7 款后视造型分别与其对应车型的 7 款前视造型以及 6 款代表性前视造型进行搭配，然后邀请被试进行认知实验，将自己认为前视和后视造型最相似的搭配排在前面，最不相似的搭配排在后面，得到被试对于前视、后视造型特征相似性的认知和判断结果。共得到 107 份有效数据，分别来自 59 位男性被试和 48 位女性被试。

一、影响前视、后视造型认知的关联性造型要素分析

将排序结果进行量化处理（最搭配的记为 1 分，最不搭配的记为 7 分），得到被试关于前视、后视造型搭配的造型特征相似性评价得分。求出平均化的得分，结果如表 9 - 27 所示，该表格中，R 表示后视造型样品，F 表示前视造型样品，FR 表示后视造型样品相应车型的前视造型样品。分值越小，表示前视、后视造型搭配的造型相似性程度越高。

表 9 - 27　相似性排序实验均值得分矩阵

	R78	R56	R55	R75	R69	R63	R62
F70	2.813	2.869	2.832	3.280	3.093	3.495	3.822
F68	3.150	2.944	2.626	3.533	3.234	3.411	3.486
F62	3.925	2.430	2.935	2.794	2.887	2.879	2.813
F74	3.023	2.626	2.738	2.327	3.766	2.523	3.084
F28	4.140	3.664	3.636	4.028	5.047	4.467	3.953
F66	3.056	3.159	3.187	3.579	3.664	3.411	3.654
FR	2.542	2.430	3.187	3.953	2.149	3.598	2.775

进行排序，得到与后视造型搭配的前视造型排序，结果如图 9 - 14 所示。图

中,第一行所列造型为 7 款代表性后视造型,每款后视造型的下方则列出分别与其搭配组合的前视造型。前视造型的排列次序,则依据前视、后视造型搭配的相似度确定,分值越小,越排在前面,反之则越排在后面。

观察和分析此图,可看到后视造型样品对应车型的前视造型在图中的排列次序,对第一款、第二款、第五款、第七款代表性后视造型,排在最前面的前视造型分别是对应车型的前视造型;对第三款、第四款、第六款代表性后视造型,排在后面倒数第二的前视造型分别是对应车型的前视造型。

图 9-14　造型匹配排序结果

也就是说,在 7 列排序中,有 4 组同款车型的前视、后视造型匹配评价分值最高,有 3 组的同款车型的前视、后视造型匹配分值较低。后者说明一些轿车的前视、后视造型的搭配程度并不被判断为是理想的。

按照从整体到局部的顺序,观察和分析搭配程度高和搭配程度低的造型样品,进行如下形态分析,归纳影响前视、后视造型匹配认知的具体关联性特征元素即造型特征相似性和造型搭配审美性的子要素。

(1)从特征线的角度来看,以第一列为例,后视造型样品的造型中特征线主要为直线,同时搭配了部分曲线。从其下方的前视造型排序可看出,排在前面的前视造型具有类似的特征,如以直线为主或者曲直兼有,而排在后面的则明显以曲线为主,说明特征线的曲直对匹配认知有明显影响。

(2)从装饰的角度来看,第六列和第七列中,后视造型样品的造型中有金属镀铬条、面的转折线等较为明显的装饰元素,且数量较多。其下方排在前面的前视造型上,同样具有较多且较为明显的装饰性元素。

(3)从局部轮廓线的角度来看,以第二列为例,后视造型样品中行李箱盖轮廓、尾灯轮廓、行李箱盖转折线和整车外轮廓的转折处都处理得较为圆滑,以圆角为主。其下方排在前面的前视造型中前大灯、进气格栅、雾灯、外轮廓等轮廓线的转折处也明显以圆角为主,而排在后面的则以直角为主。

(4)从外轮廓线的角度来看,顶盖轮廓线弧度、车窗和车身的过渡处的线条相似度、车窗和前围的宽度比例、侧窗的倾斜度等都对匹配认知有一定的影响。

(5)从整体的特征面来看,面的饱满度也是对匹配认知产生明显影响的造型因素之一。以第一列为例,后视造型的面较为扁平单薄,排序靠前的前视造型的面同样较为平整,而排序靠后的前视造型的面较为饱满。面转折的平缓度和尖锐度同样是对相似性认知有影响的因素之一,以第二列为例,后视造型的面的转折较为尖锐,可看到明显的转折线,而排序靠前的前视造型上的面之间转折线同样明显,而排序靠后的造型上的面之间无明显转折线、面与面之间过渡平缓。

(6)从体征上来看,车身的宽高比是较为重要的指标。从第六列中可以看到,后视造型的宽高比较大,车身看上去整体较为瘦高,在下方排序中,瘦高的前视造型大多排在前面,比例较为扁平的前视造型多数排在后面。

(7)从部件之间的对比来看,车灯之间的造型相似性对于造型的匹配认知产生一定影响,如前大灯与尾灯、雾灯与尾灯等。以第一列为例,后视造型尾灯轮廓线为直角的类四边形,形状狭长,靠近车身里侧的一侧走低,靠近外侧的走高,而下方排序靠前的前视造型中前大灯同样也为直角或略圆角的类梯形造型。从车灯之间的连接度来看,第七列的尾灯之间被金属镀铬条连接,构成一个整体,而下方排序靠前的前视造型多为前大灯与进气格栅或者装饰线条连接,同样形成了一个整体造型。此外,从尾灯与雾灯的造型相似性来看,尾灯的连接,以及雾灯、下进气格栅的连接等要素同样产生影响。

(8) 一些与主要特征面相关的部件之间,同样存在关联性,例如引擎盖与行李箱、行李箱与进气格栅、前保险杠与后保险杠之间。从第七列中可看到,引擎盖的轮廓线与进气格栅的轮廓线的相似性,也影响前视造型的排序结果。

鉴于上述形态分析和发现,整理出如表9-28所示影响前视、后视造型特征认知的关联造型要素。该表中,将每个要素(即项目)分为"相似"和"不同"两类子要素(即类目),并加以编号,以方便后续进行消费者/用户调研实验。

表9-28　前视、后视造型的关联造型要素定义

部位与部件	项　目	类目	
整体特征	A′特征线曲直	A′1 相似	A′2 不同
	B′装饰元素数量	B′1 相似	B′2 不同
	C′局部轮廓线转折处的圆角和直角	C′1 相似	C′2 不同
	D′面转折线的尖锐和平缓度	D′1 相似	D′2 不同
	E′面的饱满度	E′1 相似	E′2 不同
	F′宽高比	F′1 相似	F′2 不同
外轮廓	G′侧围过渡的平缓度或尖锐度	G′1 相似	G′2 不同
	H′车窗与前后围的宽度比例大小	H′1 相似	H′2 不同
	I′顶盖弧度相似度	I′1 相似	I′2 不同
	J′侧窗轮廓倾斜度	J′1 相似	J′2 不同
前、后车灯	K′前大灯与尾灯轮廓形状	K′1 相似	K′2 不同
	L′雾灯与尾灯轮廓形状	L′1 相似	L′2 不同
	M′尾灯连接关系及前大灯与引擎盖连接关系	M′1 都分离或相连	M′2 不同
	N′尾灯连接关系与雾灯连接关系	N′1 都分离或相连	N′2 不同
前、后保险杠	O′前、后保险杠正面圆润度和饱满度	O′1 相似	O′2 不同
	P′前、后保险杠正面层次丰富度	P′1 相似	P′2 不同

部位与部件	项 目	类目	
引擎盖与行李箱盖	Q' 引擎盖与行李箱盖面的饱满度	$Q'1$ 相似	$Q'2$ 不同
	R' 引擎盖与行李箱盖面的层次丰富度	$R'1$ 相似	$R'2$ 不同
行李箱盖与进气格栅	S' 行李箱盖与进气格栅的轮廓	$S'1$ 相似	$S'2$ 不同
牌照区与进气格栅	T' 牌照区与上/下进气格栅的轮廓形状	$T'1$ 相似	$T'2$ 不同

二、造型特征相似性的子要素量化分析

运用数量化理论 Ⅰ 类,根据前视、后视造型的关联造型要素定义,对每一个前视造型、后视造型的搭配进行造型要素编码:将前视、后视造型搭配编号为 Rn - Fn,例如 R78-荣威 350、F70-东风雪铁龙 C5,其搭配编号为 R78 - F70。如果是同一车型的前视、后视造型搭配,则编号为 Rn - FRn。如果某造型搭配具备某个类目的特征,则记为 1,反之则记为 0。对所有前视造型、后视造型的搭配完成编码和记分后,得到如表 9 - 29 所示的造型特征相似性的子要素量化处理结果。

表 9 - 29　造型特征相似性的子要素量化结果

样品	$A'1$	$A'2$	$B'1$	$B'2$	$C'1$	…	$R'2$	$S'1$	$S'2$	$T'1$	$T'2$
R78 - F70	1	0	0	1	1	…	1	0	1	1	0
R78 - F68	0	1	0	1	0	…	0	0	1	0	1
R78 - F62	1	0	0	1	1	…	1	0	1	0	1
R78 - F74	1	0	1	0	1	…	0	0	1	0	1
R78 - F28	1	0	1	0	1	…	0	1	0	1	0
R78 - F66	0	1	1	0	0	…	0	1	0	1	0
R78 - FR	1	0	1	0	1	…	1	0	1	0	1
R56 - F70	1	0	0	1	1	…	1	1	0	1	0
·	·	·	·	·	·	·	·	·	·	·	·
·	·	·	·	·	·	·	·	·	·	·	·
·	·	·	·	·	·	·	·	·	·	·	·
R62 - F28	0	1	0	1	0	…	1	1	0	0	1
R62 - F66	1	0	0	1	0	…	1	0	1	0	1
R62 - FR	1	0	1	0	1	…	1	1	0	1	0

同时,将此前得到的前视、后视造型匹配排序的均值(见表 9 - 27)记为每个前视、后视造型搭配的匹配性评分,例如 R78 - F70 的评分为 2.813。以造型特征相似性的子要素量化结果及匹配性评分,进行多元线性回归分析。

回归分析的模型摘要,如表 9 - 30 所示。分析结果中,$P = 0.002$,按 $\alpha = 0.005$ 水平,说明至少一个自变量的回归系数不为 0,所建立的回归模型有统计学意义。复相关系数 R 值为 0.765,说明线性回归关系较为密切。决定系数 R^2 值为 0.721,调整后 R^2 值为 0.674,表明模型拟合得较好。

这里顺便谈到,如何衡量多元线性回归模型的优劣? 常用以下几种标准[7]:①复相关系数 R。它表示模型中所有自变量与因变量之间线性回归关系的密切程度大小。R 值越大,说明线性回归关系越密切。但 R 值大至多少才算足够好? 不同学科的研究,其判断标准也不一样。例如社会科学研究学者可能认为 $R > 0.4$ 已经足够好了,而医学研究学者认为 $R = 0.8$ 仍嫌偏小,这可能是因为社会科学研究中存在较多的对因变量确有影响但无法进行测量的变量,当然也就无法对其进行统计分析。此外,用复相关系数 R 评价多元线性回归模型优劣时,存在不足,即使向模型中增加的变量没有统计学意义,R 值仍会增大。②回归模型的决定系数 R 方。它等于复相关系数的平方。与简单线性回归中的决定系数相类似,它表示因变量的总变异中可由回归模型中自变量解释的部分所占的比例,是衡量所建立模型效果好坏的指标之一。显然,R 方值越大越好,但是也存在与复相关系数一样的不足。③调整后 R 方值。由于用 R 方值评价拟合模型的好坏具有一定的局限性,即使向模型中增加的变量没有统计学意义,R 方值仍会增大。因此需对其进行校正,从而形成了调整后 R 方值。与 R 方值不同的是当模型中增加的变量没有统计学意义时,调整后 R 方值会减小,因此调整后 R 方值是衡量所建模型好坏的重要指标之一,调整后 R 方值越大,模型拟合得越好。

表 9 - 30　模型摘要[b]

模型	R	R 方	调整后 R 方	标准估算的误差	更 改 统 计					德宾-沃森
					R 方变化量	F 变化量	自由度 1	自由度 2	显著性 F 变化量	
1	0.765[a]	0.721	0.674	0.318 05	0.421	0.792	24	24	0.002	1.727

a 预测变量:(常量),$A'2$,$B'2$,$C'1$,$C'2$,$D'2$,$E'1$,$F'1$,$F'2$,$G'2$,$H'1$,$I'1$,$J'2$,$K'2$,$L'2$,$M'1$,$N'2$,$O'2$,$P'1$,$Q'1$,$R'1$,$S'1$,$S'2$,$T'2$;
b 因变量:造型特征相似程度。

造型特征相似性的回归方程式为

造型特征相似性程度 $= 0.648(A'2) + 0.306(B'2) - 0.489(C'1) + 0.571(C'2) + 0.265(D'2) - 0.482(E'1) - 0.654(F'1) + 0.433(F'2) + 0.253(G'2) - 0.491(H'1) + 0.169(I'2) + 0.292(J'2) + 0.411(K'2) + 0.135(L'2) - 0.258(M'1) + 0.211(N'2) + 0.376(O'2) - 0.462(P'1) - 0.767(Q'1) - 0.338(R'1) - 0.422(S'1) + 0.248(S'2) + 0.154(T'2) + 2.931$　$(P < 0.005)$。

需要说明的是,由于前视、后视造型特征相似度的评分规则是低分表示相似度高,高分表示相似度低,因此,回归系数为正值时,值越小,则表示该类目的取形方式对造型特征相似度评价越有利;反之,值越大,则表示该类目的取形方式对相似度评价越不利;而回归系数为负值时,其绝对值越大,则表示该类目的取形方式对造型特征相似度评价越有利;反之,其绝对值越小,则表示该类目的取形方式对相似度评价越不利。

将上述的造型特征相似度子要素与造型特征相似度评价的定量关系,整理为表9-31。可清晰观察到,使前视、后视造型的造型特征相似度得到提升的造型子要素取形方式如下。

(1)在整体特征方面,特征线曲直-相似、装饰元素数量-相似、局部轮廓线转折处的圆角和直角-相似、面转折线的尖锐度和平缓度-相似、面的饱满度-相似、宽高比-相似。

(2)在外轮廓特征方面,侧围过渡的平缓度或尖锐度-相似、车窗与前后围的宽度比例-相似、顶盖弧度相似度-相似、侧窗轮廓倾斜度-相似。

(3)在前、后车灯特征方面,前大灯与尾灯轮廓形状相似度-相似、雾灯与尾灯轮廓形状相似度-相似、尾灯连接关系及前大灯与引擎盖连接关系-都分离或相连、尾灯连接关系与雾灯连接关系-都分离或相连。

(4)在前、后保险杠特征方面,前和后保险杠正面圆润和饱满度-相似、前和后保险杠正面层次丰富度-相似。

(5)在引擎盖与行李箱盖特征方面,引擎盖与行李箱盖面的饱满度-相似、引擎盖与行李箱盖面层次丰富度-相似。

（6）在行李箱盖与进气格栅特征方面，行李箱盖与进气格栅轮廓-相似。

（7）在牌照区与进气格栅特征方面，牌照区与上/下进气格栅轮廓形状-相似。

这就表明如果要设计前视、后视造型特征相似度较高的前视、后视造型方案，则需在各个造型主要素上分别进行对应的子要素取形。

另一方面，宽高比、局部轮廓线转折处的圆角和直角、引擎盖与行李箱盖面的饱满度、行李箱盖与进气格栅轮廓、特征线曲直等主要素，具有较大的系数范围区间，这也表明这几个主要素对前视、后视造型的造型特征相似度评价有更大的影响。

表 9-31　造型特征相似性子要素的回归系数

部位与部件	造型特征相似性主要素（项目）	子要素（类目）	回归系数
整体特征	A'　特征线曲直	$A'1$　相似	0
		$A'2$　不同	0.648
	B'　装饰元素数量	$B'1$　相似	0
		$B'2$　不同	0.306
	C'　局部轮廓线转折处的圆角和直角	$C'1$　相似	−0.489
		$C'2$　不同	0.571
	D'　面转折线的尖锐和平缓度	$D'1$　相似	0
		$D'2$　不同	0.265
	E'　面的饱满度	$E'1$　相似	−0.482
		$E'2$　不同	0
	F'　宽高比	$F'1$　相似	−0.654
		$F'2$　不同	0.433
外轮廓	G'　侧围过渡的平缓度或尖锐度	$G'1$　相似	0
		$G'2$　不同	0.253
	H'　车窗与前后围的宽度比例	$H'1$　相似	−0.491
		$H'2$　不同	0
	I'　顶盖弧度相似度	$I'1$　相似	0
		$I'2$　不同	0.169
	J'　侧窗轮廓倾斜度	$J'1$　相似	0
		$J'2$　不同	0.292
前、后车灯	K'　前大灯与尾灯的轮廓形状相似度	$K'1$　相似	0
		$K'2$　不同	0.411
	L'　雾灯与尾灯的轮廓形状相似度	$L'1$　相似	0
		$L'2$　不同	0.135

部位与部件	造型特征相似性主要素(项目)	子要素(类目)	回归系数
	M'　尾灯连接关系及前大灯与引擎盖连接关系	$M'1$　都分离或相连	−0.258
		$M'2$　不同	0
	N'　尾灯连接关系与雾灯连接关系	$N'1$　都分离或相连	0
		$N'2$　不同	0.211
前、后保险杠	O'　前、后保险杠正面的圆润和饱满度	$O'1$　相似	0
		$O'2$　不同	0.376
	P'　前、后保险杠正面的层次丰富度	$P'1$　相似	−0.462
		$P'2$　不同	0
引擎盖与行李箱盖	Q'　引擎盖与行李箱盖面的饱满度	$Q'1$　相似	−0.767
		$Q'2$　不同	0
	R'　引擎盖与行李箱盖面的层次丰富度	$R'1$　相似	−0.338
		$R'2$　不同	0
行李箱盖与进气格栅	S'　行李箱盖与进气格栅的轮廓	$S'1$　相似	−0.422
		$S'2$　不同	0.248
牌照区与进气格栅	T'　牌照区与上/下进气格栅的轮廓形状	$T'1$　相似	0
		$T'2$　不同	0.154

常数：2.931

第九节　风格意象呼应性定量分析

一、风格意象呼应性与各意象的关系分析

以前面选取的代表性前视造型、代表性后视造型、代表性意象词词对等，进行语义评价实验。依然邀请 20～40 岁的被试，依次从各个代表性意象词词对感受的角度，分别对代表性前视造型、代表性后视造型以及后者对应车型的前视造型进行评价。评价时使用 7 阶李克特量表。共得到 62 份有效数据，其中 35 份来自男性被试、27 份来自女性被试。

求出每个前视、后视造型在每个意象词词对上的语义评价数据的均值，如表 9-32 和表 9-33 所示。表中 x_1 至 x_{11} 代表 11 对代表性意象词词对。

表 9 - 32　前视造型语义评价均值

表 9 - 32　前视造型语义评价均值

样品	x_1	x_2	x_3	x_4	x_5	x_6	x_7	x_8	x_9	x_{10}	x_{11}
F70	-0.581	0.612	-0.403	-0.483	-0.774	0.032	-0.645	-0.467	-0.016	0.370	0.241
F68	0.013	0.080	-0.532	0.306	-0.854	0.177	-0.677	-0.274	0.129	-0.016	0.258
F62	-0.080	0.258	0.019	-0.645	-0.629	0.064	-0.032	-0.177	0.105	0.112	0.129
.	.	.	.	.	.	.	.	.	.	.	.
.	.	.	.	.	.	.	.	.	.	.	.
F49	0.121	-0.321	0.094	0.592	-0.429	0.692	-0.219	0.439	0.529	0.285	-0.263
F2	0.929	0.201	-0.291	0.495	-0.689	-0.135	-0.682	-0.098	-0.342	0.109	-0.492
F31	-0.529	0.495	0.219	0.129	-0.197	0.429	-0.498	0.689	0.298	0.468	-0.045

表 9 - 33　后视造型语义评价均值

样品	x_1	x_2	x_3	x_4	x_5	x_6	x_7	x_8	x_9	x_{10}	x_{11}
R78	-0.823	1.274	-0.048	-0.565	-1.323	0.226	-0.387	-0.984	0.403	0.323	0.806
R56	-0.032	0.532	-0.081	-0.161	-0.467	0.403	-0.064	-0.322	-0.016	0.274	0.193
R55	-0.113	0.516	-0.258	0.338	-0.693	-0.016	-0.967	-0.516	-0.096	-0.354	-0.064
R75	-0.242	0.661	-1.081	0.306	-0.258	-0.871	-0.758	-0.919	-0.725	-0.322	-0.645
.	.	.	.	.	.	.	.	.	.	.	.
.	.	.	.	.	.	.	.	.	.	.	.
R49	-0.988	-0.543	0.789	-0.283	-0.495	-0.689	0.219	0.089	0.567	0.792	0.897
R33	0.139	0.424	-0.398	-0.524	-0.234	-0.335	-0.593	-0.234	-0.104	-0.229	-0.123
R58	0.354	0.260	-0.978	-0.434	0.785	-0.624	0.452	-0.312	-0.232	-0.564	-0.434

　　然后,使用主成分法进行因子分析。表 9 - 34 列出 KMO 和 Bartlett 球形度检验结果。由 Bartlett 球形度检验可看出,应拒绝各变量独立的假设,即变量间具有较强的相关性。KMO 统计量为 0.788>0.7,说明各变量间信息的重叠程度较高,因子分析模型是较为完善的。

表 9 - 34　KMO 和 Bartlett 球形度检验

KMO 取样适切性量数		0.788
Bartlett 球形度检验	近似卡方	211.152
	自由度	45
	显著性	0

变量的共同度值如表 9-35 所示。所有变量的共同度值都＞0.6,9 个变量的共同度值＞0.8,说明提取的公因子对原始变量的解释能力是较强的。

表 9-35　共同度

	初始	提取
稳重的	1	0.827
轻盈的	1	0.898
精致的	1	0.826
硬朗的	1	0.839
简洁的	1	0.657
奢华的	1	0.931
圆润的	1	0.921
力量感强的	1	0.878
动感的	1	0.886
霸气的	1	0.772
前卫的	1	0.910

从方差解释率结果(见表 9-36)可看到,共提取出 3 个特征根值大于 1 的公因子。这 3 个公因子的方差最大化旋转后的累积方差解释率为 84.964%,与旋转前相同,因此前 3 个因子已足够描述关于轿车前视、后视造型的意象含义。同时,根据 3 个公因子的方差解释率在累积解释率中的占比,可求出三者的加权后方差解释率(即权重)分别为 48.78%、35.64% 和 15.58%。

表 9-36　方差解释率

成分	方差百分比初始特征值			提取载荷方差百分比平方和		
	总计	方差百分比(%)	累积%	总计	方差百分比(%)	累积%
1	4.559	41.447	41.447	4.559	41.447	41.447
2	3.331	30.282	71.728	3.331	30.282	71.728
3	1.456	13.235	84.964	1.456	13.235	84.964
4	0.561	5.100	90.064			
5	0.462	4.200	94.264			
6	0.259	2.353	96.617			
7	0.148	1.347	97.965			
8	0.104	0.948	98.913			

成分	方差百分比初始特征值			提取载荷方差百分比平方和		
	总计	方差百分比(%)	累积%	总计	方差百分比(%)	累积%
9	0.060	0.547	99.460			
10	0.038	0.342	99.802			
11	0.022	0.198	100.000			

因子载荷矩阵展示公因子对于变量的提取情况，以及公因子与变量的对应关系。从表9-37所示结果中可看到：公因子一在"精致的-粗糙的""简洁的-复杂的""奢华的-廉价的""动感的-沉静的""霸气的-内敛的"和"前卫的-传统的"等变量上有较大的载荷，这些变量多体现与价格、品质有关的语义，因此可将公因子一概括描述为品质认知因子。公因子二在"稳重的-活泼的""轻盈的-敦实的""硬朗的-曲线的"和"力量感强的-力量感弱的"等变量上有较大的载荷，这些变量体现的是情感和风格方面的造型认知，因此可将公因子二概括描述为风格认知因子。公因子三在"圆润的-锋利的"变量上有较大的载荷，这一变量体现的是对于造型几何特性的认知，因此可将公因子三概括描述为形体认知因子。

表9-37　旋转后的因子载荷矩阵

	成　分		
	1	2	3
稳重的-活泼的	−0.400	0.796	0.182
轻盈的-敦实的	0.278	−0.862	−0.280
精致的-粗糙的	0.817	0.067	0.392
硬朗的-曲线的	−0.405	0.773	−0.278
简洁的-复杂的	−0.605	−0.248	0.479
奢华的-廉价的	0.857	0.429	0.114
圆润的-锋利的	0.012	−0.286	0.916
力量感强的-力量感弱的	0.339	0.862	0.144
动感的-沉静的	0.918	−0.207	−0.043
霸气的-内敛的	0.746	0.464	−0.028
前卫的-传统的	0.936	−0.157	−0.096

借助因子载荷矩阵中的载荷值以及特征根值，可求出变量在不同公因子线性

组合中的系数。前面已将 11 个意象词词对标记为 x_1，x_2，x_3，$\cdots$，x_9，x_{10}，x_{11}。这里将 3 个公因子分别标记为 Z_1、Z_2、Z_3，则每个意象词词对在公因子中的系数＝（意象词词对在公因子中的载荷值）÷（对应公因子特征根的开方）。以"稳重的-活泼的"词对为例，该意象词词对在公因子一（即品质认知因子）中的系数 ＝ $-0.4 \div 4.559^{1/2} \approx -0.187$，在公因子二（即风格认知因子）中的系数 ＝ $0.796 \div 3.331^{1/2} \approx 0.436$，在公因子三（即形体认知因子）中的系数 ＝ $0.182 \div 1.456^{1/2} \approx 0.151$。同理，分别可求得其他各意象词词对在 3 个公因子中的系数。整理后如表 9 - 38 所示。

表 9 - 38　意象词词对在 3 个公因子中的系数

	成　分		
	品质认知因子 Z_1	风格认知因子 Z_2	形体认知因子 Z_3
稳重的-活泼的 x_1	−0.187	0.436	0.151
轻盈的-敦实的 x_2	0.130	−0.472	−0.232
精致的-粗糙的 x_3	0.382	0.037	0.325
硬朗的-曲线的 x_4	−0.190	0.424	−0.230
简洁的-复杂的 x_5	−0.283	−0.136	0.397
奢华的-廉价的 x_6	0.401	0.235	0.094
圆润的-锋利的 x_7	0.006	−0.157	0.759
力量感强的-力量感弱的 x_8	0.159	0.472	0.119
动感的-沉静的 x_9	0.430	−0.113	−0.036
霸气的-内敛的 x_{10}	0.349	0.254	−0.023
前卫的-传统的 x_{11}	0.438	−0.086	−0.079

由此，11 对意象词词对与 3 个公因子的线性关系可分别表达为

$Z_1 = -0.187_{x_1} + 0.130_{x_2} + 0.382_{x_3} - 0.190_{x_4} - 0.283_{x_5} + 0.401_{x_6} + 0.006_{x_7} + 0.159_{x_8} + 0.430_{x_9} + 0.34_{x_{10}} + 0.438_{x_{11}}$，

$Z_2 = 0.436_{x_1} - 0.472_{x_2} + 0.037_{x_3} + 0.424_{x_4} - 0.136_{x_5} + 0.235_{x_6} - 0.157_{x_7} + 0.472_{x_8} - 0.113_{x_9} + 0.254_{x_{10}} - 0.086_{x_{11}}$，

$Z_3 = 0.151_{x_1} - 0.232_{x_2} + 0.325_{x_3} - 0.230_{x_4} + 0.397_{x_5} + 0.094_{x_6} + 0.759_{x_7} + 0.119_{x_8} - 0.036_{x_9} - 0.023_{x_{10}} - 0.079_{x_{11}}$。

同时,如前所述,3 个公因子也各有权重,即

总体造型意象 $=0.4878 Z_1 +0.3564 Z_2 +0.1558 Z_3$。

因此,可将 11 对意象词词对与 3 个公因子线性关系中的系数做加权平均。仍以"稳重的-活泼的"意象词词对(即 x_1)为例,系数 $=-0.187×0.4878+0.436×0.3564+0.151×0.1558≈0.088$。以此类推,得到各意象词词对在与总体造型意象认知的关系中的系数。

将 11 个意象词词对与总体造型意象认知的线性关系表达为

总体造型意象 $=0.088_{x_1} -0.141_{x_2} +0.250_{x_3} +0.023_{x_4} -0.125_{x_5} +0.294_{x_6} +0.065_{x_7} +0.264_{x_8} +0.164_{x_9} +0.257_{x_{10}} +0.171_{x_{11}}$。

将所有 11 个权重系数进行归一化处理,得到

总体造型意象 $=0.067_{x_1} -0.108_{x_2} +0.191_{x_3} +0.017_{x_4} -0.095_{x_5} +0.225_{x_6} +0.050_{x_7} +0.202_{x_8} +0.125_{x_9} +0.196_{x_{10}} +0.130_{x_{11}}$。

风格意象呼应性是前视、后视造型在意象上的一种平衡,是对意象认知评价的差异性的一种度量。因此可求得前视、后视造型在各意象上的评分差值,并按照权重依次相加。这样,最终得到风格意象呼应性的表达式为

风格意象呼应性程度 $=0.067×|x_{1前}-x_{1后}|-0.108×|x_{2前}-x_{2后}|+0.191×|x_{3前}-x_{3后}|+0.017×|x_{4前}-x_{4后}|-0.095×|x_{5前}-x_{5后}|+0.225×|x_{6前}-x_{6后}|+0.050×|x_{7前}-x_{7后}|+0.202×|x_{8前}-x_{8后}|+0.125×|x_{9前}-x_{9后}|+0.196×|x_{10前}-x_{10后}|+0.130×|x_{11前}-x_{11后}|$,其中,$x_1$ 为"活泼的"意象变量;x_2 为"敦实的"意象变量;x_3 为"粗糙的"意象变量;x_4 为"曲线的"意象变量;x_5 为"复杂的"意象变量;x_6 为"廉价的"意象变量;x_7 为"锋利的"意象变量;x_8 为"力量感弱的"意象变量;x_9 为"沉静的"意象变量;x_{10} 为"内敛的"意象变量;x_{11} 为"传统的"意象变量。

二、前视、后视造型特征与意象的关系分析

将前视、后视造型要素进一步归纳、整理。首先去掉车型之间辨识度较小的造型要素,例如前风窗下沿线、后风窗下沿线等。其次,对于一些被拆分的部件特征

进行整合,例如将顶盖轮廓线、侧窗轮廓线、侧围轮廓线和前围轮廓线整合为前视造型轮廓线。再次,增加一些体现部件之间关系的要素,例如下进气格栅与雾灯关系。

对这些造型要素进行分析和汇总,并对每个造型要素定义出不同子要素取形方式,最后整理出表9-39所示的前视造型的形态分析结果和表9-40所示的后视造型的形态分析结果。

表9-39 前视造型的形态分析结果

部件	项目	类目			
整车特征	A 特征线曲直	A1 曲线为主	A2 有曲有直	A3 直线为主	
	B 前视造型轮廓	B1 顺滑过渡	B2 转折较多		
	C 面的饱满度	C1 饱满	C2 扁平		
	D 宽高比	D1 车身扁平	D2 车身瘦高		
前大灯	E 前大灯轮廓线形状	E1 类四边形	E2 类五边形	E3 其他异形	
	F 前大灯造型圆润度	F1 较为圆润	F2 有曲有直	F3 较方	
	G 前大灯与上进气格栅的关系	G1 构成一个整体	G2 较为独立		
雾灯	H 下进气格栅与雾灯关系	H1 构成一个整体	H2 相对独立		
	I 雾灯轮廓线形状	I1 类三角形	I2 类四边形	I3 其他异形	
	J 雾灯造型圆润度	J1 较为圆润	J2 有曲有直	J3 较方	
上/下进气格栅	K 上进气格栅轮廓线	K1 类四边形	K2 类六边形	K3 其他异形	
	L 上进气格栅圆润度	L1 较为圆润	L2 有曲有直	L3 较方	
	M 上进气格栅面积	M1 较大	M2 中等	M3 较小	
	N 下进气格栅轮廓线	N1 正梯形	N2 正长方形	N3 倒梯形	
	O 下进气格栅圆润度	O1 较为圆润	O2 有曲有直	O3 较方	
	P 下进气格栅面积	P1 较大	P2 中等	P3 较小	
引擎盖	Q 引擎盖棱线数量	Q1 无	Q2 一对	Q3 两对及以上	
	R 引擎盖棱线弧度	R1 弧度向车中心	R2 棱线平直	R3 弧度向外侧	R4 无
	S 引擎盖面	S1 层次变化丰富	S2 层次变化少		
前保险杠	T 前保险杠正面	T1 较为完整	T2 有较多的分割和转折面		
	U 前保险杠上沿线	U1 弧度较大	U2 弧度较小		
	V 车底线	V1 弧度向下	V2 平直	V3 向上突出	

表 9-40 后视造型的形态分析结果

部件	项目		类		目
整车特征	a 特征线曲直	a1 曲线为主	a2 有曲有直	a3 直线为主
	b 后视造型外轮廓线	b1 顺滑过渡	b2 转折较多	
	c 装饰线、面	c1 装饰多且明显	c2 装饰少且不显眼	
	d 面的饱满度	d1 饱满	d2 扁平	
	e 宽高比	e1 车身扁平	e2 车身瘦高	
尾灯	f 尾灯轮廓线	f1 类四边形	f2 类五边形	
	g 尾灯造型圆润度	g1 较为圆润	g2 有曲有直	g3 较方
	h 尾灯与行李箱盖的关系	h1 交错	h2 相切或距离较近	
	i 两个尾灯之间的关系	i1 两个尾灯之间有装饰线相连	i2 两个尾灯之间没有元素相连	
行李箱盖	j 行李箱盖转折线	j1 弧度较大	j2 弧度较小	
	k 行李箱盖轮廓线	k1 圆角四边形	k2 直角四边形	
	l 行李箱盖正面	l1 层次变化丰富	l2 层次变化少	
牌照区	m 牌照区轮廓线	m1 类四边形	m2 类六边形	
	n 牌照区凹陷程度	n1 往内凹陷程度深	n2 往内凹陷程度浅	
后保险杠	o 后保险杠上沿线	o1 弧度较大	o2 弧度较小	
	p 后保险杠正面	p1 层次变化丰富	p2 层次变化少	
	q 后保险杠上沿面	q1 过渡平缓	q2 内凹	

(一) 前视造型特征与意象的关系分析

根据所列的前视造型形态分析结果,运用数量化理论 I 类进行形态编码。编码方式为:在造型样品中当某个类目的造型特征存在时,记为 1,不存在时则记为 0。对所有前视造型样品进行形态编码,所得的形态编码量化结果如表 9-41 所示。

表 9-41 前视造型形态编码量化

样品	A1	A2	A3	B1	B2	...	U1	U2	V1	V2	V3
F70	0	1	0	1	0	...	0	1	0	0	0
F68	1	0	0	1	0	...	0	0	1	0	0
F62	0	1	0	1	0	...	0	0	1	0	0
F74	0	1	0	0	1	...	1	0	1	0	1
F28	0	0	1	0	1	...	1	0	1	0	1

样品	A1	A2	A3	B1	B2	⋯	U1	U2	V1	V2	V3
F66	0	1	0	1	0	⋯	1	1	0	0	1
FR78	0	0	1	0	1	⋯	1	0	1	0	1
FR75	0	0	1	0	0	⋯	1	0	1	0	0
·	·	·	·	·	·	·	·	·	·	·	·
·	·	·	·	·	·	·	·	·	·	·	·
·	·	·	·	·	·	·	·	·	·	·	·
F49	1	0	0	0	1	⋯	1	1	0	0	1
F2	1	0	0	1	0	⋯	0	0	1	0	0
F31	1	0	0	0	0	⋯	0	1	0	0	0

然后,将形态编码量化结果与各意象评价之间进行回归分析,得到各意象评价与造型要素之间的关系。同样以"(稳重的-)活泼的"意象词词对为例,在如表 9-42 所示的分析结果中,$P=0.003$,按 $\alpha=0.005$ 的水平,说明至少一个自变量的回归系数不为 0,所建立的回归模型是有统计学意义的。R 值为 0.954,说明线性回归关系很密切。R^2 值为 0.91,也表明模型拟合得很好。

表 9-42 模型摘要[b]

模型	R	R 方	调整后 R 方	标准估算的误差	更 改 统 计					德宾-沃森
					R 方变化量	F 变化量	自由度 1	自由度 2	显著性 F 变化量	
1	0.954[a]	0.91	0.674	0.459 01	0.91	2.242	18	4	0.003	1.968 025

a 预测变量:(常量),$A2, A3, B1, C1, D1, D2, F2, G2, J1, J3, K2, K3, L2, M2, M3, O1, P2, Q3, R1, S2, T1, U2, V3$;

b 因变量:稳重的-活泼的。

根据回归分析结果,对于前视造型的"(稳重的-)活泼的"意象,回归模型为

"(稳重的-)活泼的"意象 $=-0.546(A2)-0.403(A3)-0.077(B1)-0.014(C1)-0.815(D1)+0.987(D2)+0.214(F2)-0.011(G2)+0.358(J1)-0.647(J3)-0.475(K2)-0.28(K3)-0.329(L2)-0.047(M2)-0.815(M3)-0.114(O1)-0.342(P2)+0.229(Q3)-0.501(R1)-0.136(S2)-0.026(T1)-0.814(U2)-0.801(V1)-0.277(V3)+1.333$ （$P<0.005$）。

直观地整理为表 9-43,可观察发现对"稳重的-活泼的"意象有较大影响作用

的造型要素是：特征线曲直、宽高比、雾灯造型圆润程度、上进气格栅面积、引擎盖棱线弧度、前保险杠上沿线和车底线弧度等。

表9-43 "(稳重的-)活泼的"意象的前视造型要素系数

部件	项 目		类 目		回归系数
整车特征	A 特征线曲直		A1	曲线为主	0
			A2	有曲有直	−0.546
			A3	直线为主	−0.403
	B 前视造型轮廓		B1	顺滑过渡	−0.077
			B2	转折较多	0
	C 面的饱满度		C1	饱满	−0.014
			C2	扁平	0
	D 宽高比		D1	车身扁平	−0.815
			D2	车身瘦高	0.987
前大灯	F 前大灯造型圆润度		F1	较为圆润	0
			F2	有曲有直	0.214
			F3	较方	0
	G 前大灯与上进气格栅的关系		G1	构成一个整体	0
			G2	较为独立	−0.011
雾灯	J 雾灯造型圆润度		J1	较为圆润	0.358
			J2	有曲有直	0
			J3	较方	−0.647
上/下进气格栅	K 上进气格栅轮廓线		K1	类四边形	0
			K2	类六边形	−0.475
			K3	其他异形	−0.280
	L 上进气格栅圆润度		L1	较为圆润	0
			L2	有曲有直	−0.329
			L3	较方	0
	M 上进气格栅面积		M1	较大	0
			M2	中等	−0.047
			M3	较小	−0.815
	O 下进气格栅圆润度		O1	较为圆润	−0.114
			O2	有曲有直	0
			O3	较方	0
	P 下进气格栅面积		P1	较大	0
			P2	中等	−0.342
			P3	较小	0

部件	项 目		类目		回归系数
引擎盖	Q 引擎盖棱线数量		Q1	无	0
			Q2	一对	0
			Q3	两对及以上	0.229
	R 引擎盖棱线弧度		R1	弧度向车中心	−0.501
			R2	棱线平直	0
			R3	弧度向外侧	0
			R4	无	0
	S 引擎盖面		S1	层次变化丰富	0
			S2	层次变化少	−0.136
前保险杠	T 前保险杠正面		T1	较为完整	−0.026
			T2	有较多的分割和转折面	0
	U 前保险杠上沿线		U1	弧度较大	0
			U2	弧度较小	−0.814
	V 车底线		V1	弧度向下	−0.801
			V2	平直	0
			V3	向上突出	−0.277

常数：1.333

这里造型要素取形的回归系数为正值时，值越大对"活泼的"意象具有越大的正向影响，也就是对"稳重的"的意象具有更大的负面影响；反之，回归系数为负值时，绝对值越大对"活泼的"意象具有越大的负面影响，也就是对"稳重的"的意象具有更大的正向影响。

从表中可观察到，能体现"活泼的"意象的前视造型要素取形组合为整车特征方面：特征线曲直-曲线为主、前视造型轮廓-转折较多、面的饱满度-扁平、宽高比-车身瘦高。在前大灯特征方面：前大灯造型圆润度-有曲有直、前大灯与上进气格栅的关系-构成一个整体。在雾灯特征方面：雾灯造型圆润度-较为圆润。在上/下进气格栅特征方面：上进气格栅轮廓线-类四边形、上进气格栅圆润度-较为圆润或较方、上进气格栅面积-较大、下进气格栅圆润度-有曲有直或较方、下进气格栅面积-较大或较小。在引擎盖特征方面：引擎盖棱线数量-两对及以上、引擎盖棱线弧度-棱线平直或弧度向外侧或无、引擎盖面-层次变化丰富。在前保险杠特征方面：前保险杠正面-有较多的分割和转折面、前保险杠上沿线-弧度较大、车底线-平直。

对能体现"稳重的"意象的造型要素取形组合，也可做类似的分析。能体现"稳重的"意象的前视造型要素取形组合为，在整车特征方面：特征线曲直-有曲有直或直线为主、前视造型轮廓-顺滑过渡、面的饱满度-饱满、宽高比-车身扁平。在前大灯特征方面：前大灯造型圆润度-较为圆润或较方、前大灯与上进气格栅的关系-较为独立。在雾灯特征方面：雾灯造型圆润度-较方。在上/下进气格栅特征方面：上进气格栅轮廓线-类六边形、上进气格栅圆润度-有曲有直、上进气格栅面积-较小、下进气格栅圆润度-较为圆润、下进气格栅面积-中等。在引擎盖特征方面：引擎盖棱线数量-无或一对、引擎盖棱线弧度-弧度向车中心、引擎盖面-层次变化少。在前保险杠特征方面：前保险杠正面-较为完整、前保险杠上沿线-弧度较小、车底线-弧度向下。

以类似的分析方法和过程，对于前视造型，其他 10 个意象的回归模型分别为

"（轻盈的-）敦实的"意象 $= 0.408(A2) + 0.773(A3) + 0.495(B1) - 0.092(C1) + 0.641(D1) - 0.879(D2) - 0.134(F3) + 0.481(G2) + 0.119(L2) - 0.675(L3) - 0.017(M2) - 0.181(M3) + 0.206(O1) - 0.478(P2) - 0.204(S2) - 0.025(T1) + 0.182(U2) + 0.061(V1) + 0.359(V3) - 0.402$；

"（精致的-）粗糙的"意象 $= -0.62(A1) - 0.185(B1) - 0.102(C1) - 0.291(D2) - 0.202(F2) - 0.462(I3) - 0.189(J3) + 0.125(L2) + 0.632(M3) - 0.207(O1) - 0.228(Q3) + 0.127(S2) - 0.28(T1) + 0.343(U2) - 0.67(V3) - 0.539$；

"（硬朗的-）曲线的"意象 $= 0.547(A1) - 0.196(A2) - 0.656(A3) - 0.516(B2) + 0.423(C1) + 0.361(E2) - 0.396(F2) - 0.376(I2) + 0.358(I3) - 0.679(J3) - 0.126(K2) - 0.468(L3) + 0.622(O1) - 0.474(R2) + 0.27(U1) - 0.244(V2) - 0.319(V3) - 0.801$；

"（简洁的-）复杂的"意象 $= -0.239(A2) - 0.348(A3) - 0.253(B1) - 0.33(C1) - 0.169(G2) + 0.225(H2) + 1.333(I3) - 0.418(J1) + 0.513(J3) - 0.196(K1) + 0.495(K2) + 0.414(L3) - 0.422(M3) + 0.536(Q3) - 0.328(S2) - 0.272(T1) - 0.209(U2) + 0.77(V3) - 1.019$；

"（奢华的-）廉价的"意象 $=-0.858(A1)-0.019(A2)-0.332(C1)-0.639(D1)+0.421(D2)+0.637(E1)-0.532(F1)-0.863(I3)-0.39(J1)+0.025(K2)+0.145(L2)+0.442(M3)-0.14(O1)+0.241(P2)-0.548(S1)+0.712(S2)-0.348(T1)+0.262(U2)-0.906(V3)-0.981$；

"（圆润的-）锋利的"意象 $=-0.64(A1)+0.451(A3)-0.25(B1)+0.371(B2)-0.39(C1)+0.23(C2)-0.13(D2)-0.247(F1)+0.343(F3)-0.172(G2)-0.542(J1)+0.433(K1)-0.353(K2)-0.151(L1)+0.172(L3)-0.264(O1)+0.102(Q3)+0.34(R2)-0.452(S2)-0.154(T1)+0.221(U2)-0.672$；

"（力量感强的-）力量感弱的"意象 $=0.494(A1)-0.451(A3)-0.614(C1)+0.25(D2)-0.189(F2)-0.203(G2)+0.363(I3)+0.176(J3)+0.604(K2)-0.345(L2)+0.211(M2)+0.693(M3)-0.36(O1)+0.527(P2)+0.079(Q3)+0.073(R1)+0.311(R3)+0.407(S2)-0.206(T1)+0.249(U2)+0.6(V1)-0.165(V3)-0.759$；

"（动感的-）沉静的"意象 $=0.194(A2)-0.113(A3)-0.597(B1)+0.389(B2)-0.409(C1)+0.293(D2)-0.215(F1)-0.208(G2)-0.2(J1)+0.146(J3)+0.252(K2)+0.295(M3)-0.472(O1)-0.195(P1)+0.129(Q3)-0.269(S1)+0.129(S2)+0.25(T1)-0.431(U1)+0.127(U2)-0.345(V1)-0.759(V3)-0.513$；

"（霸气的-）内敛的"意象 $=0.29(A2)+0.529(A3)-0.229(B1)+0.099(C1)+0.266(G2)-0.321(I3)-0.29(K2)+0.28(M2)+0.127(M3)+0.239(Q1)-0.569(R1)+0.627(S2)+0.355(T1)-0.302(T2)-0.555(V3)-0.168$；

"（前卫的-）传统的"意象 $=0.219(A2)+0.407(A3)+0.86(B1)-0.576(C1)+0.422(D2)-0.611(I1)-0.314(I3)-0.561(J3)+0.219(K2)-0.384(K3)-0.244(M2)+0.792(M3)-0.555(O1)-0.693(P3)+0.295(Q3)-0.121(R1)+0.444(S2)-0.61(T1)+0.37(U2)+0.317$。

对能体现这些意象的前视造型要素取形组合，也可做前述类似的分析，在此暂不展开。

(二) 后视造型特征与意象的关系分析

根据所列的后视造型形态分析结果,运用数量化理论Ⅰ类进行形态编码。对所有后视造型样品进行形态编码,所得的形态编码量化结果如表9-44所示。

表9-44 后视造型形态编码量化

样品	a1	a2	a3	b1	b2…o2	p1	p2	q1	q2
R78	0	0	1	0	1…1	0	1	0	1
R56	1	0	0	0	1…1	1	0	0	1
R55	1	0	0	1	0…0	1	0	0	1
R75	0	1	0	1	0…0	0	1	1	0
R69	0	0	1	1	0…0	0	1	1	0
R63	0	1	0	0	0…1	0	1	0	1
R62	1	0	0	0	0…1	1	0	1	0
R73	1	0	0	0	1…0	0	1	0	1
⋮	⋮	⋮	⋮	⋮	⋮	⋮	⋮	⋮	⋮
R49	0	0	1	0	1…0	0	1	1	0
R33	0	1	0	0	1…1	1	0	0	1
R58	1	0	0	0	1…1	1	0	0	1

然后,将形态编码量化结果与各意象评价之间进行回归分析,得到各意象评价与造型要素之间的关系。同样以"(稳重的-)活泼的"意象词词对为例,在如表9-45所示的分析结果中,$P < 0.001$,说明至少一个自变量的回归系数不为0,所建立的回归模型有统计学意义。R值为0.983,说明线性回归关系很密切。R方值为0.966,也表明模型拟合得很好。

表9-45 模型摘要[b]

模型	R	R 方	调整后 R 方	标准估算的误差	更改统计					德宾-沃森
					R 方变化量	F 变化量	自由度 1	自由度 2	显著性 F 变化量	
1	0.983[a]	0.966	0.713	0.420 69	0.966	1.483	19	1	0.000	2.108 2

a 预测变量:(常量),a2, a3, b2, c1, c2, d1, d2, e2, f2, g1, i2, j2, l1, l2, m2, n1, n2, o2, p2, q2;
b 因变量:稳重的-活泼的。

根据回归分析结果,对于后视造型的"(稳重的-)活泼的"意象,回归模型为

"(稳重的-)活泼的"意象 $= -0.271(a2) - 0.701(a3) - 0.316(b2) +$

$0.54(c1) - 0.614(c2) + 0.509(d1) - 0.389(d2) + 0.128(e2) + 0.589(f2) + 0.537(g1) - 0.824(i2) - 0.31(j2) + 0.726(l1) - 0.589(l2) + 0.631(m2) + 0.303(n1) - 0.491(n2) - 0.126(o1) - 0.697(p2) + 0.72(q2) + 0.1$ $(P < 0.001)$。

直观地整理为表 9-46,可观察发现对"稳重的-活泼的"意象有较大影响作用的造型要素是:特征线曲直、装饰线和面、面的饱满度、两个尾灯之间的关系、行李箱盖正面、牌照区凹陷度、后保险杠正面、后保险杠上沿面等。

在这里造型要素取形的回归系数为正值时,值越大,对"活泼的"意象具有越大的正向影响,也就是对"稳重的"的意象具有更大的负面影响;反之,回归系数为负值时,绝对值越大,其对"活泼的"意象具有越大的负面影响,也就是对"稳重的"的意象具有更大的正向影响。

从表中可观察到,能体现"活泼的"意象的后视造型要素取形组合为整车特征方面:特征线曲直-有曲有直、后视造型外轮廓线-顺滑过渡、装饰线和面-装饰多且明显、面的饱满度-饱满、宽高比-车身瘦高。在尾灯特征方面:尾灯轮廓线-类五边形、尾灯造型圆润度-较为圆润、两个尾灯之间的关系-两个尾灯之间有装饰线相连。在行李箱盖特征方面:行李箱盖转折线-弧度较大、行李箱盖正面-层次变化丰富。在牌照区特征方面:牌照区轮廓线-类六边形、牌照区凹陷度-往内凹陷程度深。在后保险杠特征方面:后保险杠上沿线-弧度较大、后保险杠正面-层次变化丰富、后保险杠上沿面-内凹。

对能体现"稳重的"意象的造型要素取形组合,也可做类似的分析。能体现"稳重的"意象的后视造型要素取形组合为整车特征方面:特征线曲直-直线为主、后视造型外轮廓线-转折较多、装饰线和面-装饰少且不显眼、面的饱满度-扁平、宽高比-车身扁平。在尾灯特征方面:尾灯轮廓线-类四边形、尾灯造型圆润度-有曲有直或较方、两个尾灯之间的关系-两个尾灯之间没有元素相连。在行李箱盖特征方面:行李箱盖转折线-弧度较小、行李箱盖正面-层次变化少。在牌照区特征方面:牌照区轮廓线-类四边形、牌照区凹陷程度-往内凹陷程度浅。在后保险杠特征方面:后保险杠上沿线-弧度较小、后保险杠正面-层次变化少、后保险杠上沿面-过渡平缓。

表 9-46 "(稳重的-)活泼的"意象的后视造型要素系数

部件	项目		类目		回归系数
整车特征	a	特征线曲直	a1	曲线为主	0
			a2	有曲有直	0.271
			a3	直线为主	−0.701
	b	后视造型外轮廓线	b1	顺滑过渡	0
			b2	转折较多	−0.316
	c	装饰线、面	c1	装饰多且明显	0.540
			c2	装饰少且不显眼	−0.614
	d	面的饱满度	d1	饱满	0.509
			d2	扁平	−0.389
	e	宽高比	e1	车身扁平	0
			e2	车身瘦高	0.128
尾灯	f	尾灯轮廓线	f1	类四边形	0
			f2	类五边形	0.589
	g	尾灯造型圆润度	g1	较为圆润	0.537
			g2	有曲有直	0
			g3	较方	0
	i	两个尾灯之间的关系	i1	两个尾灯之间有装饰线相连	0
			i2	两个尾灯之间没有元素相连	−0.824
行李箱盖	j	行李箱盖转折线	j1	弧度较大	0
			j2	弧度较小	−0.310
	l	行李箱盖正面	l1	层次变化丰富	0.726
			l2	层次变化少	−0.589
牌照区	m	牌照区轮廓线	m1	类四边形	0
			m2	类六边形	0.631
	n	牌照区凹陷程度	n1	往内凹陷程度深	0.303
			n2	往内凹陷程度浅	−0.491
后保险杠	o	后保险杠上沿线	o1	弧度较大	0
			o2	弧度较小	−0.126
	p	后保险杠正面	p1	层次变化丰富	0
			p2	层次变化少	−0.697
	q	后保险杠上沿面	q1	过渡平缓	0
			q2	内凹	0.720

常数：0.1

以类似的分析方法和过程，对于后视造型，其他 10 个意象的回归模型分别为

"（轻盈的→）敦实的"意象 $=-0.815(a1)+0.977(a3)-0.112(b2)+0.175(c2)-0.609(d2)-0.547(e2)+0.146(f2)+0.71(g1)-0.755(g3)+0.243(h2)-0.709(i2)-0.59(j2)+0.163(k2)+0.016(l2)+0.526(m2)+0.149(n2)-0.577(o2)+0.465(p2)-0.138(q2)+0.413;$

"（精致的→）粗糙的"意象 $=-0.881(a1)+0.721(a3)-0.169(b2)+0.323(c2)+0.654(d2)+0.649(e2)-0.272(f2)-0.431(g1)-0.112(g2)-0.2(h2)+0.691(i2)+0.174(j2)+0.296(k2)-0.845(l1)-0.673(m2)-0.206(n2)+0.172(o2)+0.404(p2)-0.757(q2)-0.593;$

"（硬朗的→）曲线的"意象 $=0.589(a1)-0.329(a3)-0.289(b2)+0.286(d1)-0.164(e2)-0.335(f1)+0.086(f2)+0.274(g1)-0.387(g3)+0.232(h2)-0.137(i2)-0.429(j2)+0.394(k1)+0.166(l2)+0.295(m2)-0.209(n2)+0.415(o1)-0.445(o2)-0.378(p2)+0.151(q2)-0.24;$

"（简洁的→）复杂的"意象 $=0.265(a1)-0.199(a3)+0.633(b2)-0.72(c2)-0.361(d2)-0.371(e2)-0.548(f1)+0.268(g1)+0.153(g2)-0.473(h2)+0.599(i1)+0.44(j2)+0.126(k2)-0.91(l2)+0.191(m2)-0.245(n2)-0.283(o2)-0.846(p2)-0.731(q1)-0.514;$

"（奢华的→）廉价的"意象 $=-0.268(a1)+0.37(a3)-0.406(b2)+0.801(c2)+0.768(d2)+0.742(e2)-0.143(f2)-0.663(g1)+0.297(g2)-0.199(h2)+0.546(i2)+0.571(j2)-0.618(k2)-0.818(l2)-0.404(m2)+0.261(n2)+0.407(o2)+0.379(p2)-0.155(q2)-0.628;$

"（圆润的→）锋利的"意象 $=-0.673(a1)+0.851(a3)+0.39(b2)-0.509(c2)+0.793(d2)-0.124(e2)+0.578(f2)-0.724(g1)-0.011(g2)+0.585(g3)+0.421(h2)-0.288(i2)-0.636(j1)+0.571(k2)+0.253(l2)-0.255(m2)-0.732(n2)+0.081(o2)-0.365(p2)+0.246(q1)-0.885;$

"（力量感强的→）力量感弱的"意象 $=0.412(a1)-0.361(a3)-0.218(b2)+0.714(c2)+0.782(d2)+0.318(e2)-0.477(f2)-0.543(g1)-0.397(g2)+0.287(i2)+0.683(j2)+0.161(k2)+0.012(l2)-0.13(m2)+0.225(n2)+0.484(o2)-0.592(p2)+0.399(q1)-1.123;$

"（动感的－）沉静的"意象 $= - 0.686(a1) + 0.649(a3) - 0.144(b2) - 0.373(c1) + 0.712(d2) + 0.216(e2) + 0.373(f1) - 0.633(g1) + 0.184(g2) + 0.401(i2) - 0.571(j1) - 0.857(k1) - 0.469(l1) - 0.289(m2) + 0.512(n2) + 0.173(o2) + 0.875(p2) - 0.325(q2) - 0.31$；

"（霸气的－）内敛的"意象 $= - 0.278(a1) + 0.193(a3) + 0.326(b1) + 0.158(c2) - 0.222(d1) + 0.205(e2) - 0.474(f2) - 0.539(g1) + 0.504(h2) + 0.124(i2) - 0.433(j1) - 0.589(k1) - 0.229(l2) - 0.116(m2) + 0.368(n2) - 0.792(o1) + 0.328(p2) - 0.292(q2) - 0.216$；

"（前卫的－）传统的"意象 $= - 0.216(a1) + 0.757(a3) - 0.541(b2) - 0.658(c2) + 0.858(d2) + 0.371(e2) - 0.245(f2) - 0.466(g1) - 0.793(g2) + 0.213(h2) + 0.583(i2) + 0.788(j2) + 0.302(k2) + 0.844(l2) - 0.153(m2) + 0.554(n2) + 0.161(o2) - 0.416(p1) + 0.166(q1) - 0.304$。

对能体现这些意象的后视视造型要素取形组合，也可做前述类似的分析，在此暂不展开。

第十节　造型搭配审美性定量分析

邀请相同年龄段被试进行前视、后视造型搭配组合的审美性排序、评价的用户调研实验。共得到 92 份有效数据，其中 50 份来自男性被试、42 份来自女性被试。

将前视、后视造型搭配组合的审美性排序评分求出均值，如表 9-47 所示。以审美性评分为因变量、以造型子要素作为自变量进行多元线性回归分析。

表 9-47　造型搭配审美性排序评分的均值

样品	$R78$	$R56$	$R55$	$R75$	$R69$	$R63$	$R62$
F70	3.103	2.013	2.626	3.096	2.974	2.648	3.011
F68	3.093	3.798	4.134	4.012	4.201	3.422	3.653
F62	2.153	2.923	2.976	2.464	2.593	2.859	2.634
F74	2.320	3.021	3.423	3.934	3.802	4.583	3.498

样品	R78	R56	R55	R75	R69	R63	R62
F28	3.239	2.788	2.423	2.327	2.696	2.256	2.568
F66	4.213	3.448	3.723	3.323	3.423	3.634	3.734
FR	4.001	2.923	3.723	3.682	4.983	3.129	3.995

分析结果中，模型摘要如表 9-48 所示，$P=0.001$，按 $\alpha=0.005$ 水平，说明至少一个自变量的回归系数不为 0，所建立的回归模型有统计学意义的。R 值为 0.731，说明线性回归关系较为密切。R 方值为 0.697，也表明模型拟合得较好。

表 9-48　模型摘要[b]

模型	R	R 方	调整后 R 方	标准估算的误差	更 改 统 计				德宾-沃森
					R 方变化量	F 变化量	自由度 1	自由度 2	显著性 F 变化量	
1	0.731[a]	0.697	0.601	0.36 280	0.154	5.784	1	45	0.001	2.412

a 预测变量：（常量），$A'2$，$B'2$，$C'2$，$D'2$，$E'1$，$E'2$，$F'1$，$F'2$，$G'2$，$H'1$，$I'2$，$J'2$，$K'2$，$L'1$，$L'2$，$M'1$，$N'2$，$O'2$，$P'1$，$Q'1$，$R'1$，$S'1$，$S'2$，$T'2$；

b 因变量：造型搭配美观程度。

造型搭配审美性与造型子要素之间的回归模型为

造型搭配审美性程度 $= 0.417(A'2) - 0.426(B'2) - 0.416(C'2) - 0.25(D'2) - 0.532(E'1) + 0.52(E'2) - 0.428(F'1) + 0.217(F'2) - 0.212(G'2) - 0.349(H'1) - 0.197(I'2) - 0.54(J'2) - 0.497(K'2) - 0.416(L'1) + 0.443(L'2) - 0.149(M'1) - 0.175(N'2) + 0.26(O'2) - 0.129(P'1) - 0.401(Q'1) - 0.562(R'1) + 0.474(S'1) - 0.148(S'2) + 0.262(T'2) + 3.067$ $(P < 0.005)$。

将造型搭配审美性与造型子要素的量化关系，直观地整理为表 9-49，观察发现对造型搭配审美性有较大影响的造型要素是面的饱满度、宽高比、侧窗轮廓倾斜度、雾灯与尾灯轮廓形状相似度、引擎盖与行李箱盖面层次丰富度、行李箱盖与进气格栅轮廓等。

表9-49　造型搭配审美性的造型要素系数

部件	项　目		类目		回归系数
整体特征	A'	特征线曲直	$A'1$	相似	0
			$A'2$	不同	0.417
	B'	装饰元素数量	$B'1$	相似	0
			$B'2$	不同	−0.426
	C'	局部轮廓线转折处的圆角和直角	$C'1$	相似	0
			$C'2$	不同	−0.416
	D'	面转折线的尖锐度或平缓度	$D'1$	相似	0
			$D'2$	不同	−0.250
	E'	面的饱满度	$E'1$	相似	−0.532
			$E'2$	不同	0.520
	F'	宽高比	$F'1$	相似	−0.428
			$F'2$	不同	0.217
外轮廓	G'	侧围过渡的平缓度或尖锐度	$G'1$	相似	0
			$G'2$	不同	−0.212
	H'	车窗与前后围的宽度比例	$H'1$	相似	−0.349
			$H'2$	不同	0
	I'	顶盖弧度相似度	$I'1$	相似	0
			$I'2$	不同	−0.197
	J'	侧窗轮廓倾斜度	$J'1$	相似	0
			$J'2$	不同	−0.540
前、后车灯	K'	前大灯与尾灯轮廓形状相似度	$K'1$	相似	0
			$K'2$	不同	−0.497
	L'	雾灯与尾灯轮廓形状相似度	$L'1$	相似	−0.416
			$L'2$	不同	0.443
	M'	尾灯连接关系及前大灯与引擎盖连接关系	$M'1$	都分离或相连	−0.149
			$M'2$	不同	0
	N'	尾灯连接关系与雾灯连接关系	$N'1$	都分离或相连	0
			$N'2$	不同	−0.175
前、后保险杠	O'	前、后保险杠正面圆润度和饱满度	$O'1$	相似	0
			$O'2$	不同	0.260
	P'	前、后保险杠正面层次丰富度	$P'1$	相似	−0.129
			$P'2$	不同	0
引擎盖与行李箱盖	Q'	引擎盖与行李箱盖面的饱满度	$Q'1$	相似	−0.401
			$Q'2$	不同	0
	R'	引擎盖与行李箱盖面层次丰富度	$R'1$	相似	−0.562
			$R'2$	不同	0

部件	项　　目	类目	回归系数
行李箱盖与进气格栅	S'　行李箱盖与进气格栅轮廓	$S'1$　相似	0.474
		$S'2$　不同	−0.148
牌照区与进气格栅	T'　牌照区与上/下进气格栅轮廓形状	$T'1$　相似	0
		$T'2$　不同	0.261
常数：3.067			

　　在调研实验中，造型搭配审美性越高的前视和后视造型组合，排序越靠前（即评分值越低）。因此造型要素取形的回归系数为正值时，值越大对造型搭配审美性评价具有越大的负面影响；反之，回归系数为负值时，绝对值越大对造型搭配审美性评价具有越大的正向影响。

　　从表中可以看出，如果要提升造型搭配审美性，需加大前视和后视造型之间设计差异性（或减低相似度）的造型要素是装饰元素数量、局部轮廓线转折处的圆角和直角、面转折线的尖锐度和平缓度、侧围过渡的平缓度或尖锐度、顶盖弧度相似度、侧窗轮廓倾斜度、前大灯与尾灯轮廓形状相似度、尾灯连接关系与雾灯连接关系、行李箱盖与进气格栅轮廓等；需加大前视和后视造型之间设计相似性的造型要素是特征线曲直、面的饱满度、宽高比、车窗与前后围的宽度比例、雾灯与尾灯轮廓形状相似度、尾灯连接关系及前大灯与引擎盖连接关系、前和后保险杠正面圆润度和饱满度、前和后保险杠正面层次丰富度、引擎盖与行李箱盖面的饱满度、引擎盖与行李箱盖面层次丰富度、牌照区与上/下进气格栅轮廓形状等。

第十一节　匹配评价模型有效性验证

　　为了验证前期建立的轿车前视和后视造型匹配评价基础模型的有效性，通过两组对照实验来检验模型的评价效果。实验设置两个对比组，其中一组由被试对轿车前视、后视造型组合进行匹配度评价，另一组依照匹配评价基础模型进行评价。

在进行第一组实验时，从前期搜集得到的前视、后视造型图片中，任意选择1个后视造型样品和7个前视造型样品，再调用这款后视造型样品车型所对应的前视造型。这9款造型样品如图9-15所示，它们是编号R70的后视造型，分别是编号F76、F56、F38、F45、F7、F2、F63的前视造型，以及相应的编号F48的前视造型。以这款后视造型与其他8款前视造型分别组合，形成前视、后视造型的8种组合(见图9-16)。

R70-奔驰C级200　　F76-东风本田思域　　F56-东风日产阳光　　F38-东风日产西玛

F45-上汽大众帕萨特　　F7-上汽通用
雪佛兰科沃兹　　F2-长安悦翔V5　　F63-一汽马
自达睿翼

F48-奔驰C级200

图9-15　用于第一组验证实验的造型样品

邀请20～40岁被试参与实验，请被试按照自己对造型组合中前视、后视造型的匹配程度的判断，对8组造型组合进行评价、排序，将自己认为最匹配的造型组合排在前面、最不匹配的造型组合排在后面。共得到52份有效数据，其中27份来自男性被试、25份来自女性被试。

将最匹配的判断评价记为1分，最不匹配的判断评价记为8分，得到被试对造型组合中前视、后视造型匹配程度的评分。然后求出每个组合的评分均值并进行排序。前视和后视造型组合的总体匹配程度评价排序，直观地表达为如图9-16所示。图9-16的排列中，左侧的为最匹配，右侧的为最不匹配。

在进行第二组实验时，首先，计算8组造型组合的造型特征相似性分值。基于

图 9 - 16　第一组验证实验的造型搭配性排序结果

前面的前视、后视造型的关联造型要素定义(见表9-28),对上述前视、后视造型的8种组合进行形态编码,得到如表9-50所示的形态编码量化结果。基于造型特征相似性的回归模型,计算并得到这8种组合的造型特征相似性分值,如表9-51所示。

表9-50　第二组验证实验中8种造型组合的形态编码量化

样品组合	$A'1$	$A'2$	$B'1$	$B'2$	$C'1\cdots R'2$	$S'1$	$S'2$	$T'1$	$T'2$
R70 - F76	0	1	1	0	$0\cdots1$	0	1	0	1
R70 - F56	1	0	0	1	$0\cdots1$	0	1	0	1
R70 - F38	0	1	1	0	$0\cdots0$	1	0	1	0
R70 - F45	0	1	0	1	$0\cdots1$	0	1	0	1
R70 - F7	1	0	1	0	$1\cdots1$	0	1	0	1
R70 - F2	1	0	0	1	$1\cdots1$	1	0	1	0
R70 - F63	0	1	0	1	$0\cdots1$	0	1	0	1
R70 - F48	1	0	1	0	$1\cdots1$	1	0	1	0

表9-51　第二组验证实验中8种造型组合的造型特征相似性分值

样品组合	造型特征相似性分值	样品组合	造型特征相似性分值
R70 - F76	2.107	R70 - F7	2.239
R70 - F56	4.374	R70 - F2	2.731
R70 - F38	2.874	R70 - F63	4.771
R70 - F45	3.882	R70 - F48	0.540

其次,计算8组造型组合的风格意象呼应性分值。基于前视、后视造型的关联造型要素定义(见表9-28),对前面9款后视、前视造型进行形态编码及其量化。根据11个代表性意象的回归方程式,得到这9款造型样品在各个意象上的分值,如表9-52所示。进一步根据前视、后视造型风格意象呼应性的表达公式,计算得到8种造型组合的造型风格意象呼应性分值,如表9-53所示。

表9-52　第二组验证实验中9款后视、前视造型样品的意象分值

样品	x_1	x_2	x_3	x_4	x_5	x_6	x_7	x_8	x_9	x_{10}	x_{11}
R70	1.862	-0.848	-2.628	0.192	-0.899	-0.418	-1.067	-0.443	-2.680	-1.228	-1.730
F76	0.090	-0.615	-1.691	-2.778 7	-0.831	-1.589	-0.619	-0.745	-1.110	0.199	-0.373

样品	x_1	x_2	x_3	x_4	x_5	x_6	x_7	x_8	x_9	x_{10}	x_{11}
F56	0.637	−1.146	−1.495	−1.892	−1.037	−1.352	−1.321	0.594	−1.493	0.296	1.803
F38	−1.690	0.724	−0.074	−3.054	−1.577	−2.355	0.876	−1.300	−1.100	0.285	0.379
F45	−2.901	0.531	−0.092	−2.980	−2.120	−0.357	0.424	0.782	−0.621	0.672	1.205
F7	−0.019	−0.351	−2.347	−0.207	−0.124	−3.197	−1.674	−0.412	−1.794	0.153	0.289
F2	−0.416	−0.648	−0.858	0.191	−3.377	−0.263	−3.660	0.036	−0.921	1.490	0.182
F63	−1.903	−0.276	−0.717	−2.042	−1.420	−0.719	−1.614	0.262	0.119	1.193	−1.244
F48	0.538	0.989	−1.593	−0.506	−1.240	−2.897	−2.479	−1.078	−2.669	−0.033	−0.370

表 9-53　第二组验证实验中 8 种造型组合的风格意象呼应性分值

样品组合	风格意象呼应性分值	样品组合	风格意象呼应性分值
R70 - F76	−0.328	R70 - F7	0.211
R70 - F56	−1.037	R70 - F2	−1.402
R70 - F38	−0.345	R70 - F63	−0.997
R70 - F45	−1.425	R70 - F48	0.413

再次，计算造型搭配审美性的分值。根据造型搭配审美性的造型要素系数（见表 9-49），求出 8 种造型组合的造型搭配审美性分值，如表 9-54 所示。

表 9-54　第二组验证实验中 8 种造型组合的造型搭配审美性分值

样品组合	造型搭配审美性分值	样品组合	造型搭配审美性分值
R70 - F76	0.430	R70 - F7	1.018
R70 - F56	0.588	R70 - F2	1.454
R70 - F38	2.603	R70 - F63	1.957
R70 - F45	1.750	R70 - F48	2.875

最后，根据前视、后视造型匹配评价基础模型的公式，计算得到 8 种造型组合中前视、后视造型的匹配程度分值，如表 9-55 所示。一种造型组合的匹配评价值越小，其匹配程度越高。基于评价值可以对造型组合进行排序，如图 9-17 所示。

表 9-55 第二组验证实验中 8 种造型组合的造型匹配分值

样品组合	造型匹配分值	样品组合	造型匹配分值
R70-F76	1.045	R70-F7	1.387
R70-F56	2.004	R70-F2	1.222
R70-F38	1.832	R70-F63	2.472
R70-F45	1.852	R70-F48	0.935

在第一组实验中,根据被试对造型组合中前视、后视造型的匹配程度的判断和评价,8 种造型组合的匹配程度由高到低依次为 R70-F76 > R70-F48 > R70-F7 > R70-F38 > R70-F56 > R70-F45 > R70-F63 > R70-F2。在第二组实验中,基于前视、后视造型匹配评价基础模型,计算 8 种造型组合的匹配分值并进行排序,8 种造型组合的匹配程度由高到低依次为 R70-F48 > R70-F76 > R70-F2 > R70-F7 > R70-F38 > R70-F45 > R70-F56 > R70-F63。

观察和对比分析后,可看到第一组、第二组实验分别得到的排序结果较为接近。再对排序结果进行进一步分析,将两组实验结果中每个造型组合的排序进行差值计算,求得 8 种造型组合的排序误差分别为 1,1,5,1,1,0,2,1,平均排序误差为 1.5。将平均排序误差除以组合数,可以得到排序的不准确百分比为 18.75%,即准确度为 81.25%。可见前面建立的轿车前视、后视造型匹配评价基础模型以及造型特征相似性、风格意象呼应性和造型搭配审美性的相应量化模型,具有良好的有效性。

第十二节　设计参考模型与综合性设计策略

一、造型特征相似性的设计参考模型

对于目标消费者/用户群体,前面已发现,有助于提升前视、后视造型特征相似性程度的各个造型子要素取形方式(见表 9-31 及相关分析)。其中,宽高比、局部轮廓线转折处的圆角和直角、引擎盖与行李箱盖面的饱满度、行李箱盖与进气格栅

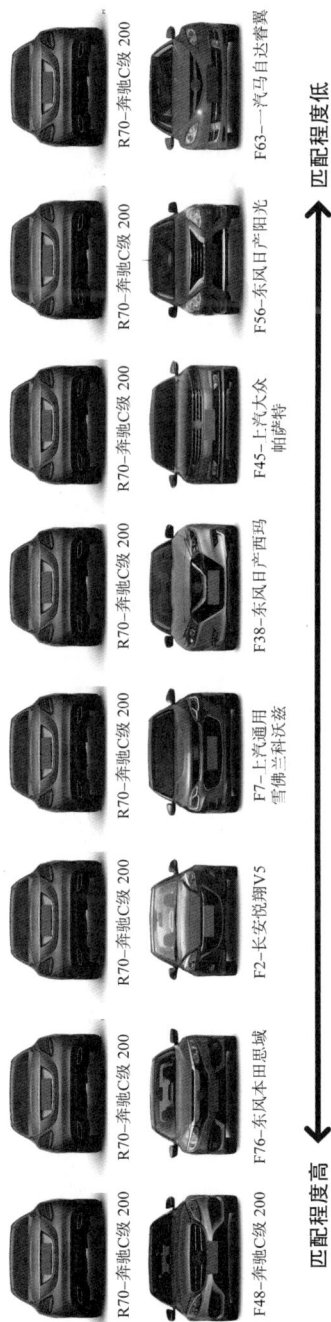

图 9 - 17　验证实验二排序结果

R70—奔驰C级 200　　F48—奔驰C级 200

R70—奔驰C级 200　　F76—东风本田思域

R70—奔驰C级 200　　F2—长安悦翔V5

R70—奔驰C级 200　　F7—上汽通用雪佛兰科沃兹

R70—奔驰C级 200　　F38—东风日产西玛

R70—奔驰C级 200　　F45—上汽大众帕萨特

R70—奔驰C级 200　　F56—东风日产阳光

R70—奔驰C级 200　　F63—一汽马自达睿翼

匹配程度高

匹配程度低

轮廓、特征线曲直等主要素及其取形方式,对前视、后视造型的造型特征相似度评价有相对更大的影响。造型特征相似性的设计参考模型,整理为如表9-56所示。

表9-56　造型特征相似性的设计参考模型

部位与部件	项目(造型特征相似性主要素)		类目(子要素)取形方式
整体特征	A'	特征线曲直	相似
	B'	装饰元素数量	相似
	C'	局部轮廓线转折处的圆角和直角	相似
	D'	面转折线的尖锐度或平缓度	相似
	E'	面的饱满度	相似
	F'	宽高比	相似
外轮廓	G'	侧围过渡的平缓度或尖锐度	相似
	H'	车窗与前后围的宽度比例	相似
	I'	顶盖弧度相似度	相似
	J'	侧窗轮廓倾斜度	相似
前、后车灯	K'	前大灯与尾灯轮廓形状相似度	相似
	L'	雾灯与尾灯轮廓形状相似度	相似
	M'	尾灯连接关系及前大灯与引擎盖连接关系	都分离或相连
	N'	尾灯连接关系与雾灯连接关系	都分离或相连
前、后保险杠	O'	前、后保险杠正面圆润度和饱满度	相似
	P'	前、后保险杠正面层次丰富度	相似
引擎盖与行李箱盖	Q'	引擎盖与行李箱盖面的饱满度	相似
	R'	引擎盖与行李箱盖面层次丰富度	相似
行李箱盖与进气格栅	S'	行李箱盖与进气格栅轮廓	相似
牌照区与进气格栅	T'	牌照区与上/下进气格栅轮廓形状	相似

二、风格意象呼应性的设计参考模型

对于目标消费者/用户群体而言,前面已知

风格意象呼应度 $= 0.067 \times |x_{1前} - x_{1后}| - 0.108 \times |x_{2前} - x_{2后}| + 0.191 \times |x_{3前} - x_{3后}| + 0.017 \times |x_{4前} - x_{4后}| - 0.095 \times |x_{5前} - x_{5后}| + 0.225 \times |x_{6前} - x_{6后}| + 0.050 \times |x_{7前} - x_{7后}| + 0.202 \times |x_{8前} - x_{8后}| + 0.125 \times |x_{9前} - x_{9后}| + 0.196 \times |x_{10前} - x_{10后}| + 0.130 \times |x_{11前} - x_{11后}|$。

可见，一套前视、后视造型设计，在第 2 个、第 5 个意象（即"轻盈的-敦实的""简洁的-复杂的"）上意象差异若能降低，同时，造型设计在其他 9 个意象上，特别是第 3、第 6、第 8、第 10 个意象（即"精致的-粗糙的""奢华的-廉价的""力量感强的-力量感弱的""霸气的-内敛的"）上意象差异若能适当提高，则更可能让目标消费者/用户群体对造型设计方案具有风格意象呼应性的认知感受。

在第 2 个和第 5 个意象上，要降低前视、后视造型的意象评分差值的绝对值 $|x_{2前}-x_{2后}|$，可使两者采用一定造型子要素取形方式而使得意象评分同时更高或更低。

这里以两者在前视、后视造型上同时获得最高意象评分为例。

根据前视造型"（轻盈的-）敦实的"意象回归方程式

"（轻盈的-）敦实的"意象 $= 0.408(A2) + 0.773(A3) + 0.495(B1) - 0.092(C1) + 0.641(D1) - 0.879(D2) - 0.134(F3) + 0.481(G2) + 0.119(L2) - 0.675(L3) - 0.017(M2) - 0.181(M3) + 0.206(O1) - 0.478(P2) - 0.204(S2) - 0.025(T1) + 0.182(U2) + 0.061(V1) + 0.359(V3) - 0.402$

以及后视造型"（轻盈的-）敦实的"意象回归方程式

"（轻盈的-）敦实的"意象 $= -0.815(a1) + 0.977(a3) - 0.112(b2) + 0.175(c2) - 0.609(d2) - 0.547(e2) + 0.146(f2) + 0.71(g1) - 0.755(g3) + 0.243(h2) - 0.709(i2) - 0.59(j2) + 0.163(k2) + 0.016(l2) + 0.526(m2) + 0.149(n2) - 0.577(o2) + 0.465(p2) - 0.138(q2) + 0.413$，

分别整理出如表 9 - 57、表 9 - 58 所示的造型子要素取形。使得前视、后视造型能得到最大的"（轻盈的-）敦实的"意象评分的取形方式，以对勾符号标出。

表 9 - 57　前视造型能得到最大的"（轻盈的-）敦实的"意象评分的类目取形

部件	项　目	类目	回归系数	类目取形方式
整车特征	A　特征线曲直	A1　曲线为主	0	
		A2　有曲有直	0.408	
		A3　直线为主	0.773	√
	B　前视造型轮廓	B1　顺滑过渡	0.495	√
		B2　转折较多	0	

部件	项目		类目		回归系数	类目取形方式
	C 面的饱满度		C1	饱满	−0.092	
			C2	扁平	0	√
	D 宽高比		D1	车身扁平	0.641	√
			D2	车身瘦高	−0.879	
前大灯	E 前大灯轮廓线形状		E1	类四边形		
			E2	类五边形		
			E3	其他异形		
	F 前大灯造型圆润度		F1	较为圆润	0	√
			F2	有曲有直	0	或√
			F3	较方	−0.134	
	G 前大灯与上进气格栅的关系		G1	构成一个整体	0	
			G2	较为独立	0.481	√
雾灯	H 下进气格栅与雾灯关系		H1	构成一个整体		
			H2	相对独立		
	I 雾灯轮廓线形状		I1	类三角形		
			I2	类四边形		
			I3	其他异形		
	J 雾灯造型圆润度		J1	较为圆润	0.358	√
			J2	有曲有直	0	
			J3	较方	−0.647	
上/下进气格栅	K 上进气格栅轮廓线		K1	类四边形	0	√
			K2	类六边形	−0.475	
			K3	其他异形	−0.280	
	L 上进气格栅圆润度		L1	较为圆润	0	
			L2	有曲有直	0.119	√
			L3	较方	−0.675	
	M 上进气格栅面积		M1	较大	0	√
			M2	中等	−0.017	
			M3	较小	−0.181	
	N 下进气格栅轮廓线		N1	正梯形		
			N2	正长方形		
			N3	倒梯形		
	O 下进气格栅圆润度		O1	较为圆润	0.206	√
			O2	有曲有直	0	
			O3	较方	0	

部件	项 目	类 目	回归系数	类目取形方式
引擎盖	P　下进气格栅面积	$P1$　较大	0	√
		$P2$　中等	−0.478	
		$P3$　较小	0	或√
	Q　引擎盖棱线数量	$Q1$　无		
		$Q2$　一对		
		$Q3$　两对及以上		
	R　引擎盖棱线弧度	$R1$　弧度向车中心		
		$R2$　棱线平直		
		$R3$　弧度向外侧		
		$R4$　无		
	S　引擎盖面	$S1$　层次变化丰富	0	√
		$S2$　层次变化少	−0.204	
前保险杠	T　前保险杠正面	$T1$　较为完整	−0.025	
		$T2$　有较多的分割和转折面	0	√
	U　前保险杠上沿线	$U1$　弧度较大	0	
		$U2$　弧度较小	0.182	√
	V　车底线	$V1$　弧度向下	0.061	
		$V2$　平直	0	
		$V3$　向上突出	0.359	√

常数：−0.402

表9-58　后视造型能得到最大的"（轻盈的-）敦实的"意象评分的类目取形

部件	项 目	类 目	回归系数	类目取形方式
整车特征	a　特征线曲直	$a1$　曲线为主	−0.815	
		$a2$　有曲有直	0	
		$a3$　直线为主	0.977	√
	b　后视造型外轮廓线	$b1$　顺滑过渡	0	√
		$b2$　转折处多	−0.112	
	c　装饰线、面	$c1$　装饰多且明显	0	
		$c2$　装饰少且不显眼	0.175	√
	d　面的饱满度	$d1$　饱满	0	√
		$d2$　扁平	−0.609	
	e　宽高比	$e1$　车身扁平	0	√
		$e2$　车身瘦高	−0.547	

部件	项目		类目		回归系数	类目取形方式
尾灯	f	尾灯轮廓线	$f1$	类四边形	0	
			$f2$	类五边形	0.146	√
	g	尾灯造型圆润度	$g1$	较为圆润	0.71	√
			$g2$	有曲有直	0	
			$g3$	较方	-0.755	
	h	尾灯与行李箱盖的关系	$h1$	交错	0	
			$h2$	相切或距离较近	0.243	√
	i	两个尾灯之间的关系	$i1$	两个尾灯之间有装饰线相连	0	√
			$i2$	两个尾灯之间没有元素相连	-0.709	
行李箱盖	j	行李箱盖转折线	$j1$	弧度较大	0	√
			$j2$	弧度较小	-0.59	
	k	行李箱盖轮廓线	$k1$	圆角四边形	0	
			$k2$	直角四边形	0.163	√
	l	行李箱盖正面	$l1$	层次变化丰富	0	
			$l2$	层次变化少	0.016	√
牌照区	m	牌照区轮廓线	$m1$	类四边形	0	
			$m2$	类六边形	0.526	√
	n	牌照区凹陷程度	$n1$	往内凹陷程度深	0	
			$n2$	往内凹陷程度浅	0.149	√
后保险杠	o	后保险杠上沿线	$o1$	弧度较大	0	√
			$o2$	弧度较小	-0.577	
	p	后保险杠正面	$p1$	层次变化丰富	0	
			$p2$	层次变化少	0.465	√
	q	后保险杠上沿面	$q1$	过渡平缓	0	√
			$q2$	内凹	-0.138	

常数：0.413

类似地，根据前视造型"（简洁的-）复杂的"意象回归方程式、后视造型"（简洁的-）复杂的"意象回归方程式，分别整理出如表 9-59、表 9-60 所列的造型子要素取形。使得前视、后视造型能得到最大的"（简洁的-）复杂的"意象评分的取形方式，以对勾符号标出。

表 9-59　前视造型能得到最大的"（简洁的-）复杂的"意象评分的类目取形

部件	项　　目	类目	回归系数	类目取形方式
整车特征	A　特征线曲直	A1　曲线为主	0	√
		A2　有曲有直	−0.239	
		A3　直线为主	−0.348	
	B　前视造型轮廓	B1　顺滑过渡	−0.253	
		B2　转折较多	0	√
	C　面的饱满度	C1　饱满	−0.330	
		C2　扁平	0	√
	D　宽高比	D1　车身扁平		
		D2　车身瘦高		
前大灯	E　前大灯轮廓线形状	E1　类四边形		
		E2　类五边形		
		E3　其他异形		
	F　前大灯造型圆润度	F1　较为圆润		
		F2　有曲有直		
		F3　较方		
	G　前大灯与上进气格栅的关系	G1　构成一个整体	0	√
		G2　较为独立	−0.169	
雾灯	H　下进气格栅与雾灯关系	H1　构成一个整体	0	
		H2　相对独立	0.225	√
	I　雾灯轮廓线形状	I1　类三角形	0	
		I2　类四边形	0	
		I3　其他异形	1.333	√
	J　雾灯造型圆润度	J1　较为圆润	−0.418	
		J2　有曲有直	0	
		J3　较方	0.513	√
上/下进气格栅	K　上进气格栅轮廓线	K1　类四边形	−0.196	
		K2　类六边形	0.495	√
		K3　其他异形	0	
	L　上进气格栅圆润度	L1　较为圆润	0	
		L2　有曲有直	0	
		L3　较方	0.414	√
	M　上进气格栅面积	M1　较大	0	√
		M2　中等	0	或√
		M3　较小	−0.422	

部件	项目	类目	回归系数	类目取形方式
	N 下进气格栅轮廓线	N1 正梯形		
		N2 正长方形		
		N3 倒梯形		
	O 下进气格栅圆润度	O1 较为圆润		
		O2 有曲有直		
		O3 较方		
	P 下进气格栅面积	P1 较大		
		P2 中等		
		P3 较小		
引擎盖	Q 引擎盖棱线数量	Q1 无	0	
		Q2 一对	0	
		Q3 两对及以上	0.536	√
	R 引擎盖棱线弧度	R1 弧度向车中心		
		R2 棱线平直		
		R3 弧度向外侧		
		R4 无		
	S 引擎盖面	S1 层次变化丰富	0	√
		S2 层次变化少	−0.328	
前保险杠	T 前保险杠正面	T1 较为完整	−0.272	
		T2 有较多的分割和转折面	0	√
	U 前保险杠上沿线	U1 弧度较大	0	√
		U2 弧度较小	−0.209	
	V 车底线	V1 弧度向下	0	
		V2 平直	0	
		V3 向上突出	0.770	√

常数：−1.019

表9-60 后视造型能得到最大的"(简洁的-)复杂的"意象评分的类目取形

部件	项目	类目	回归系数	类目取形方式
整车特征	a 特征线曲直	a1 曲线为主	0.265	√
		a2 有曲有直	0	
		a3 直线为主	−0.199	
	b 后视造型外轮廓线	b1 顺滑过渡	0	
		b2 转折处多	0.633	√

部件	项 目	类目	回归系数	类目取形方式
	c 装饰线、面	c1 装饰多且明显	0	√
		c2 装饰少且不显眼	−0.720	
	d 面的饱满度	d1 饱满	0	√
		d2 扁平	−0.361	
	e 宽高比	e1 车身扁平	0	√
		e2 车身瘦高	−0.371	
尾灯	f 尾灯轮廓线	f1 类四边形	−0.548	
		f2 类五边形	0	√
	g 尾灯造型圆润度	g1 较为圆润	0.268	√
		g2 有曲有直	0.153	
		g3 较方	0	
	h 尾灯与行李箱盖的关系	h1 交错	0	√
		h2 相切或距离较近	−0.473	
	i 两个尾灯之间的关系	i1 两个尾灯之间有装饰线相连	0.599	√
		i2 两个尾灯之间没有元素相连	0	
行李箱盖	j 行李箱盖转折线	j1 弧度较大	0	
		j2 弧度较小	0.440	√
	k 行李箱盖轮廓线	k1 圆角四边形	0	
		k2 直角四边形	0.126	√
	l 行李箱盖正面	l1 层次变化丰富	0	√
		l2 层次变化少	−0.910	
牌照区	m 牌照区轮廓线	m1 类四边形	0	
		m2 类六边形	0.191	√
	n 牌照区凹陷程度	n1 往内凹陷程度深	0	√
		n2 往内凹陷程度浅	−0.245	
后保险杠	o 后保险杠上沿线	o1 弧度较大	0	√
		o2 弧度较小	−0.283	
	p 后保险杠正面	p1 层次变化丰富	0	√
		p2 层次变化少	−0.846	
	q 后保险杠上沿面	q1 过渡平缓	−0.731	
		q2 内凹	0	√

常数：−0.514

在其他 9 个意象上,特别是第 3、第 6、第 8、第 10 个意象上,要提高前视、后视造型的意象评分差值的绝对值,可使两者采用一定造型子要素取形方式,使得前视造型的意象评分更高的同时后视造型的意象评分更低。

也可从其他思路分析。例如采用使得前视、后视造型能得到最小的"敦实的""复杂的"意象评分的取形方式,以及分别在其他 9 个意象上采用使前视造型意象得分最小、同时后视造型意象得分最大的取形方式;或者,根据前面的意象因子分析结果,突出表现品质认知、风格认知或形体认知之一种,分析其相应意象的造型要素取形方式。

这里以分别在其他 9 个意象上使前视造型意象评分最大、同时后视造型意象评分最小的情况为例,形成一种风格意象呼应性的设计参考模型。根据这 9 个意象的回归方程式,分别分析出造型子要素取形。将 11 个意象对应造型要素取形方式汇总整理出表 9-61、表 9-62。

表 9-61　前视造型上 11 个意象能得到最大意象评分的子要素取形汇总

部件	项目	类目	类目取形方式										
			正系数意象									负系数意象	
			奢华的	力量感强的	内敛的	精致的	传统的	沉静的	活泼的	锋利的	曲线的	敦实的	复杂的
整车特征	A　特征线曲直	A1　曲线为主	√			√			√		√		√
		A2　有曲有直					或√	√					
		A3　直线为主		√	√		√			√		√	
	B　前视造型轮廓	B1　顺滑过渡				√					√	√	
		B2　转折较多			√				√				√
	C　面的饱满度	C1　饱满	√		√	√				√			
		C2　扁平					√		√			√	√
	D　宽高比	D1　车身扁平	√	√						√		√	
		D2　车身瘦高				√		√	√				
前大灯	E　前大灯轮廓线形状	E1　类四边形											
		E2　类五边形	√							√			
		E3　其他异形											
	F　前大灯造型圆润度	F1　较为圆润	√								√	√	
		F2　有曲有直		√		√		√				或√	
		F3　较方								√			

部件	项目	类目	类目取形方式										
			正系数意象									负系数意象	
			奢华的	力量感强的	内敛的	精致的	传统的	沉静的	活泼的	锋利的	曲线的	敦实的	复杂的
雾灯	G 前大灯与上进气格栅的关系	G1 构成一个整体						√	√	√			√
		G2 较为独立		√	√							√	
	H 下进气格栅与雾灯关系	H1 构成一个整体											
		H2 相对独立											√
	I 雾灯轮廓线形状	I1 类三角形		√	√								
		I2 类四边形		或√	或√		√						
		I3 其他异形	√			√					√		√
	J 雾灯造型圆润度	J1 较为圆润	√	√			√				√	√	
		J2 有曲有直		或√			或√				或√		
		J3 较方				√		√					√
上/下进气格栅	K 上进气格栅轮廓线	K1 类四边形	√	√	√				√	√			√
		K2 类六边形						√					√
		K3 其他异形											
	L 上进气格栅圆润度	L1 较为圆润	√			√			√		√		
		L2 有曲有直		√							√	√	
		L3 较方								√			√
	M 上进气格栅面积	M1 较大	√	√		√		√				√	√
		M2 中等	或√		√	或√							
		M3 较小		或√			√	√					
	N 下进气格栅轮廓线	N1 正梯形											
		N2 正长方形											
		N3 倒梯形											
	O 下进气格栅圆润度	O1 较为圆润	√	√		√					√	√	
		O2 有曲有直					√	√	√				
		O3 较方											
	P 下进气格栅面积	P1 较大	√	√			√		√			√	
		P2 中等					或√	√					
		P3 较小										或√	
引擎盖	Q 引擎盖棱线数量	Q1 无		√	√								
		Q2 一对		或√									
		Q3 两对及以上				√	√	√	√	√			√

部件	项目	类目	类目取形方式										
			正系数意象									负系数意象	
			奢华的	力量感强的	内敛的	精致的	传统的	沉静的	活泼的	锋利的	曲线的	敦实的	复杂的
前保险杠	R 引擎盖棱线弧度	R1 弧度向车中心									√		
		R2 棱线平直		√	√		√		√	√			
		R3 弧度向外侧											
		R4 无											
	S 引擎盖面	S1 层次变化丰富	√	√		√			√	√		√	√
		S2 层次变化少			√		√	√					
	T 前保险杠正面	T1 较为完整	√	√	√				√				
		T2 有较多的分割和转折面					√		√	√			
	U 前保险杠上沿线	U1 弧度较大							√	√			
		U2 弧度较小					√	√	√	√			
	V 车底线	V1 弧度向下			√						√		
		V2 平直			或√			√	√				
		V3 向上突出	√	√									√

说明：鉴于轿车消费中，消费者在"奢华的-廉价的""力量感强的-力量感弱的""精致的-粗糙的"等 3 个意象词词对上，具有明显倾向于"奢华的""力量感强的""精致的"需求特性，因此依据这 3 个意象词词对的回归方程式对取形方式做了转换

表9-62 后视造型上正系数意象能得到最小意象评分、负系数意象能得到最大意象评分的子要素取形汇总

部件	项目	类目	类目取形方式										
			正系数意象									负系数意象	
			奢华的	力量感强的	内敛的	精致的	传统的	沉静的	活泼的	锋利的	曲线的	敦实的	复杂的
整车特征	a 特征线曲直	a1 曲线为主		√			√	√		√			√
		a2 有曲有直							或√				
		a3 直线为主	√			√			√		√	√	
	b 后视造型外轮廓线	b1 顺滑过渡	√	√						√			
		b2 转折处多			√		√	√			√		√
	c 装饰线、面	c1 装饰多且明显			√		√						√
		c2 装饰少且不显眼	√	√		√	√		√	√	√		

部件	项目	类目	类目取形方式										
			正系数意象									负系数意象	
			奢华的	力量感强的	内敛的	精致的	传统的	沉静的	活泼的	锋利的	曲线的	敦实的	复杂的
	d 面的饱满度	*d*1 饱满			√		√	√		√		√	√
		*d*2 扁平	√	√		√				√			√
	e 宽高比	*e*1 车身扁平			√		√					√	√
		*e*2 车身瘦高	√	√		√				√	√		
尾灯	*f* 尾灯轮廓线	*f*1 类四边形	√			√							
		*f*2 类五边形											
	g 尾灯造型圆润度	*g*1 较为圆润			√		或√			√		√	√
		*g*2 有曲有直	√				√		√	或√			
		*g*3 较方		√							√		
	h 尾灯与行李箱盖的关系	*h*1 交错	√		√		√			√	√		√
		*h*2 相切或距离较近										√	
	i 两个尾灯之间的关系	*i*1 两个尾灯之间有装饰线相连			√		√	√				√	√
		*i*2 两个尾灯之间没有元素相连	√	√		√				√	√		
行李箱盖	*j* 行李箱盖转折线	*j*1 弧度较大			√		√			√		√	
		*j*2 弧度较小											
	k 行李箱盖轮廓线	*k*1 圆角四边形	√		√		√	√		√			
		*k*2 直角四边形		√		√					√		√
	l 行李箱盖正面	*l*1 层次变化丰富	√				√	√		√			√
		*l*2 层次变化少		√	√				√			√	
牌照区	*m* 牌照区轮廓线	*m*1 类四边形	√			√			√		√		
		*m*2 类六边形			√								√
	n 牌照区凹陷程度	*n*1 往内凹陷程度深			√								√
		*n*2 往内凹陷程度浅	√	√					√	√	√	√	
后保险杠	*o* 后保险杠上沿线	*o*1 弧度较大			√							√	√
		*o*2 弧度较小	√			√					√		
	p 后保险杠正面	*p*1 层次变化丰富		√			√	√					√
		*p*2 层次变化少	√						√	√	√		

（续表）

部件	项目	类目	类目取形方式										
			正系数意象									负系数意象	
			奢华的	力量感强的	内敛的	精致的	传统的	沉静的	活泼的	锋利的	曲线的	敦实的	复杂的
q 后保险杠上沿面		$q1$ 过渡平缓	√	√		√			√		√	√	
		$q2$ 内凹			√		√			√			√

说明：鉴于轿车消费中，消费者在"奢华的-廉价的""力量感强的-力量感弱的""精致的-粗糙的"等 3 个意象词词对上，具有明显倾向于"奢华的""力量感强的""精致的"需求特性，因此依据这 3 个意象词词对的回归方程式对取形方式做了转换

概括上述分析思路：对风格意象呼应性方程式中系数为正值的 9 个意象，分别使其在前视造型上意象能评分最大、后视造型上意象能评分最小；同时，对系数为负值的两个意象，分别使其同时在前视、后视造型上意象能评分最大。在这种思路下，观察、分析表 9-61、表 9-62 所列各意象对应的子要素取形方式，并结合风格意象呼应性方程式中各意象变量的系数值大小，可归纳得到风格意象呼应的一个设计参考模型，如表 9-63 所示。

表 9-63 前视、后视造型风格意象呼应的一种设计参考模型

前视造型			后视造型		
部件	项目	类目及取形	部件	项目	类目及取形
整车特征	A 特征线曲直	$A1$ 曲线为主 或 $A3$ 直线为主	整车特征	a 特征线曲直	$a1$ 曲线为主 或 $a3$ 直线为主
	B 前视造型轮廓	$B2$ 转折较多		b 后视造型外轮廓线	$b1$ 顺滑过渡
	C 面的饱满度	$C1$ 饱满		c 装饰线、面	$c2$ 装饰少且不显眼
				d 面的饱满度	$d2$ 扁平
	D 宽高比	$D1$ 车身扁平		e 宽高比	$e1$ 车身扁平
前大灯	E 前大灯轮廓线形状	$E2$ 类五边形	尾灯	f 尾灯轮廓线	$f1$ 类四边形
				g 尾灯造型圆润程度	$g2$ 有曲有直 或 $g3$ 较方
	F 前大灯造型圆润度	$F2$ 有曲有直		h 尾灯与行李箱盖的关系	$h1$ 交错
	G 前大灯与上进气格栅的关系	$G2$ 较为独立		i 两个尾灯之间的关系	$i2$ 两个尾灯之间没有元素相连

前视造型			后视造型		
部件	项目	类目及取形	部件	项目	类目及取形
雾灯	H 下进气格栅与雾灯关系				
	I 雾灯轮廓线形状	I1 类三角形 或 I3 其他异形			
	J 雾灯造型圆润度	J1 较为圆润			
上/下进气格栅	K 上进气格栅轮廓线	K1 类四边形	牌照区	m 牌照区轮廓线	m1 类四边形
	L 上进气格栅圆润度	L1 较为圆润			
	M 上进气格栅面积	M1 较大			
	N 下进气格栅轮廓线			n 牌照区凹陷程度	n2 往内凹陷程度浅
	O 下进气格栅圆润度	O1 较为圆润			
	P 下进气格栅面积	P1 较大			
引擎盖	Q 引擎盖棱线数量	Q3 两对及以上	行李箱盖	j 行李箱盖转折线	j2 弧度较小
	R 引擎盖棱线弧度	R2 棱线平直		k 行李箱盖轮廓线	
	S 引擎盖面	S1 层次变化丰富		l 行李箱盖正面	l2 层次变化少
前保险杠	T 前保险杠正面	T1 较为完整	后保险杠	o 后保险杠上沿线	o2 弧度较小
	U 前保险杠上沿线	U1 弧度较大		p 后保险杠正面	p2 层次变化少
	V 车底线	V3 向上突出		q 后保险杠上沿面	q1 过渡平缓

　　这是分析和形成风格意象呼应的设计参考模型的一种过程。提升前视、后视造型风格意象呼应性的其他途径及对应的设计参考模型，在此不一一展开探讨。

三、造型搭配审美性的设计参考模型

　　对于目标消费者/用户群体，对提升造型搭配审美性而言，前面也已发现需加大前视和后视造型之间设计差异性（或减低相似度）的造型子要素，需加大前视和后视造型之间设计相似性的造型子要素（见表9-49及相关分析）。其中，对造型搭配审美性有相对较大影响的造型子要素是面的饱满度、宽高比、侧窗轮廓倾斜度、雾灯与尾灯轮廓形状相似度、引擎盖与行李箱盖面层次丰富度、行李箱盖与进气格栅轮廓等。造型搭配审美性的设计参考模型，整理为如表9-64所示（其中，符号"↑"表示加大、"↓"表示减低，下同）。

表 9-64　造型搭配审美性的设计参考模型

部件	项目(造型特征相似性主要素)	类目(子要素)取形方向	类目(子要素)取形方向
整体特征	A'　特征线曲直		↑相似度
	B'　装饰元素数量	↑差异度	
	C'　局部轮廓线转折处的圆角和直角	↑差异度	
	D'　面转折线的尖锐度或平缓度	↑差异度	
	E'　面的饱满度		↑相似度
	F'　宽高比		↑相似度
外轮廓	G'　侧围过渡的平缓度或尖锐度	↑差异度	
	H'　车窗与前后围的宽度比例大小		↑相似度
	I'　顶盖弧度相似度	↓相似度	
	J'　侧窗轮廓倾斜度	↑差异度	
前、后车灯	K'　前大灯与尾灯轮廓形状相似度	↓相似度	
	L'　雾灯与尾灯轮廓形状相似度		↑相似度
	M'　尾灯连接关系及前大灯与引擎盖连接关系		↑相似度
	N'　尾灯连接关系与雾灯连接关系	↑差异度	
前、后保险杠	O'　前、后保险杠正面圆润度和饱满度		↑相似度
	P'　前、后保险杠正面层次丰富度		↑相似度
引擎盖与行李箱盖	Q'　引擎盖与行李箱盖面的饱满度		↑相似度
	R'　引擎盖与行李箱盖面层次丰富度		↑相似度
行李箱盖与进气格栅	S'　行李箱盖与进气格栅轮廓	↑差异度	
牌照区与进气格栅	T'　牌照区与上/下进气格栅轮廓形状		↑相似度

四、轿车前视和后视造型匹配创新的综合性设计策略

如前所述,在衡量轿车前视、后视造型匹配性的 3 个标准中,造型特征相似性、风格意象呼应性是造型匹配程度的基础衡量标准,可主要用来判断和衡量前视、后视造型之间是否匹配以及匹配程度,而造型搭配审美性则是衡量匹配创新和美感的标准,可用来评价前视、后视造型匹配的优劣。如果前视、后视造型相匹配而且匹配设计是较优化设计方案时,那么前视、后视造型之间应能具有较强的相似性、呼应性,同时,也存在一定的对比与变化性。这是一种多样性的方案呼应与变化的

设计创新和平衡过程。

前面已得到：造型特征相似性的设计参考模型，如表 9-56 所示的造型子要素取形方式；风格意象呼应性的一种设计参考模型，如表 9-63 所示的造型子要素取形方式；造型搭配审美性的设计参考模型，如表 9-64 所示的造型子要素取形方式。

需要说明的是，现阶段轿车消费者/用户在风格意象需求方面，存在着多样性和差异性。在"力量感强的-力量感弱的""奢华的-廉价的""精致的-粗糙的"等3 对意象词对中，一般而言，应有"力量感强的"（而非"力量感弱的"）、"奢华的"（而非"廉价的"）、"精致的"（而非"粗糙的"）轿车造型风格意象上明显的需求倾向。但在"稳重的-活泼的""轻盈的-敦实的""硬朗的-曲线的""简洁的-复杂的""圆润的-锋利的""动感的-沉静的""霸气的-内敛的""前卫的-传统的"等 8 个意象词词对上，不同消费者/用户子群体，可能有不同的意象取向。因此也就可得到风格意象呼应性前提下具有不同风格意象侧重的不同的设计参考模型，以及不同的综合性设计策略。

这里以"力量感强的""奢华的""精致的"以及"活泼的""敦实的""曲线的""复杂的""锋利的""沉静的""内敛的""传统的"等意象取向为需求出发点，参照相应的造型特征相似性、风格意象呼应性、造型搭配审美性的设计参考模型，归纳得到一种对应的轿车前视、后视造型匹配创新的综合性设计策略，如表 9-65 所示。

表 9-65　一种意象取向组合下的综合性设计策略

造型特征相似性	风格意象呼应性							造型搭配审美性
	意象取向组合："力量感强的""奢华的""精致的"以及"活泼的""敦实的""曲线的""复杂的""锋利的""沉静的""内敛的""传统的"							
	前视造型			后视造型				
$A1-a1$ 或 $A3-a3$	A　特征线曲直	A1　曲线为主 或 A3　直线为主	整车特征	整车特征	a　特征线曲直	a1　曲线为主或 a3　直线为主	↑相似度
$B2-b1$	B　前视造型轮廓	B2　转折较多			b　后视造型外轮廓线	b1　顺滑过渡	↑差异度
$C1-d1$	C　面的饱满度	C1　饱满			d　面的饱满度	d1　饱满	↑相似度
$c2$					c　装饰线、画	c2　装饰少且不显眼	↑差异度
$D1-e1$	D　宽高比	D1　车身扁平			e　宽高比	e1　车身扁平	↑相似度

造型特征相似性	风格意象呼应性						造型搭配审美性
	意象取向组合:"力量感强的""奢华的""精致的"以及"活泼的""敦实的""曲线的""复杂的""锋利的""沉静的""内敛的""传统的"						
	前视造型			后视造型			
E2 - f1	前大灯	E 前大灯轮廓线形状	E2 类五边形	尾灯	f 尾灯轮廓线	f1 类四边形	↓相似度
F2 - g3(或 g1)		F 前大灯造型圆润度	F2 有曲有直		g 尾灯造型圆润度	g3 较方或 g1 较为圆润	↓相似度
G2 - i2		G 前大灯与上进气格栅的关系	G2 较为独立		i 两个尾灯之间的关系	i2 两个尾灯之间没有元素相连	↑相似度
h1					h 尾灯与行李箱盖的关系	h1 交错	
H1（或 H2)、I1 或 I3、J1	雾灯	H 下进气格栅与雾灯关系		雾灯			
		I 雾灯轮廓线形状	I1 类三角形 或 I3 其他异形				
		J 雾灯造型圆润度	J1 较为圆润				
K1 - N1（或 N2 或 N3)- m1	上/下进气格栅	K 上进气格栅轮廓线	K1 类四边形	牌照区	m 牌照区轮廓线	m1 类四边形	↑相似度
		N 下进气格栅轮廓线					
L1、M1、O1、P1、n2		L 上进气格栅圆润度	L1 较为圆润		n 牌照区凹陷程度	n2 往内凹陷程度浅	
		M 上进气格栅面积	M1 较大				
		O 下进气格栅圆润度	O1 较为圆润				
		P 下进气格栅面积	P1 较大				
Q3、R2、j2、k1 或 k2	引擎盖	Q 引擎盖棱线数量	Q3 两对及以上	行李箱盖	j 行李箱盖转折线	j2 弧度较小	
		R 引擎盖棱线弧度	R2 棱线平直		k 行李箱盖轮廓线		
S1 - l1		S 引擎盖面	S1 层次变化丰富		l 行李箱盖正面	l1 层次变化丰富	↑相似度
T1 - p2	前保险杠	T 前保险杠正面	T1 较为完整	后保险杠	p 后保险杠正面	p2 层次变化少	↑相似度
U1 - o1		U 前保险杠上沿线	U1 弧度较大		o 后保险杠上沿线	o1 弧度较大	↑相似度
V3、q1		V 车底线	V3 向上突出		q 后保险杠上沿面	q1 过渡平缓	

本章注释:

[1] Chang W C，Hsu C A. A study of the feature of the lovely product forms [C]. International Conference on Human Interface & the Management of Information，2015.

［2］Abidin S Z，Othman A，Shamsuddin Z，et al. The challenges of developing styling DNA design methodologies for car design［C］. International Conference on Engineering and Product Design Education-Design Education and Human Technology Relations，2014.

［3］罗钦林.汽车造型特征拆分重构与中气 A 级车造型设计［D］.长沙：湖南大学,2011.

［4］同［3］.

［5］智研咨询.2017 年中国首次购车潜在消费人群及汽车不同类型消费者占比分析［DB/OL］.（2017－11－07）http://www. chyxx. com/industry/201711/580329. html.

［6］达示数据.2018 年 8 月乘用车整体市场销量分析报告［DB/OL］.（2018－09－27）http://www. daas-auto. com/reportDe/541. html.

［7］张文彤.SPSS 统计分析高级教程［M］.北京：高等教育出版社,2004.